工业和信息化部"十二五"规划教材

现代设计理论和方法

史冬岩　滕晓艳　钟宇光　朱世范　编著

北京航空航天大学出版社

内容简介

本书系统地阐述了现代设计的理论基础、基本方法、关键技术和应用领域，包括产品设计中的方案设计、创新设计思维法则、发明问题解决理论(TRIZ)、技术系统分析、优化设计、机械动态设计和绿色设计与评价等现代设计理论与方法分支学科中的重要内容。本书是编者在多年从事现代设计方法教学科研经验的基础上编写的，在内容安排上，着重介绍一些基本概念、实施方法和关键技术，对每个章节的基本理论和方法都进行了系统地归纳。在介绍实施方法时，突出思路和方法的多样化，以开阔学生思路，培养学生分析问题和解决问题的能力，并初步掌握某些现代设计方法在机械工程中的应用。本书内容新颖实用，结构体系完整，重点突出，理论联系实际，由浅入深，易于阅读和自学。

本书可作为高等院校工程类各专业研究生或高年级本科生的教材，也可作为从事设计研究开发工作的学者与工程技术人员的参考书。

图书在版编目(CIP)数据

现代设计理论和方法 / 史冬岩等编著． —— 北京：北京航空航天大学出版社，2016.2

ISBN 978-7-5124-2032-8

Ⅰ. ①现… Ⅱ. ①史… Ⅲ. ①设计学—高等学校—教材 Ⅳ. ①TB21

中国版本图书馆 CIP 数据核字(2016)第 009269 号

版权所有，侵权必究。

现代设计理论和方法

史冬岩　滕晓艳　钟宇光　朱世范　编著

责任编辑　赵延永　张艳学

*

北京航空航天大学出版社出版发行

北京市海淀区学院路 37 号（邮编 100191）　http://www.buaapress.com.cn
发行部电话：(010)82317024　传真：(010)82328026
读者信箱：goodtextbook@126.com　邮购电话：(010)82316936
北京时代华都印刷有限公司印装　各地书店经销

*

开本：787×1 092　1/16　印张：18.25　字数：467 千字
2016 年 4 月第 1 版　2016 年 4 月第 1 次印刷　印数：2 000 册
ISBN 978-7-5124-2032-8　定价：42.00 元

若本书有倒页、脱页、缺页等印装质量问题，请与本社发行部联系调换。联系电话：(010)82317024

前　言

　　现代设计方法是随着当代科学技术的飞速发展和计算机技术的广泛应用而在设计领域发展起来的一门新兴的多元交叉学科。它是以计算机辅助设计技术为主体,以知识为依托,以多种科学方法及技术为手段,综合考虑产品特性、环境特性、人文特性和经济特性的一种系统化设计方法。

　　现代设计方法课程是高等院校为适应当代科技发展和我国机械工程学科发展战略需要,面向21世纪教学内容和课程体系改革、培养高质量的高级创新人才而开设的一门必修课程。编者多年承担"现代设计方法"研究生课程的教学工作,并根据教育部面向课程体系和教学内容改革计划项目的指导思想,探索了适用于创新人才培养的开放式研究性教学模式;同时还聘请海内外知名学者,开展了与国内外专家共建研究生课程的项目建设。编者结合高等教育的深入推进与本门课程的教学发展形势,广泛听取专家和研究生的意见与建议,优化课程教学内容,进行了"现代设计方法"精品课程的教材建设工作。

　　本书深入贯彻国务院关于《中国制造2025》的通知中"提高创新设计能力"的指导思想,响应工业和信息化部面向21世纪国家新型工业化、信息化和国防现代化建设对高层次创新人才的战略需求,体现信息化和工业化深度融合、机械化与信息化复合发展,特点突出、实用性强的工业和信息化特色教材。本书从工程适用性角度精选内容,坚持"立足创新、夯实基础、突出重点、强化特色、拓宽面向"的指导思想,紧扣设计科学规律的研究与应用,强调基础知识和创新实践相结合。全书内容分为三篇,共8章。

　　第一篇,产品设计篇,包括第1章产品设计基础,第2章创新设计基础。

　　第二篇,TRIZ理论篇,包括第3章TRIZ理论概述,第4章技术系统与资源分析,第5章问题的解决方法。

　　第三篇,设计方法篇,包括第6章优化设计方法,第7章机械动态设计,第8章绿色设计与评价。

　　本书突出广义设计领域中普遍运用的科学技术方法和设计规律、创新思维法则和技法,侧重多种现代设计方法的综合和交叉,注重培养学生创新设计意识和创新思维。学生通过学习能够初步掌握对复杂现代工程设计问题进行研究和分析的基本方法。本书适用于高等院校工程类各专业的研究生或高年级本科生教材,也可作为从事设计研究开发工作的学者与工程技术人员的参考书。

　　本书第1章由史冬岩、滕晓艳撰写,第2、3、4章由史冬岩撰写,第5章由曹福全撰写,第6章由滕晓艳撰写,第7章由钟宇光撰写,第8章由朱世范撰写。全书由史冬岩和滕晓艳统稿。

编者在编写过程中收集、选用了部分科研和教学研究资料，参考了大量论文、专著、教材，以及相关的电子文献。感谢美国罗格斯大学 Gea Haechang 教授、英国诺丁汉特伦特大学苏代忠教授长期以来在本课程内容规划、设计理论与实践教学方面给予的指导和帮助。特别感谢孙国强教授对于本书编撰过程中提供的帮助与指导。工业和信息化人才教育与培养指导委员会、黑龙江省教育厅和哈尔滨工程大学对本书的出版给予了资助，编者谨对资助项目管理机构表示衷心的感谢。此外，课题组的江旭东、石先杰、王志凯、王青山、张开朋、韩家山、颜凤眠、任高晖、张涛等博士后及研究生在本书的编写过程中做了很多工作，在此深表感谢。

本书被评选为工业信息部"十二五"规划教材，并得到了北京航空航天大学出版社的大力支持，在此表示衷心感谢。

由于编者水平有限，书中不当不足之处，衷心地希望同行专家和读者批评指正。

作　者

2016 年 1 月

目　　录

第一篇　产品设计篇

第 1 章　产品设计基础 … 3

- 1.1　概　述 … 3
  - 1.1.1　产品设计的产生背景 … 3
  - 1.1.2　产品设计的定义与内涵 … 3
  - 1.1.3　产品设计的目的与重要性 … 4
- 1.2　产品设计过程 … 4
  - 1.2.1　产品设计类型 … 5
  - 1.2.2　产品设计原则 … 5
  - 1.2.3　产品设计过程 … 6
- 1.3　产品设计任务 … 8
  - 1.3.1　设计任务的依据与步骤 … 8
  - 1.3.2　调查研究 … 8
  - 1.3.3　产品开发可行性分析 … 9
  - 1.3.4　产品设计任务书(设计要求明细表) … 10
- 1.4　基于功能的产品方案设计 … 12
  - 1.4.1　方案设计的任务与步骤 … 12
  - 1.4.2　主要设计问题的抽象 … 12
  - 1.4.3　功能结构的建立与分析 … 14
- 1.5　设计方案的评价 … 26
  - 1.5.1　方案评价的内容 … 27
  - 1.5.2　方案评价的目标 … 27
  - 1.5.3　方案评价的方法 … 29
- 习　题 … 37
- 参考文献 … 37

第 2 章　创新设计基础 … 38

- 2.1　概　述 … 38
  - 2.1.1　创新设计的意义 … 38
  - 2.1.2　创新设计的内涵 … 38
- 2.2　创造力和创造过程 … 39
  - 2.2.1　工程技术人员创造力开发 … 39
  - 2.2.2　创造发明过程分析 … 40
- 2.3　创新思维的基本方法 … 40

2.3.1 创新思维的基本分类 ································ 40
  2.3.2 创新思维的活动方式 ······························ 41
 2.4 创新法则与技法 ·· 41
  2.4.1 创新法则 ·· 41
  2.4.2 创新技法 ·· 42
 2.5 创新成功案例 ·· 46
 习 题 ·· 47
 参考文献 ·· 47

第二篇 TRIZ 理论篇

第 3 章 TRIZ 理论概述 ································ 51

 3.1 TRIZ 理论的定义 ····································· 51
  3.1.1 TRIZ:发明问题解决理论 ······················ 51
  3.1.2 TRIZ 方法论 ····································· 52
 3.2 TRIZ 理论的思维方式 ······························ 53
  3.2.1 发明理论的发明 ································ 53
  3.2.2 创新思维的障碍 ································ 54
  3.2.3 TRIZ 理论思想 ·································· 56
 3.3 经典 TRIZ 理论 ······································ 57
  3.3.1 经典 TRIZ 理论的建立 ·························· 57
  3.3.2 经典 TRIZ 理论的结构 ·························· 61
 3.4 TRIZ 理论的新发展 ································ 62
 3.5 创新案例 ·· 63
 习 题 ·· 64
 参考文献 ·· 64

第 4 章 技术系统与资源分析 ······················ 66

 4.1 技术系统的基本内容 ································ 66
  4.1.1 技术系统的定义 ································ 66
  4.1.2 技术系统的功能 ································ 66
  4.1.3 技术系统的分析方法 ·························· 67
 4.2 技术系统进化法则 ··································· 72
  4.2.1 阿奇舒勒与技术系统进化论 ················ 72
  4.2.2 8 大技术系统进化法则 ························ 73
  4.2.3 技术系统进化法则的应用 ···················· 78
 4.3 TRIZ 中解决问题的资源 ···························· 80
  4.3.1 资源的概念 ······································ 80
  4.3.2 资源的类型 ······································ 80
  4.3.3 资源的寻找与利用 ····························· 81

 4.4 最终理想解 ··· 83
  4.4.1 TRIZ 中的理想化 ·· 83
  4.4.2 理想化的方法与设计 ·· 84
  4.4.3 最终理想解的确定 ··· 85
 习 题 ··· 86
 参考文献 ··· 87

第 5 章 问题的解决方法 ·· 88

 5.1 技术系统中的矛盾 ··· 88
  5.1.1 矛盾的定义 ··· 88
  5.1.2 矛盾的类型 ··· 88
  5.1.3 不同矛盾类型间的关系 ·· 89
 5.2 发明原理和矛盾矩阵 ··· 90
  5.2.1 40 个发明原理 ·· 90
  5.2.2 39 个通用工程参数与矛盾矩阵 ·· 90
  5.2.3 阿奇舒勒矛盾矩阵的使用 ·· 93
  5.2.4 物理矛盾和分离原理 ··· 94
 5.3 物—场分析法 ··· 97
  5.3.1 物—场分析简介 ··· 97
  5.3.2 物—场分析的一般解法 ·· 99
  5.3.3 物—场分析的应用 ··· 99
 5.4 发明问题标准解法 ·· 100
  5.4.1 标准解法的概述 ·· 100
  5.4.2 标准解法的详解 ·· 101
  5.4.3 标准解法的应用 ·· 116
 5.5 发明问题解决算法(ARIZ) ··· 118
  5.5.1 ARIZ 概述 ·· 118
  5.5.2 ARIZ 的求解步骤 ··· 118
  5.5.3 发明 Meta-算法 ·· 128
 5.6 创新案例 ·· 130
 习 题 ··· 149
 参考文献 ··· 151

第三篇 设计方法篇

第 6 章 优化设计方法 ·· 155

 6.1 优化设计的基本知识 ··· 155
  6.1.1 优化设计发展概述 ··· 155
  6.1.2 优化设计的数学基础 ··· 156
  6.1.3 优化设计的关键技术 ··· 159

6.1.4 优化设计的基本过程	161
6.2 优化设计问题分类	162
6.2.1 按照目标函数分类	162
6.2.2 按照设计变量分类	165
6.2.3 按照约束条件分类	170
6.3 优化设计问题的一般求解方法	171
6.3.1 满应力法	171
6.3.2 最速下降法	176
6.3.3 牛顿型方法	178
6.3.4 共轭方向法	180
6.3.5 惩罚函数法	182
6.3.6 随机方向搜索法	185
6.3.7 单纯形法	187
6.3.8 二次规划法	190
6.4 优化设计问题的智能求解方法	192
6.4.1 遗传算法	192
6.4.2 粒子群优化算法	195
6.4.3 蚁群算法	197
6.4.4 禁忌搜索算法	200
习题	203
参考文献	204

第7章 机械动态设计 205

7.1 机械动态设计概述	205
7.1.1 机械动态设计的意义	205
7.1.2 机械动态设计的含义	205
7.1.3 机械动态设计的主要内容与关键技术	205
7.2 机械结构振动基础	206
7.2.1 机械振动的含义与分类	206
7.2.2 振动分析的一般步骤	208
7.2.3 单自由度系统的振动	209
7.2.4 多自由度系统的振动	214
7.2.5 非线性系统的振动	218
7.3 机械结构动力分析建模方法	220
7.3.1 概述	220
7.3.2 有限元建模方法	221
7.3.3 实验模态分析建模方法	226
7.4 机械结构动力修改和动态优化设计	235
7.4.1 概述	235
7.4.2 结构动力修改的准则	236

7.4.3　结构动力修改的动特性预测方法 ………………………………………… 239
　　7.4.4　结构动力修改的工程应用 …………………………………………………… 242
7.5　振动的控制与利用 …………………………………………………………………… 246
　　7.5.1　概　述 …………………………………………………………………………… 246
　　7.5.2　振源抑制 ………………………………………………………………………… 246
　　7.5.3　隔　振 …………………………………………………………………………… 247
　　7.5.4　减　振 …………………………………………………………………………… 249
　　7.5.5　振动的主动控制 ………………………………………………………………… 252
　　7.5.6　振动的利用 ……………………………………………………………………… 254
习　题 ………………………………………………………………………………………… 256
参考文献 ……………………………………………………………………………………… 257

第8章　绿色设计与评价 ……………………………………………………………… 258

8.1　绿色产品和绿色设计 ………………………………………………………………… 259
　　8.1.1　绿色产品 ………………………………………………………………………… 259
　　8.1.2　绿色基准产品 …………………………………………………………………… 260
　　8.1.3　绿色设计技术与市场 …………………………………………………………… 260
8.2　绿色设计与制造 ……………………………………………………………………… 262
　　8.2.1　绿色设计与传统设计 …………………………………………………………… 262
　　8.2.2　绿色设计的定义 ………………………………………………………………… 263
　　8.2.3　绿色设计评价指标体系 ………………………………………………………… 266
　　8.2.4　产品类型和绿色设计决策 ……………………………………………………… 268
8.3　绿色设计与制造工具 ………………………………………………………………… 270
　　8.3.1　非软件类工具 …………………………………………………………………… 271
　　8.3.2　软件类工具 ……………………………………………………………………… 275
　　8.3.3　绿色设计与制造系统集成 ……………………………………………………… 279
习　题 ………………………………………………………………………………………… 281
参考文献 ……………………………………………………………………………………… 281

第一篇
产品设计篇

第1章 产品设计基础

1.1 概 述

设计是指人类有意识、有目的的创造性活动。它与人类的生产活动及生活紧密相关。人类在改造自然的历史长河中,一直从事着设计活动,通过成功的设计来满足文明社会的需要。人类生活在大自然和自身"设计"的世界中,从某种意义上讲,人类文明的历史,就是不断进行设计活动的历史。历史证明,人类文明的源泉就是创造,人类生活的本质就是创造,而设计的本质就是创造性的思维活动。

1.1.1 产品设计的产生背景

工业产品设计是伴随着工业革命的产生而出现的。18世纪下半叶首先在英国爆发了工业革命,人类从此由手工业文明进入到机械工业文明的时代。

工业革命带来了工业文明,其核心是机械化的生产方式。旧有的手工作坊式的生产模式已经不能适应机械化大生产的要求,因此迫切需要产生一种新的产品生产方式。可以说,工业产品设计就是为适应这种新的生产方式而产生的。由工业产品设计所形成的标准化、合理化不仅改变了设计本身,也使机械化大生产得以飞速发展,但最初的产品设计仍带有传统产品的形式与风格。到了19世纪,产品设计中虽然运用了新技术、新材料,但是产品样式仍带有传统产品的形式与风格,与现代设计的概念相去甚远。

直到20世纪中期,设计仍被限定在比较狭窄的专业范围内,单一的学科知识很难解决专业范围内的设计问题。但从20世纪60年代以来,由于各国经济的高速发展,特别是竞争的加剧,一些主要的工业发达国家采取措施加强设计工作,促进设计方法学的研究迅速发展,不同的国家已形成了各自的研究体系和风格,如德国的学者和工程技术人员着重研究设计的过程、步骤和规律;英美学派偏重分析创造性开发和计算机在设计中的应用;日本则充分利用国内电子技术和计算机的优势,在创造工程学、自动设计、价值工程方面做了不少工作。20世纪80年代前后,中国在不断引进吸收国外研究成果的基础上,开展了设计方法的理论和应用研究,并取得了一系列成果。

1.1.2 产品设计的定义与内涵

什么是设计?至今人们仍有着不同的解释。在我国《现代汉语词典》中将设计一词解释为"在正式做某项工作之前,根据一定的目的与要求,预先制定方法、图样等"。国际工业设计协会(International Council of Societies of Industrial Design,ICSID)在2006年为设计给出了权威的定义:设计是一种创造性的思维活动,目的是在物品、过程、服务及它们在全生命周期中构成的系统之间建立起多方面的品质与联系。因此设计不仅是在人本主义基础上创新技术的构成要素,也是进行精神与文化交流过程中必不可少的关键点。

曾获诺贝尔经济学奖的世界著名科学家赫伯特·西蒙认为:设计是一种为了使我们生活的环境能更适合生存的主观活动,设计是一种能使我们的要求、生产水平、市场供求和资本转化成对人类有利的结果和产品的方法。欧洲的一些学者则认为:设计是一条解决确实存在的问题的必经之路,设计是为了达到某种特定要求或特殊目的,按照一定的顺序进行活动而制定的相应计划。

对于设计的理解,虽然存在着由于地域和文化的不同所引起的差异,但其设计的内涵和本质却是相同的,那就是设计是为了更好的生活而进行的一种具有创造性的活动和服务,是将人类的社会需求转化为技术手段或产品的过程。就设计者而言,设计是一种表达方式;就使用者而言,设计则是对一种需求的满足手段。

1.1.3 产品设计的目的与重要性

1. 产品设计目的

产品是为了满足人的需求而设计生产的。这是因为无论站在什么角度来研究产品设计,最终产品服务的主要对象都是人。

对设计者来说,产品的设计是为了满足消费者的各个层面的需求,无论是在实用功能、安全功能层面,还是在审美功能层面,其目的都始终围绕着最终消费者——人。

对生产者来说,产品的投入是为了产品在投入市场后经过销售环节进入消费者手中,从中赚取利润。虽然其目的不在产品本身,但是生产者的目的却是通过产品间接实现的。

对消费者来说,他们无疑是产品设计的直接使用者和产品设计成功与否的最终鉴定者。

对社会来说,产品设计要体现其可持续性和前瞻性。在产品的设计、生产过程中要减少对资源的浪费和对环境的污染。从社会角度看产品设计,社会是指由于共同的物质条件而互相联系起来的人群,因此,产品设计的需求主题是人类本身。

2. 产品设计的重要性

工程设计是为了满足人类社会日益增长的需要而进行的创造性劳动,它和生产、生活及其未来密切相关,所以人们对设计工作越来越重视。产品设计的重要性主要表现在以下几个方面:

(1) 设计直接决定了产品的功能与性能。产品的功能、造型、结构、质量、成本和可制造性、可维修性、报废后的处理以及人—机(产品)—环境关系等,原则上都是在产品设计阶段确定的,可以说产品的水平主要取决于设计水平。

(2) 设计对企业的生存和发展具有重大意义。产品生产是企业的中心任务,而产品的竞争力影响着企业的生存和发展。产品的竞争力主要在于它的性能和质量,也取决于其经济性。而这些因素都与设计密切相关。

(3) 设计直接关系人类的未来及社会发展。设计创新是把各种先进技术转化为生产力的一种手段,是先进生产力的代表;设计创新是推动产业发展和社会进步的强大动力。在人类社会发展史上,每次产业结构的重大变革和带来的社会进步都伴随着一个或几个标志性的创新产品。

1.2 产品设计过程

设计过程具有自己特定的、共性的方法学过程。它决定着设计部门和设计人员从开始一项产品的设计到取得成功全过程的工作步骤和相应的思维主题。认识这一方法学进程将使设计思维有序化、全面化,避免遗漏应考虑的问题。这一进程并不是僵化的工作程序,而应根据设计任务的需要,灵活地向前推进;有些步骤变为次要,有些则成为重点工作内容。同时,进程中的每一个阶段都会通过评价形成修改意见,反馈到上游某一个阶段,整个过程有时会反复循环多次,这也是一项产品走向成熟的必然过程。

1.2.1 产品设计类型

产品设计一般可以分为5种类型：

1. 开发性设计（创新设计）

开发性设计是指在设计原理、设计方案全都未知的情况下，企业或者个人根据市场的需要或者突发的灵感以及对未来应用价值的预测，根据产品的总功能和约束条件，应用可行的新技术，进行创新构思，提出新的功能原理方案，完成产品的全新创造。这是一种完全创新的设计，如超越当前先进水平，或适应政策要求，或避开市场热点开发有新特色的、有希望成为新的热点的"冷门"产品。发明性产品属于开发性设计。

2. 接受订货开发设计

接受订货开发设计是根据用户订货要求所进行的开发设计。它常常是满足用户特殊需要的专用非标准设计。这时设计部门要承担一定的风险，所以必须进行慎重的论证，主要技术应在自己熟悉的业务领域内，大多数技术和所用零部件都应是成熟的，设计与制造周期、交货时间都应与自身的能力相适应。对使用还不熟悉的新技术要作充分的可行性论证，而且新技术的使用不宜太多。用户通常采用招标的方式寻求制造商，能否中标则取决于投标方的综合实力。

3. 适应性设计

适应性设计是指在工作原理保持不变的情况下，根据生产技术的发展和使用部门的要求，对现有产品系统功能及结构进行重新设计和更新改造，提高系统的性能和质量，使它适应某种附加要求。例如，汽车的电子式汽油喷射装置代替了原来的机械控制汽油喷射装置等。另外这种设计还包括对产品做局部变更或增设部件，使产品能更广泛地适应某种要求。

4. 变参数性设计

变参数性设计是指在工作原理和功能结构不变的情况下，只是变更现有产品的结构配置和尺寸，使之满足功率、速比等不同的工作要求。例如，对齿轮减速箱做系列设计，发动机做四缸、六缸、直列、V型等改型设计等。

5. 反求型设计

反求型设计是指按照国内外产品实物进行测绘。用实测手段获得所需参数和性能、材料和尺寸等；用软件直接分析了解产品和各部件的尺寸、结构和材料；用试制和试验掌握使用性能和工艺。

在工程实践中开发性设计目前所占比例不大，但开发性设计产品具有冲击旧产品、迅速占领市场的良好效果，因此，开发性设计通常效益高、风险大。

1.2.2 产品设计原则

产品开发应遵循以下原则。

1. 创新原则

设计本身就是创造性思维活动，只有大胆创新才能有所发明、有所创造。但是，当今的科学技术已经高度发展，创新往往只是在已有技术基础上的综合。有的新产品是根据别人研究试验结果设计的，有的则是博采众长，加以巧妙组合。因此，在继承的基础上创新是一条重要原则。

2. 效益原则

在可靠的前提下，力求做到经济合理，使产品"物美价廉"，才有较大的竞争力，创造较高的技术经济效益和社会效益。也就是说,不仅要满足用户提出的功能要求,还要有效地节约能源,降低成本。

3. 可靠原则

产品设计力求技术上先进,但更要保证可靠性。无故障运行的时间长短是评价产品的重要指标,所以,产品要进行可靠性设计。

4. 审核原则

设计过程是一种设计信息加工、处理、分析、判断决策、修正的过程。为减少设计失误,实现高效、优质、经济的设计,必须对每一设计程序的信息随时进行审核,绝不允许有错误的信息流入下一道工序。实践证明,产品设计质量不合格的原因往往是审核不严,因此,适时而严格的审核是确保设计质量的一项重要原则。

1.2.3　产品设计过程

从产品设计角度出发,以机电产品为例对产品设计过程进行阐述,其他产品设计过程与其类似。机电产品设计过程有产品设计规划(阐明任务)、原理方案设计、技术设计和施工设计4个主要阶段。现代设计要求设计者以系统的、整体的思想来考虑设计过程中的综合技术问题。为了避免不必要的经济损失,开发机电产品时应该遵循一定的科学开发生产原则。下面详细阐述开发机电产品设计的一般步骤。

1. 产品设计规划阶段(阐明任务)

产品设计规划,就是决策开发新产品的设计任务,为新技术系统设定技术过程和边界,是一项创造性的工作。要在集约信息、市场调研预测的基础上,辨识社会的真正需求,进行可行性分析,提出可行性报告和合理的设计要求与设计参数。

2. 原理方案设计阶段

原理方案设计就是新产品的功能原理设计。用系统化设计方法将已确定的新产品总功能按层次分解为分功能直到功能元。用形态学矩阵方法求得各功能元的多个解,得到技术系统的多个功能原理解。经过必要的原理试验和评价决策,寻求其中的最优解,即新产品的最优原理方案,列表给出原理参数,并做出新产品的原理方案图。

3. 技术设计阶段

技术设计师把新产品的最优原理方案具体化。首先是总体设计,按照人—机—环境的合理要求,对产品各部分的位置、运动、控制等进行总体布局;然后同时进行实用化设计和商品化设计两条设计路线,分别经过结构设计(材料、尺寸等)和造型设计(美感、宜人性等)得到若干个结构方案和外观方案,再经过试验和评价,得到最优化结构方案和最优化造型方案;最终得出结构设计技术文件、总体布置草图、结构装配草图和造型设计技术文件、总体效果草图和外观构思模型等。

4. 施工设计阶段

施工设计是把技术设计文件的结果变成施工的技术文件。一般来说,要完成零件工作图、部件工作图、造型效果图、设计和使用说明书、设计和工艺文件等步骤。

以上是机电产品设计的4个阶段,应尽可能采用现代设计方法与技术实现CAD、CAPP、CAM一体化,从而大大减少工作量,加快设计进度,保证设计质量,少走弯路,减少返工浪费。图1-1给出了新产品设计一般进程的不同阶段、步骤、使用方法和指导理论等。

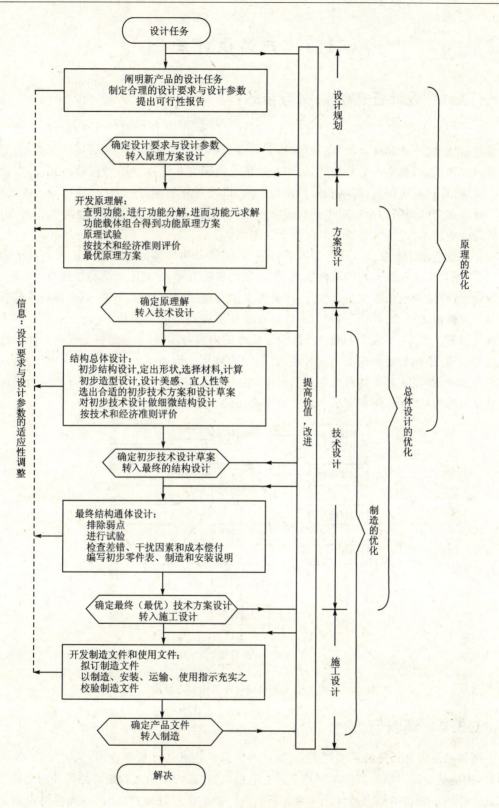

图 1-1 机械产品设计工作流程图

1.3 产品设计任务

1.3.1 设计任务的依据与步骤

设计任务来自于客观需求,设计的目的是满足这种需求,同时取得社会和经济效益。客观需求包括技术、经济和社会的各种要求和人—机—环境的各种要素。在设计产品之前,必须统筹考虑这些因素,制定产品发展计划,即通过系统的研究和选择提出可行的产品设想,确定在什么时间,针对哪些市场,研制和销售什么产品,以及怎样研制,达到什么目标等。毫无疑问,这个阶段在产品研制的全过程中具有战略意义,它具有预测性,关系到企业的生存和发展,也是体现企业技术、经济和管理水平的综合性工作。

促进企业制定产品设计任务的因素有很多,主要分为外部因素与内部因素。外部因素主要包括:现有产品的技术和经济性能落后,以致销售额下降,出现了新的科技成果,有新的市场需求、经济环境和政策等发生了变化;内部因素主要包括:企业利润下降,研究部门在新技术上取得了突破性进展等。除了内外因素外还有企业引进新产品与新技术、自身生产能力未充分发挥等因素。图 1-2 给出了明确产品设计任务的内容与步骤,企业目标是明确产品设计任务的重要依据,不同的企业在不同的时期,有不同的目标。例如完成企业年初计划任务,开辟新的产品市场,提高现有市场占有率和利润率,提高对市场波动的适应性、增强竞争力等。企业目标是根据市场状况、国家需求和企业能力确定的。

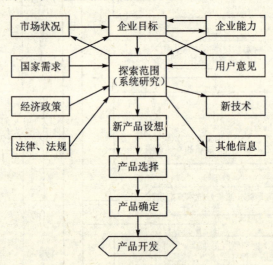

图 1-2 产品设计任务内容与步骤

1.3.2 调查研究

明确产品设计任务必须掌握充分、可靠的信息。信息必须长期积累,及时反馈,不断分析研究,为决策提供可靠的依据。国外有些企业提出"产品卖不出去就是产品设计的失败",认为保证产品的市场竞争能力是设计师的首要职责。企业在开发新产品时,首先应对市场做周密的调查与预测,在保证市场竞争力并能获利的前提下,事先确定产品的售价与成本,将成本指标分配到部件,然后进行设计。可见,必须十分重视市场调查。进行市场调查不仅需要弄清楚市场的特点与结构,而且要注意其持久性和稳定性。市场调查的内容如图1-3所示,其中市场面分析,不仅包括市场区域,而且还包括不同的用户群对某一产品的需求。对消费性的产品还需要特别注意人口基数、心理和生理因素的研究等。

除了市场调查外,在制定产品设计时还应该进行技术调查与企业内部调查。技术调查主要包括有关技术的发展水平、发展动态和趋势,现有产品的水平、特点、系列、价格、使用情况、问题和解决方案、适用的科技成果和专利及许可贸易情况等。企业内部调查主要包括分析企业自身的技术储备、企业自身优势、不足和潜力等。只有在市场调查、技术调查和企业内部调查的基础上才能全面掌握充分、可靠的信息,更好地为制定产品计划服务。

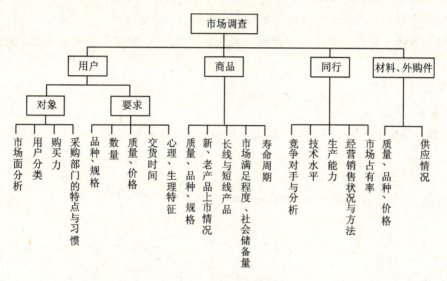

图1-3 市场调查内容

1.3.3 产品开发可行性分析

制定产品设计任务的核心是对新产品的设想进行系统的可行性分析研究。虽然在产品设计任务阶段对许多问题还知之不深,只能定性地研究,粗略地选择,但是无论哪种设计,在此阶段都应可行性分析研究,力求把问题暴露在具体研制工作之前,研究解决的可能性与措施,以保证产品研制工作的顺利进行,避免浪费。

可行性分析的目的主要是针对新产品设想对其市场适应性、技术适应性、经济合理性和开发可能性进行综合分析研究和全面科学论证,主要研究内容包括以下6点:

① 根据市场调查与预测分析,论证开发该产品的必要性和市场的适应性;
② 根据国内外产品发展现状、动向和趋势,分析论证开发该产品的技术适宜性;
③ 分析企业的技术、经济、管理和环境等现实条件,论证开发该产品的可能性、方式和措施;
④ 提出预期达到的最低与最高目标,包括经济和社会效益,论证其合理性;
⑤ 提出研制中需要解决的关键问题、解决途径和方法;
⑥ 提出所需人员、费用、进度与期限。

1.3.4 产品设计任务书(设计要求明细表)

经过可行性分析并经过企业决策部门确定的产品设计任务,必须列出详细的设计要求,以此作为设计、制造和验收的依据。

1. 明确任务

提交给设计部门的任务书往往不全面,未必能包括所有必要的信息,甚至还可能存在矛盾。因此,在开始具体设计之前还要进一步收集信息,进行必要的处理。在此阶段应明确下列问题:

① 任务的实质是什么?需要达到的目标是什么?

② 必须具备和不具备哪些功能?包含哪些潜在的期望和要求?

③ 各约束条件是否确切?在这些条件下任务是否可能完成?

④ 结合本企业和竞争对手的情况以及有关法律法规并考虑到未来的发展,有哪些开发途径?

2. 拟定设计要求

(1) 一般原则

① 明确,即描述确切并尽可能定量化或提出最低要求,同时要明确哪些是必需的、哪些是期望的;

② 合理,即适度、实事求是;

③ 详细,尽可能列出全部要求而无遗漏,一般比用户或计划部门提出的要求应更详细全面;

④ 先进,与同类产品相比,其功能价格比更高。

(2) 主要设计要求

① 功能要求,一般在设计任务书中已明确提出,但仍应再进行合理性分析,包括价值、人机功能分配与技术可行性分析等。

② 使用性能要求,如精度、效率、生产能力、可靠性指标等。

③ 工况适应性要求指工况在预定的范围内变化时,产品适应的程度和范围,包括作业对象特征和工作状况等变化,如物料的形状、尺寸、温度、负载、速度等;应分析哪些工况可能变化、怎样变化和可能带来的后果,为适应这些变化应对设计提出什么要求,例如采用反馈补偿装置、显示与控制装置等。

④ 宜人性要求,系统应符合人机工程学要求,适应人的心理和生理特点,保证操作简便、准确、安全、可靠、便于监控和维修,为此需要根据具体情况提出诸如显示与操作装置的选择与布局、设置报警、反馈和防止偶发事故装置等要求。

⑤ 外观要求,外观质量和产品造型要求,是产品形体结构、材料质感和色彩的综合。

⑥ 环境适应性要求,在预定的环境下,不仅能够保持系统正常运行,而且保证系统对环境的影响,如:保证温度、粉尘、有害气体、电磁干扰、噪声、振动等均在容许范围内,同时对非期望的伴生输出物提出有效的处理要求。

⑦ 工艺性要求,为保证产品适应企业的生产要求,对毛胚和零件加工、处理和装配工艺性提出要求。

⑧ 法规与标准化要求,对应遵守的法规(安全保护、环境保护等),和采用的标准以及系列

化、通用化、模块化等提出要求。

⑨ 经济性要求,为保持产品的竞争力,应力求降低产品的寿命周期费用。因此,不但要对研究开发费用和生产成本提出要求,而且要对使用经济性,如:单位时间能耗、单件加工物耗等提出要求。

⑩ 包装与运输要求,包括产品的保护、装潢以及起重、运输方面的要求。

⑪ 供货计划要求,包括研制时间、交货方式与日期等。

以上各项要求相互联系,构成系统的特性,并主要通过系统的设计结构特性,包括结构元件、组成、布局和状态特征体现出来。

(3) 设计要求检核

设计要求很多,很复杂,制定出全面、明确、合理和先进的产品设计要求并非易事。实践证明,有些产品之所以长期存在问题,是由于事先对要求考虑不周,一旦投入生产便难于改变所致。

(4) 设计要求明细表

设计要求最好以明细表的形式列出,此表没有固定的格式,表 1-1 为设计明细表的一个具体示例。拟定设计要求明细表可参考前述要求,结合实际列出项目,确定数据并分清必须达到的要求与期望,分清主次,即按其重要程度依次列出。对复杂产品可按功能部件或结构部件分别列出。

表 1-1 摩擦离合器试验台设计要求明细表

修改要求/期望	要 求	负责者
要求	几 何 安装尺寸最大外直径:$D=254$ mm 长度:$L=330$ mm	A 设计组
要求	运 动 转速:接合相对转速 $n_r=10\sim3\,000$ r/min 无级调速 n_r 为主、从运边接合前的相对转速	
要求	离合器脱开行程:最大不超过 40 mm	
要求	离合器接合速度:$0.5\sim6$ s/全行程($1.5\sim22.5$ m/全行程)	
要求	离合器接合频率:最大不超过 5 次/分	
要求	力 主动扭矩:最大不超过 250 N·m	
要求	负载扭矩:最大不超过 116 N·m(可调)	
要求	离合器脱开力:最大不超过 6 000 N(可调)	
要求	被加速度惯性矩:$1\sim26$ kg·m³	
要求	惯性矩可无级提供,至少每级不超过 0.1 kg·m³	
要求	能 量 动力消耗功率:45 kW,三相交流 380 V	
要求	供一起使用:220V,50Hz 必要时采用液压传动	

续表 1-1

修改要求/期望	要　　求	负责者
	材　料	
期望	用普通的钢材或者铸铁	
	信　号	
要求	测量下列各量对时间的变化：主动传速、从动转速、离合器转矩、负载转矩、摩擦面温度(4～8点)、压盘温度、重点和外表温度	A 设计组
要求	接合(滑摩)时间	
要求	测量结果应能自动记录、储存、由计算机自动检测和数据处理	
要求	试验结果可以打印在显示屏上，列表或者用线图显示	
要求	测量点要能装传感器(测量点在回转件上)，并能将信号引出	

1.4　基于功能的产品方案设计

1.4.1　方案设计的任务与步骤

技术方案设计是整个产品设计过程中最重要的一个环节。由图 1-1 可知，方案设计阶段主要是根据计划任务或者技术协议书，在调研、创造性思维和试验研究的基础上，克服技术难关，并通过综合分析和技术经济评价使构思及目标完善化，从而确定产品的工作原理和总体方案设计。此阶段将从质的方面决定设计水平，是体现一个产品设计是否成功的关键阶段。如图 1-4 所示，把复杂的设计要求通过功能分析抽象为简单的模式，寻求满足设计的原理方案。

1.4.2　主要设计问题的抽象

设计的对象不存在或至少是与现有产品有所不同，其构成方式是多解的，并有改进、创新和发展的余地。因此，方案设计最重要的问题是发散思维，防止先入为主。所以，首先要把设计任务抽象化。

设计对象在未弄清楚其内部构造以前犹如一个黑箱，各种功能均可以用黑箱图（见图 1-5）的形式来抽象地表达。黑箱法的目的在于明确输入、输出以及与环境的关系，摆脱具体的问题，按功能要求探索系统的机理和结构。

对于工程系统来说，输入与输出有：
① 物料，毛胚、半成品、成品、构件、固体、气体、液体等。
② 能量，机械的热、声、光、化学能量以及核能等。
③ 信息，控制信号、测量值、数据等。

对以上三种工程系统的输入和输出都要用质和量的指标来表达。质是指给定值的允许偏差、质量等级、性能、效率以及各种特殊性能，如耐热、耐腐蚀、抗振、降噪等。量是指数目、体积、质量、功率等。

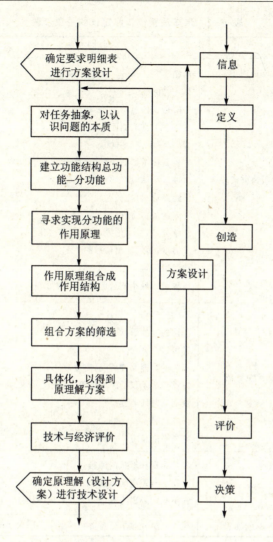

图 1-4 方案设计的流程图

分析设计要求,辨明主要功能和约束条件,把复杂的、潜在的以及有时含糊不清的要求变为系统的、明确的以及相互独立的功能和项目要求描述,这是加速完成创造性设计的关键。功能要求的表述方法不同,将导致不同的设计方案。对实现功能要求的方法和手段还不清楚的开发性设计,问题的表述更有特殊意义。通常对功能描述的好可以更接近正确答案,下面以设计汽车油箱储量测定仪为例,来说明抽象问题的描述步骤,如表 1-2 所列。

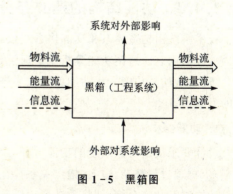

图 1-5 黑箱图

表 1-2 汽车油箱储量测定仪的抽象步骤

步　骤	设计要求的抽象与表述
1. 消除具体期望和非本质约束条件	油箱 体积：20～60 L 容器形状任意给定（形状稳定） 接头在上方或侧面 容器高度：150～600 mm 容器到显示器的距离：不等于 0，要求 3～4 m 汽油或柴油，温度范围：-25～+65 ℃ 传感器输出量，任意测量信号 外来能量：直流电 6 V、12 V、24 V 测量公差：输出信号，对最大值之比为±3% 灵敏度：最大输出信号的 1% 信号可标定 可测量的最小测量值，是最大值的 5%
2. 从定量到定性，并只保留主要的	不同的容积 不同的容器形状 各种接头方向 不同的容器高度（液面高度） 容器到显示仪的距离不等于 0 m 液面随时间而变 任意信号 有外来能量
3. 扩大认识（概念化）	各种容量和形状的油箱 油在不同距离间传输 在不同的距离上显示—测量液量（随时间而变）
4. 作不偏向某种解的定义（问题表述）	连续测量并显示任意形状容器中不同大小随时间而变的液量

1.4.3　功能结构的建立与分析

技术系统由构造体系和功能体系组成，建立构造体系是为了实现功能要求，因此，后者是更为本质的内容。所谓功能分析就是通过建立设计对象系统的功能结构，分析局部功能的联系，实现系统的总功能。从功能体系入手进行分析，有利于摆脱现有结构的束缚，形成新的、更好的方案。

1. 功能结构

设计要求决定对象系统的功能，而一个系统的总功能要求通常是概括性的。它的组成部分很多，物理过程复杂，输入、输出关系往往还不清晰，不易直接找出相应的解法。因而需对系统总功能进行功能分解，即将总功能逐级分解为复杂程度相对较低的分功能，直至能直接从技术效应中找到具体解法的基本功能元。为简化功能分解，可先不考虑信息流、能量流、物料流，如图 1-6 所示。

设计对象在结构上有层次性，与此相对应，在功能上也有层次性。同一层次的分功能组合

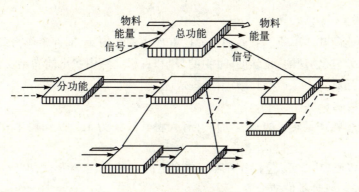

图 1-6 总功能分解图

起来应能满足上一层次的功能要求,逐级组合形成系统,满足总功能要求,这种功能的分解与组合关系称为功能结构。图 1-7 所示为洗衣机的功能结构图,它显示了信息流、能量流和物料流以及各子功能的连接情况。

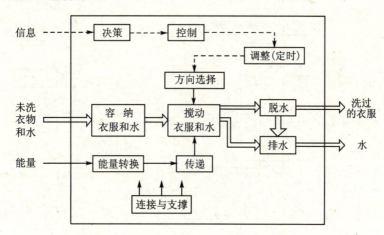

图 1-7 洗衣机的功能结构图

建立功能结构的目的在于:
① 使复杂问题简单化;
② 清楚地显示各功能的相互关系,有利于子功能明确定义、分析研究、寻求解法;
③ 多样化的子功能解法可以组合为多样化的总功能系统方案,有利于方案优化;
④ 有利于模块化设计;
⑤ 有利于建立设计目录。

2. 功能定义

功能定义,即对产品及其要素具有的功能用简明的语言把本质的问题表达出来。明确它的功能是什么,以便抓住本质,开阔思路,进行评价。功能定义可以适当地进行抽象,以免限制求解范围,一般用动词加名词组成的词汇表达。动词决定实现功能的方法、手段,应选择能准确概括且能扩展思路的词汇,以便找出尽可能多的途径。名词应选可测定的词汇,以便定量分析,如"传递扭矩""显示时间""能量交换"等。

3. 功能元

功能元是功能的基本单位。有些功能元已有现成的结构元、部件来作为载体,但许多功能元还需要从技术效应(物理的、化学的、生物的等)和逻辑关系中找出能满足要求的解。机械系统中基本的功能元有:

(1) 物理功能元

它反映系统中物理量转化的基本动作。有人将其转换为 12 种,如图 1-8 所示。其中常用的 5 种为:

① "转变—复原"功能元,包括各种类型能量之间的转变、运动形式的转变、材料性质的转变、物态的转变及信号种类的转变等。

② "放大—缩小"功能元,指各种能量、信号向量(如力、速度等)或物理量的放大、缩小,以及物料性质的缩放,如压敏材料电阻随外界压力的变化。

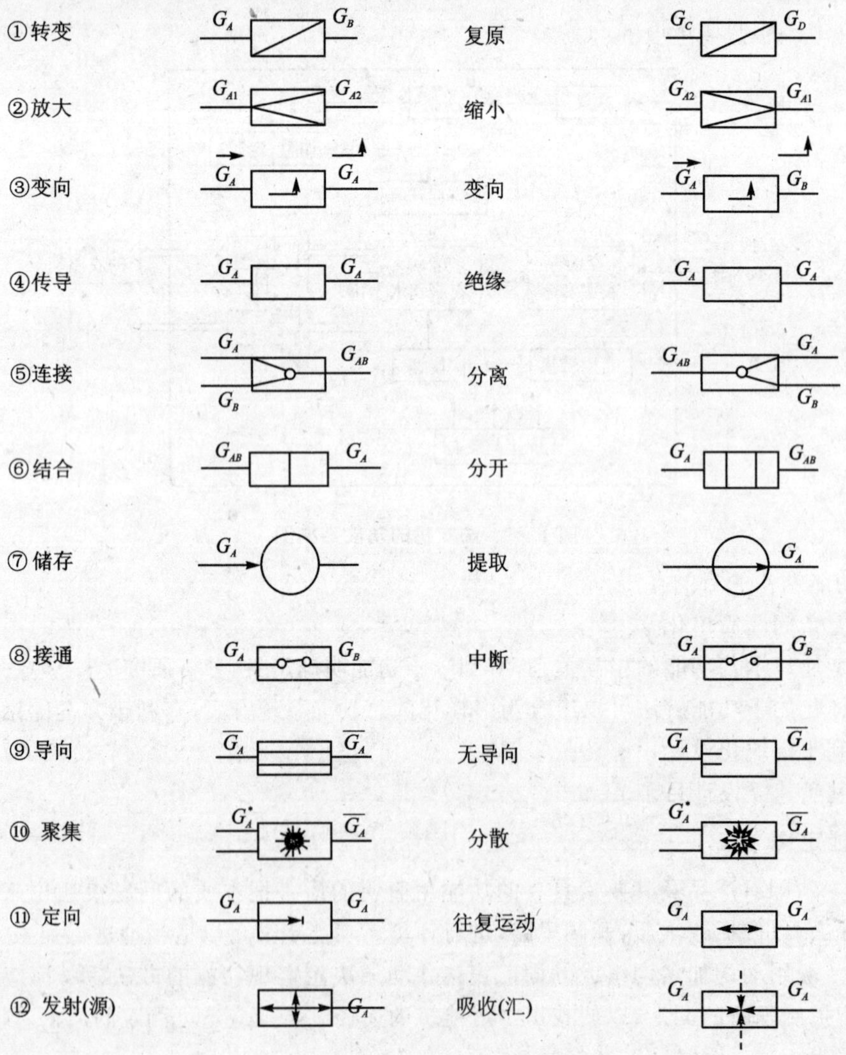

图 1-8 物理功能元

③ "传导—绝缘"功能元,反映能量、物料、信号的位置变化;传导包括单向传导、变向传导,绝缘包括离合器、开关、阀门等。

④ "连接—分离"功能元,包括能量、物料、信号同质或不同质数量上的连接,除物料间的合并、分离外,流体与能量结合成压力流体(泵)的功能也属此范围。

⑤ "储存—提取"功能元,体现一定时间范围内保存的功能。如飞轮、弹簧、电池、电容器等,反映能量的储存;录音带、磁鼓反映声音、信号的储存。

(2) 数学功能元

它反映数学的基本动作,例如加和减、乘和除、乘方和开方、积分和微分。表1-3表列为数学基本动作。数学功能元主要用于机械式的加减机构和除法机构,如差动轮系。

表1-3 数学功能元

数学功能元	符　号	计算公式	数学功能元	符　号	计算公式
加	$x_1, x_2 \to y$	$y = x_1 + x_2$	乘方	$x \to y$	$y = x^2$
减	$x_1, x_2 \to y$	$y = x_1 - x_2$	开方	$x \to y$	$y = \sqrt{x}$
乘	$x_1, x_2 \to y$	$y = x_1 \cdot x_2$	微分	$x \to y$	$y = \mathrm{d}x/\mathrm{d}t$
除	$x_1, x_2 \to y$	$y = x_1 / x_2$	积分	$x \to y$	$y = \int x \mathrm{d}t$

(3) 逻辑功能元

它包括"与""或""非"三元的逻辑动作,主要用于控制功能。基本逻辑关系如表1-4所列。

表1-4 逻辑功能元

功能元	与	或	非
关　系	若 x_1、x_2 有则 y 有	若 x_1 或 x_2 有则 y 有	若 x 有则 y 无
符　号	$x_1, x_2 \,\&\, \to y$	$y_1, y_2 \,\geq 1\, \to y$	$x \to y$
真值表 0——无信号 1——有信号	x_1: 0 1 0 1 x_2: 0 0 1 1 y: 0 0 0 1	x_1: 0 1 0 1 x_2: 0 0 1 1 y: 0 1 1 1	x: 1 0 y: 0 1
逻辑方程	$y = x_1 \wedge x_2$	$y = x_1 \vee x_2$	$y = -x$

4. 功能结构图的建立与应用

功能结构图应从设计要求明细表和黑箱出发,明确所需要完成的总功能、动作和作用过程,分析功能关系、逻辑关系、数学关系等;然后考虑主要功能和主要流,建立功能结构雏形,再逐步解决辅助功能和次要流的问题,完善功能结构。主要步骤如下:

① 确定总功能:能量、物料和信号流;

② 拟定分功能：先拟定主要功能，然后补充辅助功能；
③ 建立功能结构：连接分功能，寻找它们之间的逻辑关系、时间关系；
④ 确定系统的边界；
⑤ 功能结构的简化。

注意：可用不同功能结构来实现相同的功能，改变功能结构常会开发出新的产品。

功能结构主要有以下 3 种形式：

(1) 串联（链式）结构

按先后次序相继作用。如汽车传动装置,离合器(E1)→变速箱(E2)→传动轴(E3)，如图 1-9 所示。

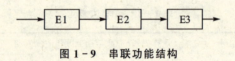

图 1-9 串联功能结构

(2) 并联结构

系统各元素并联作用。如汽油内燃机的燃料系统(E1)与点火系统(E2)，如图 1-10 所示。

(3) 环形（反馈）结构

各元素成环状循环结构，体现反馈作用。如自动装配送料器，零件排队(E1)、检测(E2)正向通过，反向推出；调整方向(E2)，如图 1-11 所示。

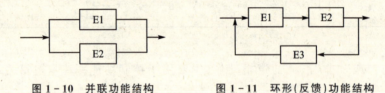

图 1-10 并联功能结构　　　图 1-11 环形（反馈）功能结构

下面以一个实例来说明功能结构图的建立方法与过程。

【例 1-1】 建立材料拉伸试验机的功能结构图。

(1) 用黑箱法求总功能

分析输入与输出的关系，得到材料拉伸试验机的总功能；测量试件受力和变形，如图 1-12(a)所示。

(2) 总功能分解

总功能分解为一级功能：能量转换为力和位移、力测量、变形测量、试件加载。然后，考虑到分功能的实现还需要满足其他要求，如输入能量大小要调节、力和变形测量值需放大、试件加载拉伸需要装卡，在调整和测量时需与标准值进行比对等，因此应将一级分功能再分解为二级分功能，具体内容如图 1-13 所示。

(3) 建立完整的功能结构

建立总功能结构图后，进一步建立一级分功能结构图，如图 1-12(b)所示。最后建立二级分功能结构图，如图 1-12(c)所示。

5. 功能元（分功能）求解

通过前面的各个工作步骤，已经明确系统的总功能、分功能、功能元之间的关系，这种功能

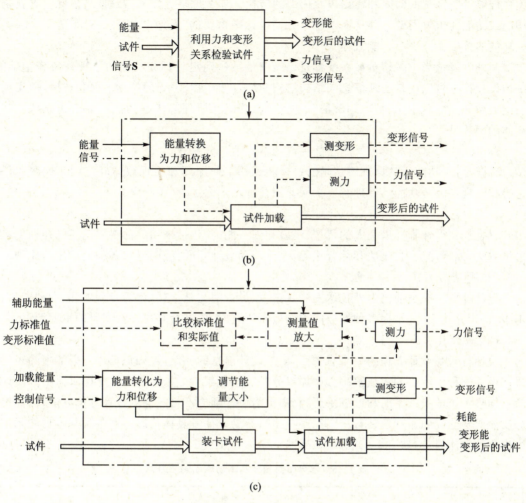

图 1-12 材料拉伸试验机功能结构图

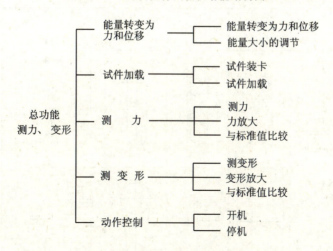

图 1-13 一级分功能分解示意图

关系能够说明系统的输入和输出以及内部的转换。那么怎样才能实现这些功能呢？这就是分功能或功能元求解问题。分功能求解是方案设计中重要的"发散""搜索"，它就是要寻求实现分功能的技术实体——功能载体。

国外学者认为："一切机械系统都是以能满足某一确定目标和功能的物理现象为基础的。一切设计任务可以说是物理信息同结构措施相结合的产物"。德国的R·柯勒教授，把实现分功能或功能元的解定义为"原理解法"，并且指出功能元原理解法是功能元的工作原理及实现载体的函数，即

$$功能元的原理解 = f(功能元的工作原理，实现载体)$$

也就是说，功能元的原理解法是通过功能元的工作原理和实现载体确定的。现在的任务是寻找实现各个分功能的原理解。下面介绍几种求解方法。

（1）直觉法

直觉法是设计师凭借个人的智慧、经验和创造能力，包括采用后面将要论述的几种创造性思维方法，如智爆法、类比法和综合法等，充分调动设计师的灵感，寻求各种分功能的原理解。

（2）调查分析法

设计师要了解当前国内外技术发展状况，大量查阅文献资料，包括专利书刊、专利资料、学术报告、研究论文等，掌握多种专业门类的最新研究成果，这是解决设计问题的重要源泉。

（3）设计目录法

设计目录是设计工作的一个有效工具，是设计信息的存储器、知识库。它以清晰的表格形式把设计过程中所需的大量解决方案加以分类、排列、贮存，便于设计者查找和调用。设计目录不同于传统的设计手册和标准手册，它提供给设计师的不是零件的设计计算方法，而是提供分功能或功能元的原理解，给设计者具体启发，帮助设计者具体构思。对各种基本功能元可以列出多种解法目录，如表1-5所列。

表1-5 部分常用物理基本功能元解法目录

功能元	原理解					
	机械				液气	电磁
	凸轮传动	连杆传动	齿轮传动	拉伸/压缩方式传动		
转变						
缩小（放大）						

续表 1-5

功能元		原理解					
		机械				液气	电磁
		凸轮传动	连杆传动	齿轮传动	拉伸/压缩方式传动		
变向							
分离		摩擦分离				浮力	磁分离
力产生	静力	弹性能	位能			液压能	静电 压电效应
	动力	离心力				液压压力效应	电流磁效应
	摩擦力	机械摩擦				毛细管	电阻

6. 求解的组合方法

以新构思制造的技术系统会在变异(variation)和综合(synthesis)中发展变化。最早的木旋床,木质工件装夹后,用绳索绕数周,绳索一端系于脚踏板上,另一端系于作为弹簧使用的木条上(英文车床 lathe 即来源于木条 lath),用脚使工件旋转,手持工具加工工件。这一构想实现后,工作原理基本没变化,经过逐步变异而发展为机械装置的车床和计算机控制的数控车床。同时,产品设计中,对已有技术的综合(synthesis)运用,已占越来越大的比例。如人造卫星、宇宙飞船、航天飞机等航天技术系统,组成其系统整体的各个单项技术系统几乎都是早已成熟的材料技术、燃料技术、动力技术、控制技术、通信技术等。有人对 1990 年以来的 480 项世界重大技术成果统计分析发现,第二次世界大战以后具有突破性的、对技术体系自身发展产生重大影响的成果比例明显下降,而综合技术成果所占的比例显著上升。技术开发向综合方向发展,是科学技术各个领域在发展中交叉、渗透和结合的必然结果。

由于变异和综合在实际工作中很难划分明确界限,所以统称为求解的组合方法。下面将介绍基本操作方法。

(1) 检索与选择

设计者首先对现有的工作原理、实现载体进行信息检索和选择。

1) 按从属关系检索和选择

按实物的从属关系进行检索和选择,可以有效利用已有知识,高效地获得解答,这是日常技术工作中应用的基本方法。例如按锁合原理不同,连接件的从属关系如图 1-14 所示。

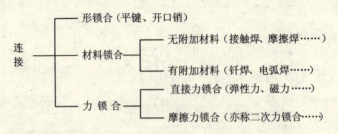

图 1-14 锁合原理不同时连接件的从属关系

2) 按类同对应关系检索和选择

不考虑实物在学科分类上的从属关系,只要发现事物属性有类同对应关系,即可作为原型,探求工作原理,改变条件加以利用。从这个角度看,首先认为"闪光的都是金子"(根据"闪光"这一属性去寻找金子),然后把找来的原型一一鉴别,"闪光的东西不一定都是金子",最后确定可供选择的几个原型。

(2) 变 异

经过检索与选择得到的信息(解法原理或功能载体),有的需要经过变异才能满足设计要求。变异也是产品自身发展的需求。

一般说来,变异是以社会需求和技术自身发展的要求为根据,但也有只出于人们的兴趣,或偶然的发现而得到的变异。变异获得的产品是否成功,取决于其能否得到社会公众的承认。

变异的操作方法如下:

1) 扩大与缩小

这一操作方法可以表示为 $M \Rightarrow kM$,M 为包括几何要素在内的参数,k 为变换系数。

2) 增加与减少

对某一主题 M 增加或减去一部分 n,被减去的部分不再是系统的组成部分。这一方法可表示为 $M \pm n$。

$M+n$:产品(M)加上一部分(n)以改善性能,或实现特定功能。如磁性保温杯、尾部纸带的笔、塑料瓶带挂钩等。

$M-n$:产品(M)减去一部分(n)以改善性能,或实现特定功能。如铁锹面挖出几排孔,在挖泥、铲雪时不会在锹面上形成难以清除的堆积物。

3) 组合与分解

组合与分解所处理的诸要素 $M,N\cdots$ 大体上是平等的,分解后的要素仍然是系统的组成部分,可表示为 $M \pm N$。组合:电动机+制动机→锥形电动机;混凝土搅拌机+卡车→混凝土搅拌车。分解:橡胶油封与转动轴承接触的部分要求耐磨,所以使用较贵的耐磨橡胶,而与固定基座接触的部分则不必使用同一种材料。

4) 逆反

逆反操作是改变要素间的位置、层次等关系（$MN \rightarrow NM$），或将某要素改变为相反的要素（$M \rightarrow -M$，即非 M）。

在设计中，改变构件的主动与从动关系、运动与静止关系、变换高副与低副，都是机构综合中经常采用的方法。四杆机构，按固定件是最短杆、最短杆的相邻杆或最短杆的对边而形成为双曲柄机构、曲柄摇杆机构或双摇杆机构。车床的工作原理是刀具固定、工件旋转，若变换为刀具旋转、工件固定，则成为镗床。

逆反操作在创新构思中十分重要，是打破老框束缚的重要方法。

5) 置换

系统中的某一要素 N 被另一要素 Q 所置换，以实现期望的功能，这种操作方法可以表示为 $MN + Q \rightarrow MQ + N$。

输送钢球的管道，由于钢球的撞击，拐弯部分的管道磨损较快。如在弯头外部安装吸力适当的磁铁吸住管内钢球，使钢球代替弯头承受撞击；而吸力又不过大，使钢球不断更换。

材料置换也很重要，如连接件应用弹簧钢、有弹性的塑料或磁性材料，都可使连接件结构简化，磁性材料还可以改善表面接触状况，不划伤工件。

(3) 变体分析

对于零件、机构、产品的发展变化进行系统的分析称为变体分析。这是一种动态分析方法。变体分析的目的是将零件、机构、产品的演化过程，按一定原则分类排列，以总结变化规律，找出进一步发展的方向，并可以发现空白点，及时设计新产品来填补空白。变体分析着重从不同工作原理建立的技术模型出发，有利于深入地认识产品本质，开发更先进的产品。通过变体分析还可以归纳变异操作方法，加以普遍应用。变体分析图的基本形式如图 1-15 所示。

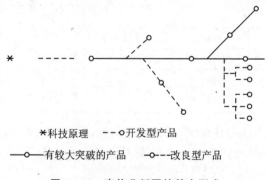

图 1-15 变体分析图的基本形式

7. 原理方案综合

原理方案综合是把分功能解法综合成为一个整体以实现总功能的过程。

在功能分析阶段，确定产品的分功能；通过分功能的求解，经选择与变异，得到一些分功能载体的备选方案；在变体分析中，对主要分功能解的发展有了比较清楚的认识，各备选方案在机构、产品发展演化中的地位有了大致的了解；在这些工作的基础上，把分功能加以组合，寻求整体方案最优。

形态综合法建立在形态学矩阵的基础上，通过系统的分解和组合寻找各种答案。形态学（Morphology）是 19 世纪由美国加州理工学院 F·兹维奇教授（Fritz Zwicky）从希腊词根发展创造出来的词,是用几何代数的表达方法描述系统形态和分类问题的学科。

形态学矩阵是表达前面各步工作成果的一种较为清晰的形式。它采用矩阵的形式(表1-6),第一列 $A,B,\cdots,N$ 为分功能,对应每个分功能的横行为功能解,如 $A_1,A_2,A_3,\cdots$ 由每个分功能中挑选一个解,经过组合可以形成一个包括全部分功能的整体方案。如 $A_2-B_3\cdots N_1$, $A_1-B_1\cdots N_1$ 等。从理论上讲,可以组成整体方案的数量,为各行解个数的连乘积。

形态学矩阵组成的方案数目过大,难以进行评选。一般通过以下要点组成少数几个整体方案供评价决策使用,以便确定 1~2 个进一步设计的方案。

表1-6 形态学矩阵

分功能	功能解					
	1	2	3	$\cdots$	i	j	k
A	A_1	A_2	A_3	$\cdots$	A_i		
B	B_1	B_2	B_3	$\cdots$	$\cdots$	B_j	
$\vdots$							
N	N_1	N_2	N_3	$\cdots$	$\cdots$	$\cdots$	N_k

① 相容性。分功能解之间必须相容,否则不能组合,如表1-7中的圆珠黏性墨书写器(C2)同毛细作用(B2)输送墨水是不相容的。因为黏滞力的作用阻碍产生毛细作用的表面张力,使表面张力失效而不能产生任何有效的墨流量。此外,A1—B2—C2,A1—B4—C2 也都是不相容的。

表1-7 液墨书写器的形态学矩阵

设计参数		功能解			
		1	2	3	4
A	墨库	刚性管	可折叠的笔	纤维物质	—
B	装填机构	部分真空	毛细作用	可更换的换液器	把墨注入储存液
C	笔尖墨液输出	裂缝笔尖毛细供液	圆珠—黏性墨	纤细物质的笔尖毛细供液	—

② 优先选用主要分功能的优化解,由该解法出发,选择与它相容的其他分功能解。
③ 剔除对设计要求、约束条件不满足或令人不满意的方案,如成本偏高、效率低、污染严重、不安全、加工困难等。

从大量可能方案中选定少数方案作进一步设计时,设计人员的实际经验将起重要作用,因此要特别注意防止只按常规设计。继承与创新是贯穿于设计过程中的一对矛盾,设计人员要处理好这一矛盾。基于上述内容,下面举例说明一个产品的原理方案设计的具体过程。

【例1-2】 汽车举升机原理方案设计。

汽车举升机主要作用是汽车的举升维修和保养。它可以根据不同的修理部位,将汽车举升到适宜的高度,以改变地沟工作地点窄小、潮湿阴暗、工作效率低等劳动环境。

① 用黑箱法求解举升机的总功能,如图1-16所示。

汽车举升机的总功能:举升汽车(升降物体位置)。

② 总功能分解,如图1-17所示。

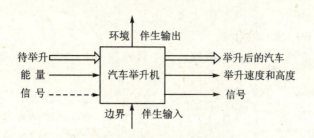

图1-16　汽车举升机黑箱图

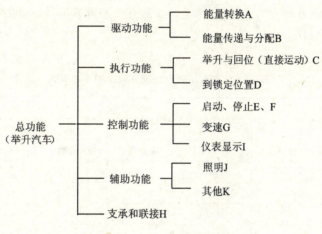

图1-17　功能结构图

1) 功能结构图

根据前述可以画出汽车举升机功能结构图如图1-18所示,作为其总功能分解的依据。

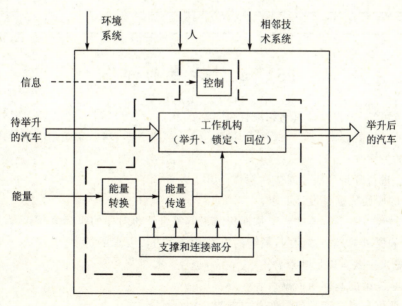

图1-18　汽车举升机的功能结构图

2) 总功能分解

3) 寻求原理解和原理解组合

根据上述,可建立汽车举升的系统解形态学矩阵如表1-8所列。从表1-8中可得到,组合方案数为:

$$(6\times4\times6\times3\times3\times4\times3\times6) 种 = 93\,312 种$$

如:方案1为 $A_3+B_1+C_2+D_1+E_3+F_1+G_2+H_1$ 为电动机械式双柱汽车举升机

方案2为 $A_3+B_1+C_2+D_1+E_3+F_1+G_2+H_5$ 为移动式四柱电动汽车举升机

在表1-7的93 312种组合方案中,根据确定原理方案的3条原则,结合工程设计经验、现有资料信息及来自其他方面的建议,筛选出少数几个整体方案供评价决策使用,最后采用模糊综合评价法选出最佳方案。

表1-8 汽车举升机功能元解的形态学矩阵

功能元	功能元解					
	1	2	3	4	5	6
A 能量转换	汽油机	柴油机	电动机	液压电动机	气动电动机	蒸气透平
B 能量传递与分配	齿轮箱	油泵	链传动	皮带传动		
C 举升	齿轮齿条	丝杆螺母	蜗杆齿条	连杆机构	绳传动	液压缸
D 制动	机构自锁	机械锁定	电气锁定			
E 启动	每根柱同时启动	每根柱单独启动	可同时启动也可单独启动			
F 制动	带式制动	闸式制动	片式制动	圆锥形制动		
G 变速	液压式	齿轮式	电气式			
H 支承	双柱固定支承	四柱固定支承	六柱固定支承	双柱移动支承	四柱移动支承	六柱移动支承

1.5 设计方案的评价

由1.4节可知,工程设计具有约束性、多解性、相对性3个特征,尤其是多解性,即解答方案不是唯一的。这就要求对某问题提出尽可能多的解决方案,然后从众多满足要求的方案中,优选出合理的方案来。

在设计中进行评价和决策时应注意以下几点:

① 评价的原始依据是设计要求;

② 评价过程中一个重要的要求是评价结果要符合评价对象的实际情况;

③ 设计的要求总是多方面的,最终的决策常是多方面要求的折中。

评价的意义主要有以下3点:

① 评价是决策的基础与依据;

② 方案评价是提高产品质量的首要前提;

③ 方案评价有利于提高设计人员的素质,形成合理的知识结构。

1.5.1 方案评价的内容

1. 技术评价

技术评价是以设计方案是否具有满足设计要求的技术性能和满足的程度为目标,并评价设计方案技术上的先进性和可行性。具体内容包括性能指标、可靠性、有效性、安全性、操作性、保养性和能源消耗等方面。

2. 经济评价

经济评价是围绕设计方案的经济效益进行评价,包括方案的成本、利润、实施的措施费用、经济周期和资金回收期等。

3. 社会评价

社会评价是指方案实施后对社会带来的利益和影响,如环境污染、产品事故、经济效益、资源利用效率等。

1.5.2 方案评价的目标

1. 评价的指标体系

从系统分析的观点来看,无论是一项工程、一种产品或是产品中某一部件,如果把它作为一个系统,则为实现规定的任务,都需要制定该系统的目标,并确定这些目标的衡量尺度(即指标)作为衡量设计方案优劣的标准。设计目标通常不止一个,因此评价系统优劣的指标也不是单一的,它们互相联系组成评价的指标体系,以机械工程为例的指标体系如图 1-19 所示。

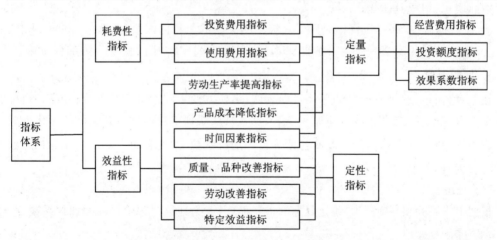

图 1-19 机械工程的指标体系

对于指标体系应该注意以下几方面:
① 指标间的联系;
② 指标体系的简化;
③ 指标的定量和定性关系。

2. 评价目标树

对于一般系统来说,评价目标来自于对系统所提出的设计要求明细表和一般工作要求。

实际评价目标通常不止一个,它们组成了一个评价的目标系统。依据系统论中系统可以分解的原理,把总评价目标分解为一级、二级等子目标,形成倒置的树桩,叫做评价目标树。图1-20为评价目标树示意图。图中 Z 为总目标,Z_1、Z_2 为第一级子目标;Z_{11}、Z_{12} 为 Z_1 的子目标,也就是 Z 的第二级子目标;Z_{111}、Z_{112} 为 Z_{11} 的子目标,也就是 Z 的第三级子目标。最后一级的子目标即为总目标的各具体评价目标。

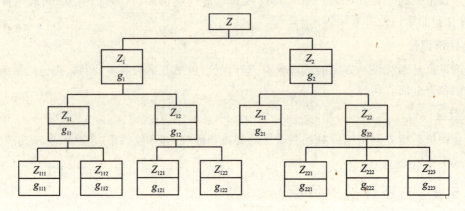

图1-20 评价目标树示意图

建立目标树需要满足的要求如下:
① 把起决定作用的设计要求和条件作为主要目标,避免面面俱到和主次不分;
② 各目标之间必须是相互独立的,不能相互矛盾;
③ 目标的相应特性可以绝对地或相对地给出定量值,对于那些难以定量的目标,可以用定性指标表示,但要具体化;
④ 在目标树中,高一级目标只同低一级中相关联的子目标联系,也就是图1-20中 Z_{11} 只与 Z_{111}、Z_{112} 相关,相反 Z_{111}、Z_{112} 必须保证 Z_{11} 的实现(图1-20中的系数 g_i 为加权系数)。

3. 加权系数

建立评价目标树可将产品的总体目标具体化,使之便于定性或定量评价,并且各目标的重要程度可分别赋给重要性系数,即加权系数,也就是反映评价目标的重要程度的量化系数。加权系数越大,重要程度越高。一般取各评价目标加权系数 $g_i < 1$ 且 $\sum g_i = 1$,加权系数的确定方法有两种。

(1) 经验法

根据工作经验和判断能力,确定目标的重要程度,人为地给定评价目标的加权系数 $g_i < 1$,且 $\sum g_i = 1$。

(2) 判别表计算法

该方法是根据评价目标的重要程度两两加以比较,并给分进行计算,两目标同等重要各给2分,某一项比另一项重要分别给3分和1分;某一项比另一项重要得多,分别给4分和0分,将各评价目标的分值列于表中,并分别计算出各加权系数,即

$$g_i = k_i / \sum_{i=1}^{n} k_i$$

式中:g_i——第 i 个评价目标的加权系数;

k_i——各评价目标的总分数；
n——评价目标数。

$$\sum_{i=1}^{n} k_i = \frac{n^2-n}{2} \times 4$$

无论是用经验法还是计算法确定加权系数,都有一定的主观随意性。为了使其更为合理和符合客观情况,应当多方了解情况,总结经验,充分利用理论分析和试验研究资料,慎重合理地选择评价人员,尽量消除主观影响因素。

1.5.3 方案评价的方法

在设计方案评选中,最常用的评价方法包括评分法、技术经济法、模糊评价法和最优化方法。

1. 评分法

评分法是根据规定的标准,用分值作为衡量方案优劣的尺度,对方案进行定量评价,如有多个评价目标,则先分别对各目标进行评分,经处理后求得方案的总分。

评价结果应能表明评价对象对给定要求的符合程度,因此在评价各方案之前应先定出与各评价指标相应的评价标准,选定评分标准时要注意:评分标准要能度量评价对象与给定要求的符合程度;评分标准应涵盖较大的范围,能对所有方案做出评价;评分标准应准确明了,不能引起误解;不同设计阶段可采用不同的评分标准。方案评分可采用10分制或5分制。如果方案为理想状态则取最高分,不能用则取0分。评分标准如表1-9所列。

表1-9 评分标准

10分制	0	1	2	3	4	5	6	7	8	9	10
	不能用	缺陷多	较差	勉强可用	可用	基本满意	良	好	很好	超目标	理想
5分制	0		1		2		3		4		5
	不能用		勉强可用		可用		良好		很好		理想

2. 技术经济评价法

技术经济评价法的评价依据是相对价,将总目标分为两个子目标,即技术目标和经济目标,求出相应的技术价 ω_t 和经济价 ω_e,然后按照一定方法进行综合,求出总价值 ω_0。诸多方案中 ω_0 最高者为最优方案。

技术评价的步骤如下:

(1) 确定评价的技术性能项目

所谓技术性能是表示产品的功能、制造和运行状况的一切性能。根据产品开发的具体情况,确定评价该产品技术性能的项目。例如,对某一机械产品,最后确定零件数、体积、重量、加工难易程度、维护、使用寿命6项性能作为指标。

(2) 确定评价目标的衡量尺度

把需要进行评价的技术性能项目分为固定要求、最低要求及希望要求3个层次。例如,使用者和制造者提出来对某机械产品的转速、能耗量、尺寸、加工精度等一系列要求后,要明确哪些是必须满足的,低于或高于指标就不合格,也就是固定要求;哪些是可以给出一定范围的,也即有一个最低要求;哪些只是一种尽可能考虑的愿望,即使达不到也不影响根本,这是希望的要求。至此,各项性能要求的具体指标就可作为理想开发方案的技术性能指标。

(3) 分项进行技术价值评价

采用评分的方法,以理想方案的各项技术性能指标为标准,将各设计方案的响应技术性能与之比较,根据接近程度来评分。

技术评价的目的是依据目标树计算确定各目标的加权系数 g_i,然后按照式(1-1)求得技术价,即

$$\omega_t = \frac{\sum_{i=1}^{n} \omega_i g_i}{\omega_{max} \sum_{i=1}^{n} g_i} = \frac{\sum_{i=1}^{n} \omega_i g_i}{\omega_{max}} \tag{1-1}$$

式中:ω_i——子目标 i 的评分值;

ω_{max}——最高分值(10 分制的为 10 分,5 分制的为 5 分)。

一般可接受的技术价取作 $\omega_t \geq 0.65$,最理想的技术价为 1。

经济评价是根据理想的制造成本和实际制造成本求得的经济价 ω_e,按式(1-2)计算可得

$$\omega_e = \frac{H_1}{H} = \frac{0.72 H_2}{H} \tag{1-2}$$

式中:H——实际制造成本;

H_1——理想制造成本;

H_2——设计任务书允许的制造成本。

一般取 $H = 0.7 H_2$。

经济价 ω_e 越高,表明方案的经济性越好,一般可接受的经济价 $\omega_e \geq 0.7$,最理想的经济价为 1。

计算得到技术价和经济价后,可根据以下方法求得技术经济总价值 ω_0。

① 直线法:$\omega_0 = \frac{1}{2}(\omega_t + \omega_e)$;

② 抛物线法:$\omega_0 = \sqrt{\omega_t \omega_e}$。

ω_0 值越大,方案的技术经济综合性越好,一般可接受 $\omega_0 \geq 0.65$。用抛物线法时,当 ω_t、ω_e 两项中有一个较小时,ω_0 的值会明显减小,这更有利于方案评价与决策。

3. 模糊评价

在方案中,有一些评价目标,如美观、安全性、舒适性等无法进行定量分析,只能用"好、差、受欢迎"等来评价,这都是一些含义不确切、边界不清楚、没有定量化的模糊概念评价。模糊评价就是利用集合论和模糊数学将模糊信息数值化后,再进行定量评价的方法。

(1) 模糊集合

既然模糊现象是事物客观存在的一种属性,因此是可以描述的,是有它自身规律的。1965年,美国控制论专家查德(Zadeh)首先提出了模糊集合的概念,给出了模糊现象的定量描述方式。模糊数学因此诞生。

模糊集合是定量描述模糊概念的工具,是精确性与模糊性之间的桥梁,是普通集合的推广。模糊集合可表示为:

$$A_{\sim} = \frac{\mu_{\sim A}(u_1)}{U_1} + \frac{\mu_{\sim A}(u_2)}{U_2} + \cdots + \frac{\mu_{\sim A}(u_n)}{U_n} = \sum_{i=1}^{n} \mu_{\sim A}(u_i)/U_i \qquad (1-3)$$

对于式(1-3),有以下 6 点说明:

① $\mu_{\sim A}(u_i)$ 为论域 U 中第 i 个元素 u_i 隶属模糊集合 $A_{\sim}$ 的程度,简称为元素 u_i 的隶属度; $\mu_{\sim A}(u)$ 为模糊集合 $A_{\sim}$ 的隶属度函数,隶属函数的值就是隶属度。

② 符号"+"不是加号,"Σ"也不是求和,而是表示各元素与其隶属度对应关系的一个总括。

③ $\frac{\mu_{\sim A}(u_i)}{U_i}$ 不是分式,仅是一种约定的记号,"分母"是论域 U 中第 i 个元素,"分子"是相应元素的隶属度。

④ $0 \leq \mu_{\sim A}(u) \leq 1$。

⑤ 模糊集合完全由隶属函数决定。

⑥ 论域 U 无限时,模糊集合可表示为

$$A_{\sim} = \int_{u \in U} \mu_{\sim A}(u)/U \qquad (1-4)$$

符号"$\int$"亦不表示积分。

通常还可以把模糊集合简单的表示为

$$A_{\sim} = (\mu_1, \mu_2, \cdots, \mu_n) \qquad (1-5)$$

式中,$u_i, i = 1, 2, \cdots, n$,为第 i 个元素的隶属度。

(2) 模糊集合运算

① 相等

对所有元素 x,若有 $\mu_{\sim A}(x) = \mu_{\sim B}(x)$,则称模糊集合 $A_{\sim}$ 与 $B_{\sim}$ 相等,记为 $A_{\sim} = B_{\sim}$。

② 包含

对所有元素 x,若有 $\mu_{\sim A}(x) \leq \mu_{\sim B}(x)$,则称模糊集合 $B_{\sim}$ 包含 $A_{\sim}$,记为 $A_{\sim} \subset B_{\sim}$。

③ 并集

两个模糊集合 $A_{\sim}$ 与 $B_{\sim}$ 的并集 $C_{\sim}$ 仍为一模糊集合,其隶属函数为

$$\mu_{\sim C}(x) = \max[\mu_{\sim A}(x), \mu_{\sim B}(x)] \qquad (1-6)$$

也可以表示为

$$\mu_{\sim C}(x) = \mu_{\sim A}(x) \vee \mu_{\sim B}(x)$$

"$\vee$"表示为取大运算,记为 $C_{\sim} = A_{\sim} \cup B_{\sim}$。

④ 交集

两个模糊集合 $A_{\sim}$ 与 $B_{\sim}$ 的交集 $D_{\sim}$ 仍为一模糊集合,其隶属函数为

$$\mu_{\sim D}(x) = \min[\mu_{\sim A}(x), \mu_{\sim B}(x)] \qquad (1-7)$$

也可以表示为

$$\mu_{\sim D}(x) = \mu_{\sim A}(x) \wedge \mu_{\sim B}(x)$$

"$\wedge$"表示为取小运算,记为 $D_{\sim} = A_{\sim} \cap B_{\sim}$。

⑤ 补集

模糊集合 $\underset{\sim}{A}$ 的补集 $\underset{\sim}{\bar{A}}$ 仍为一模糊集合，其隶属函数为

$$\mu_{\underset{\sim}{\bar{A}}}(x) = 1 - \mu_{\underset{\sim}{A}}(x) \tag{1-8}$$

⑥ 空集与全集

对所有元素 x，若有 $\mu_{\underset{\sim}{A}}(x) = 0$，则称 $\underset{\sim}{A}$ 为空集模糊集合，记为 ϕ。

对所有元素 x，若有 $\mu_{\underset{\sim}{A}}(x) = 1$，则称 $\underset{\sim}{A}$ 为全集合。

（3）隶属度与隶属函数

1）隶属度

在模糊数学中，把隶属于或者从属于某个事物的程度叫隶属度。比如某方案对"操作安全"七成符合，那么称此方案对"操作安全"的隶属度为 0.7。由于模糊概念对事物一般不是简单的肯定（1）或否定（0），而是"亦此亦彼"，因此隶属度就可以用 0～1 之间的一个实数来表示，"1"表示完全隶属，"0"表示完全不隶属。

2）隶属函数

隶属函数就是用来描述完全隶属到完全不隶属的渐变过程的一种函数。模糊信息定量化，是通过隶属度函数来实现的。确定隶属度函数是较复杂和困难的，既要反映出设计参数的变化、设计实施的难易程度及变化规律，还要考虑实施的可能性及有关标准、规范等因素。

隶属函数有很多种类型。函数形式有直线型、曲线型等，根据不同的评价对象选取合适的函数形式，现行使用的多为半矩阵、半梯形、直线形。它们虽然只能近似地反映评价标准的隶属关系，但具有直观性、处理方便等优点。

3）求隶属度的方法

① 通过抽样调查统计求隶属度：例如，对市场上大量销售的某名牌电视机的图像显示清晰度进行评价，通过对 500 个用户抽样调查，65% 的用户反映图像很清晰，20% 认为清晰，10% 评价一般，5% 的用户反映不清晰，由此就得到对电视图像显示 4 种评价的隶属度，它们分别为：0.65、0.2、0.1 和 0.05。

② 通过隶属函数求隶属度：根据评价对象选择隶属函数，从中求得规定条件下的隶属度。

下面举例说明模糊评价隶属度的求解过程。

【例 1-3】 某一设计任务的成本，要求 $x > 3\,000$ 为"差"，$x \leqslant 2\,000$ 为"良"，$2\,000 < x \leqslant 3\,000$ 为"良"和"差"中间，方案设计后，估算成本为 2200 元，求模糊评价的隶属度。

解：根据题意，对于此类简单的计算，可采用梯形分布的隶属函数，如图 1-21 所示。函数表达式 $\mu(x)$ 为。

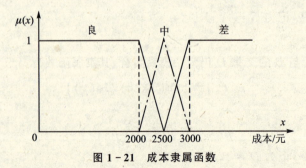

图 1-21 成本隶属函数

$$\mu_{良}(x) = \begin{cases} 1 & x \leqslant 2\,000 \\ \dfrac{2\,500 - x}{2\,500 - 2\,000} & 2\,000 < x \leqslant 2\,500 \\ 0 & x > 2\,500 \end{cases}$$

$$\mu_{中}(x) = \begin{cases} 0 & x \leqslant 2\,000 \\ \dfrac{x - 2\,000}{2\,500 - 2\,000} & 2\,000 < x \leqslant 2\,500 \\ \dfrac{3\,000 - x}{3\,000 - 2\,500} & 2\,500 < x \leqslant 3\,000 \\ 0 & 3\,000 < x \end{cases} \tag{1-9}$$

$$\mu_{差}(x) = \begin{cases} 0 & 2\,500 \geqslant x \\ \dfrac{x - 2\,500}{3\,000 - 2\,500} & 2\,500 < x \leqslant 3\,000 \\ 1 & 3\,000 < x \end{cases}$$

这样，对某设计方案的初估成本为 2 200 元时，带入各段隶属函数进行计算，可得：

$$\left. \begin{aligned} \mu_{良}(x) &= \frac{2\,500 - 2\,200}{2\,500 - 2\,000} = \frac{300}{500} = 0.6 \\ \mu_{中}(x) &= \frac{2\,200 - 2\,000}{2\,500 - 2\,000} = \frac{200}{500} = 0.4 \\ \mu_{差}(x) &= 0 \end{aligned} \right\} \tag{1-10}$$

即 $x = 2\,200$ 时单因素评价集（隶属度）为 (0.6, 0.4, 0)。

（4）模糊评价方法及步骤

根据评价目标的数量，模糊评价分为单目标和多目标两种。

1）单目标评价

① 建立评价集：评价者对评价对象可能做出的各种评判结果的集合叫评价集。评价集用 u 表示，即 $u = \{u_1, u_2, \cdots, u_i, \cdots, u_m\}$。例如，前面对电视机图像显示清晰度评价，评价集 $u = \{u_1, u_2, u_3, u_4\} = \{$很清晰，清晰，一般，不好$\}$。

② 模糊评价集的表达式为

$$\boldsymbol{R} = \left\{ \frac{r_1}{u_1}, \frac{r_2}{u_2}, \cdots, \frac{r_i}{u_i}, \cdots, \frac{r_m}{u_m} \right\} \tag{1-11}$$

或者简写为

$$\boldsymbol{R} = \{r_1, r_2, \cdots, r_i, \cdots, r_m\} \tag{1-12}$$

式中：r_i 是隶属度。

2）多目标

① 建立评价目标集

$$\boldsymbol{x} = \{x_1, x_2, \cdots, x_i, \cdots, x_n\} \tag{1-13}$$

式中：n 为目标数。

② 建立加权系数集

$$\boldsymbol{G} = \{g_1, g_2, \cdots, g_i, \cdots, g_n\} \qquad \sum_{i=1}^{n} g_i = 1 \tag{1-14}$$

③ 建立评价集

$$\boldsymbol{u} = \{u_1, u_2, \cdots, u_i, \cdots, u_m\} \tag{1-15}$$

式中：m 为评价等级数。

④ 建立一个方案对 n 个评价目标的模糊评价矩阵

$$\boldsymbol{R} = \begin{bmatrix} R_1 \\ R_2 \\ \vdots \\ R_i \\ \vdots \\ R_n \end{bmatrix} = \begin{bmatrix} r_{11} & r_{12} & \cdots & r_{1j} & \cdots & r_{1m} \\ r_{21} & r_{22} & \cdots & r_{2j} & \cdots & r_{2m} \\ \vdots & \vdots & \ddots & \vdots & \ddots & \vdots \\ r_{i1} & r_{i2} & \cdots & r_{ij} & \cdots & r_{im} \\ \vdots & \vdots & \ddots & \vdots & \ddots & \vdots \\ r_{n1} & r_{n2} & \cdots & r_{nj} & \cdots & r_{nm} \end{bmatrix} \tag{1-16}$$

考虑权重系数的模糊综合评价矩阵

$$\boldsymbol{B} = \boldsymbol{G} \cdot \boldsymbol{R} = \{g_1, g_2, \cdots, g_i, \cdots, g_n\} \cdot \begin{bmatrix} r_{11} & r_{12} & \cdots & r_{1j} & \cdots & r_{1m} \\ r_{21} & r_{22} & \cdots & r_{2j} & \cdots & r_{2m} \\ \vdots & \vdots & \ddots & \vdots & \ddots & \vdots \\ r_{i1} & r_{i2} & \cdots & r_{ij} & \cdots & r_{im} \\ \vdots & \vdots & \ddots & \vdots & \ddots & \vdots \\ r_{n1} & r_{n2} & \cdots & r_{nj} & \cdots & r_{nm} \end{bmatrix} \tag{1-17}$$

B 的列 b_j 是模糊综合评价集中第 j 个隶属度，其计算是采用模糊矩阵合成的多种数学模型，现介绍两种运算方法模型。

模型Ⅰ：$M(\wedge, \vee)$，按先取小（$\wedge$）、后取大（$\vee$）进行矩阵合成计算。

式中：M——模型；

"$\wedge$""$\vee$"——合成运算方式符号，若 $a \wedge b$ 则取小值，若 $a \vee b$ 则取大值。

$$b_j = \bigvee_{i=1}^{n}(g_i \wedge r_{ij}) = \max_{1 \leqslant i \leqslant n}\{\min(g_i, r_{ij})\} \quad j = 1, 2, \cdots, m \tag{1-18}$$

计算展开为

$$b_j = (g_1 \wedge r_{1j}) \vee (g_2 \wedge r_{2j}) \vee (g_3 \wedge r_{3j}) \vee \cdots (g_m \wedge r_{mj}) \quad j = 1, 2, \cdots, m \tag{1-19}$$

取小取大运算，由于突出了 g_i 与 r_{ij} 中主要因素的影响，因此模型Ⅰ对于评价目标多，g_i 值很小，或者评价目标很少，g_i 值又较大的两种情况不适用。

模型Ⅱ：$M(\cdot, \oplus)$，按先乘后加进行矩阵合成计算。

$$b_j = \min\left(1, \sum_{i=1}^{n} g_i r_{ij}\right) \quad j = 1, 2, \cdots, m \tag{1-20}$$

该模型综合考虑了 g_i 与 r_{ij} 的影响，保留了全部信息，这是最显著的优点。由于评价实际效果好，故常用于机械产品的模糊综合评价和模糊优化设计。

3）多方案的比较和决策

① 按各方案模糊综合评价中最高一级隶属度的数值大小定级，称为最大隶属度法。

② 方案排队时，一方面以同级隶属度高者优先，同时还要依据本级隶属度与更高一级隶属度之和的大小，排出方案先后。

【例 1-4】 对某型号推土机 3 个设计方案的性能、使用模糊综合评价和决策。

解：(1) 分析和确定推土机评价目标和加权系数，建立目标树如图1-22所示为推土机评价目标树及加权系数分布。

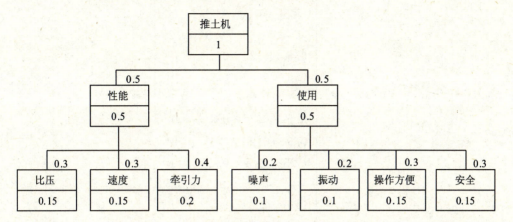

图1-22 推土机评价目标树及加权系数分布

（2）各方案评价目标的初步评语

表1-10所列为各方案评价目标的评语。

表1-10 评价目标评语

评价目标 方案 \ 目标评语	1 比压	2 速度	3 牵引力	4 噪声	5 振动	6 操作方便	7 安全性
方案Ⅰ	差	中	中	差	差	中	差
方案Ⅱ	中	良	中	优	优	中	优
方案Ⅲ	优	良	差	优	优	中	优

（3）模糊评价

① 评价目标集

$$X = \{x_1, x_2, x_3, x_4, x_5, x_6, x_7\}$$

② 加权系数

$$G = \{0.15, 0.15, 0.2, 0.1, 0.1, 0.15, 0.15\}$$

③ 评价集

$$u = \{u_1, u_2, u_3, u_4\} = \{优, 良, 中, 差\}$$

④ 通过专家评审给分求得3个方案的隶属度矩阵

$$R_1 = \begin{bmatrix} 0 & 0 & 0.5 & 0.5 \\ 0 & 0.25 & 0.5 & 0.25 \\ 0 & 0.25 & 0.5 & 0.25 \\ 0 & 0 & 0.5 & 0.5 \\ 0 & 0 & 0.5 & 0.5 \\ 0 & 0.25 & 0.5 & 0.25 \\ 0 & 0 & 0.5 & 0.5 \end{bmatrix}$$

$$R_{II} = \begin{bmatrix} 0 & 0.25 & 0.5 & 0.25 \\ 0.25 & 0.5 & 0.25 & 0 \\ 0 & 0.25 & 0.5 & 0.25 \\ 0.6 & 0.25 & 0.15 & 0 \\ 0.6 & 0.25 & 0.15 & 0 \\ 0 & 0.25 & 0.5 & 0.25 \\ 0.6 & 0.25 & 0.15 & 0 \end{bmatrix}$$

$$R_{III} = \begin{bmatrix} 0.6 & 0.25 & 0.15 & 0 \\ 0.25 & 0.5 & 0.25 & 0 \\ 0 & 0 & 0.5 & 0.5 \\ 0.6 & 0.25 & 0.15 & 0 \\ 0.6 & 0.25 & 0.15 & 0 \\ 0 & 0.25 & 0.5 & 0.25 \\ 0.6 & 0.25 & 0.15 & 0 \end{bmatrix}$$

⑤ 求各方案模糊综合评价，按 $M(\vee, \wedge)$ 可得：

$$B_I = G \cdot R_I = (0.15, 0.15, 0.2, 0.1, 0.1, 0.15, 0.15) \cdot R_I = (b_1, b_2, b_3, b_4)$$

根据模型 I 计算公式可得

$$b_1 = (0.15 \wedge 0) \vee (0.15 \wedge 0) \vee (0.2 \wedge 0) \vee$$
$$(0.1 \wedge 0) \vee (0.1 \wedge 0) \vee (0.15 \wedge 0) \vee (0.15 \wedge 0) = 0$$

同理 $b_2 = 0.2; b_3 = 0.2; b_4 = 0.2$ 可得：

$$B_{II} = G \cdot R_{II} = (b_1, b_2, b_3, b_4)$$

根据模型 I 计算公式可得

$$b_1 = (0.15 \wedge 0) \vee (0.15 \wedge 0.25) \vee (0.2 \wedge 0) \vee$$
$$(0.1 \wedge 0.6) \vee (0.15 \wedge 0) \vee (0.15 \wedge 0.6) = 0.15$$

同理 $b_2 = 0.2, b_3 = 0.2, b_4 = 0.2$。

$$B_{III} = G \cdot R_{III} = (b_1, b_2, b_3, b_4)$$

根据模型 I 计算公式可得：

$$b_1 = (0.15 \wedge 0.6) \vee (0.15 \wedge 0.25) \vee (0.2 \wedge 0) \vee$$
$$(0.1 \wedge 0.6) \vee (0.1 \wedge 0.6) \vee (0.15 \wedge 0) \vee (0.15 \wedge 0.6) = 0.15$$

同理 $b_2 = 0.15, b_3 = 0.2, b_4 = 0.2$。

6 各方案综合评价指标 B 的比较

$$B_I = (0, 0.2, 0.2, 0.2)$$
$$B_{II} = (0.15, 0.2, 0.2, 0.2)$$
$$B_{III} = (0.15, 0.15, 0.2, 0.2)$$

为便于各方案的比较，将评价指标归一化，即 $B = \left(\dfrac{b_1}{\sum\limits_{j=1}^{m} b_j}, \dfrac{b_2}{\sum\limits_{j=1}^{m} b_j}, \cdots, \dfrac{b_m}{\sum\limits_{j=1}^{m} b_j} \right)$，得到 3 个方案模糊综合评价指标

$$\boldsymbol{B}'_{\mathrm{I}} = \left(\frac{0}{0.6}, \frac{0.2}{0.6}, \frac{0.2}{0.6}, \frac{0.2}{0.6}\right) = (0, 0.33, 0.33, 0.33)$$

$$\boldsymbol{B}'_{\mathrm{II}} = \left(\frac{0.15}{0.75}, \frac{0.2}{0.75}, \frac{0.2}{0.75}, \frac{0.2}{0.75}\right) = (0.2, 0.27, 0.27, 0.27)$$

$$\boldsymbol{B}'_{\mathrm{III}} = \left(\frac{0.15}{0.7}, \frac{0.15}{0.7}, \frac{0.2}{0.7}, \frac{0.2}{0.7}\right) = (0.22, 0.22, 0.28, 0.28)$$

(4) 决 策

按照最高一级隶属度与第二级隶属度之和,3个方案按优劣顺序为Ⅲ、Ⅱ、Ⅰ,故选用第Ⅲ方案。

习 题

1-1 什么是设计?产品设计具有哪些特征?

1-2 简述目前产品开发面临的挑战及我国产品开发所存在的主要问题。

1-3 产品设计的主要设计任务类型有哪些?各具有哪些特点?

1-4 试述传统设计与现代设计的关系与区别。现代设计具有哪些特点?

1-5 产品设计应该遵循哪些原则?

1-6 试述基于功能的产品方案设计的一般过程?以日常生活的例子加以叙述。

1-7 方案设计的目标树有哪些作用?主要的评价方法有哪些?

1-8 何为设计方案中的评价与决策?试说明两者之间的关系与区别。

参考文献

[1] 陶栋材. 现代设计方法学[M]. 北京:国防工业出版社,2012.

[2] 廖林清,王化培,石晓辉,等. 机械设计方法学[M]. 重庆:重庆大学出版社,2000.

[3] 倪洪启,谷耀新. 现代机械设计方法学[M]. 北京:化学工业出版社,2008.

[4] 王成焘. 现代机械设计——思想与方法[M]. 上海:上海科学技术文献出版社,1999.

[5] 邹慧君. 机械系统概念设计[M]. 北京:机械工业出版社,2003.

[6] 邬琦珠,侯冠华. 产品设计[M]. 北京:中国水利水电出版社,2012.

[7] 戴端,黄智宇,黄有柱. 产品设计方法学[M]. 北京:中国轻工业出版社,2005.

[8] 朱世范,史冬岩,王君. 产品工程设计[M]. 北京:电子工业出版社,2012.

[9] 梅顺齐,何雪明,吴昌林. 现代设计方法[M]. 武汉:华中科技大学出版社,2009.

[10] 李彦. 产品创新设计理论及方法[M]. 北京:科学出版社,2012.

[11] 孙靖民. 现代机械设计方法学[M]. 哈尔滨:哈尔滨工业大学出版社,2003.

[12] 方述城,汪定伟. 模糊数学与模糊优化[M]. 北京:科学出版社,1997.

[13] 李鸿吉. 模糊数学基础及实用算法[M]. 北京:科学出版社,2005.

第 2 章 创新设计基础

2.1 概 述

2.1.1 创新设计的意义

人类社会发展的历史同时也包含着科学技术发展的历史,人类社会的进步依靠科学技术的发现、发明和创造。

美国未来学家阿尔温·托夫勒在其《第三次浪潮》一书中把人类文明历史划分为 3 个时期,即第一次浪潮,农业经济文明时期,时间大约为公元前 8000 年到 1750 年;第二次浪潮,工业经济文明时期,时间约为 1750—1955 年;第三次浪潮,一般认为是 1960 年至今,称为信息经济文明阶段。

3 个不同的经济文明阶段都是以关键性科学技术的发现、发明和创造来引领的,火的发现和使用以及新石器与弓箭的发明和使用,使人类由原始社会迈向使用生产工具的农业经济社会;蒸汽机的发明和广泛使用,使人类社会由农业经济社会发展至使用动力机械和工作机械的工业经济社会;微电子技术和信息技术的发明和广泛应用,为工业经济的信息化加速创造了条件,使人类社会开始进入信息经济文明阶段。

3 个不同的经济文明阶段的发展,都离不开创造性技术的发展以及制作工具和制作机械的进步,这也说明了机械创新设计在人类文明发展史中的重要作用。

创新是人类社会进步的强大动力,是民族进步的灵魂,是国家兴旺发达的不竭动力。创新对于一个民族、国家的兴衰具有十分重要的意义。

2.1.2 创新设计的内涵

人们常常把科学技术的发现、发明和创造统称为创新,或称技术创新。其实,创新有两层含义:一是新颖性;二是经济价值性。只有那些具有产业经济价值的发现、发明和创造才可称为创新。

创新设计属于技术创新的新范畴,是不同于传统设计方式的设计,它充分采用计算机技术、网络技术和信息技术,融合认识学科、信息学等,用高效的方式设计出新的产品,其目的是开发新产品和改进现有产品,使之升级换代,更好地为人类服务。

创新设计是一种现代设计方法。发达国家对创新设计十分重视,早在 20 世纪 60 年代就开始了创新设计的研究,并已取得许多成果。我国对创新设计的研究起步晚,但随着科技和经济的快速发展,创新设计已经迎来了属于自己的时代。

一般而言,创新设计的原理包括以下几种类型:
① 扩展原理;
② 发展原理;
③ 组合创新原理;

第 2 章 创新设计基础

④ 发散原理。

创新设计是一项利用技术原理进行创新构思的设计实践活动,它具有以下特点:
① 注重新颖性和先进性;
② 涉及多学科,其结果的评价机制为多指标、多角度;
③ 是人们长期智慧的结晶,创新离不开继承,创新设计具有继承性;
④ 最终目的在于应用,具有实用性;
⑤ 是一种探索活动,其设计过程具有模糊性。

2.2　创造力和创造过程

2.2.1　工程技术人员创造力开发

创造发明可以定义为把意念转变为新的产品或工艺方法的过程。创造发明是有一定的规律和方法可循的,并且是可以划分成阶段和步骤进行管理的,借以启发人们的创造能力,引发人们参与创造发明的活动,达到培养创造型人才的目的。然而,创造力的培养和提高是要有一定前提条件的,我们应该努力培养和发挥有利条件,克服不利条件。

工程技术人员培养创造力的有利条件包括以下方面:
① 丰富的知识和经验。知识和经验是创造的基础,是智慧的源泉,创造就是用自己已有的知识为前提去开拓新的知识。
② 高度的创造精神。创造性思维能力与知识量并不是简单成比例的,还需要有强烈参与创造的意识和动力。
③ 健康的心理品质。工程技术人员要有不怕苦难、百折不饶、力求创新的坚强意志。
④ 科学而娴熟的方法。工程技术人员必须掌握各种创新技法和其他工程技术研究方法。
⑤ 严谨而科学的管理。创新需要引发和参与,也需要对其每个阶段和步骤进行严谨而科学的管理,这也是促进创造发明的实现因素之一。

工程技术人员应注意克服不利条件,尽力做到以下几点:
① 要克服思想僵化和片面性,树立辩证观念。
② 要摆脱传统思想的束缚,如不盲目相信权威等。
③ 要消除不健康的心理,如胆怯和自卑等。
④ 要克服妄自尊大的排他意识,注意发挥群体的创造意识等。

创造力是保证创造性活动得以实现的能力,是人的心理活动在最高水平上实现的综合能力,是各种知识、能力及个性心理特征的有机结合。创造力既包含智力因素,也包含非智力因素。创造力所涉及的智力因素有观察力、记忆力、想象力、表达力和自控力等,这些能力是相互连接、相互作用的,并构成智力的一般结构。创造力还包括很多非智力因素,如理想信念、需求与动机、兴趣和爱好、意志、性格等都与创造力有关。智力因素是创造力的基础性因素,而非智力因素则是创造力的导向、催化和动力因素,同时也是提供创造力潜变量的制约因素。

2.2.2 创造发明过程分析

1. 创造发明阶段

创造作为一种活动过程,一般要经过如下3个阶段:

① 准备阶段:包括发现问题,明确创新目标,初步分析问题,搜集充分的材料等。

② 创造阶段:这个阶段通过思考与试验,对问题作各种试探性解决,寻找满足设计目标要求的技术原理,构思各种可能的设计方案。

③ 整理结构阶段:就是对新想法进行检验和证明,并完善创造性结果。

2. 创造发明步骤

发明创造可以划分为7个步骤:意念、概念报告、可行模型、工程模型、可见模型、样品原型、小批量生产。

这七个步骤提供了一个发明创造程序结构。虽然,这些步骤是有序的,但过程中有时不必认为是严格有序的。例如可见模型也可以在工程模型之前,工程模型的形式也不是单一的。在实际工作中完全可能出现上述过程的反复,对此也应该看成是很自然的现象。

2.3 创新思维的基本方法

2.3.1 创新思维的基本分类

思维是人脑进行的逻辑推理活动,也是理性的各种认识活动,它包括逻辑思维和非逻辑思维两种基本形式。逻辑思维是对客观事物抽象的、间接的和概括的反映,其基本任务是运用概念、判断和推理反映事物的本质。非逻辑思维又可分为形象思维和创新思维,其中形象思维是认识过程中始终伴随着形象的一种思维形式,具有联系逻辑思维和创新思维的作用;而创新思维存在于人们的潜意识中,它是在科学思维的基础上,设法调动或激活人们的联想、幻想、想象和灵感、直觉等潜意识的活动,突破现有模式,达到更高境界的思维方式,是能够产生新颖性思维结果的思维。因此,创新思维与逻辑思维、形象思维既有联系又有区别:后两者是基础,前者是发展。逻辑思维和形象思维是根据已知条件求结果,思维呈收敛趋势,而创新思维是已知目标求该目标能够存在的环境和条件,思维呈发散趋势。

从创新思维与相关学科的已有认知成果关系,可以把创新思维分为两大类:

(1) 衍生型创新思维

这一类创新思维的产生都是以相关学科的已有认知成果为直接来源和知识基础,是原有相关学科向深度和广度发展的结果。这一类创新思维结果公认后都可以转化为原有相关学科的一个成分,是对原有相关学科的已有科学成果的补充和延伸、丰富和发展、扩大和深化。这一类创新思维产生于原有相关学科,又服务于原有相关学科,其功能是使相关学科扩大领域、丰富内容、完善体系、增强功能。具有新颖性弱,涉及面窄,潜伏期短,发展顺利,迅速,阻力小,挫折少,不容易被埋没,对科学发展推动作用小等特点。

(2) 叛逆型创新思维

这一类创新思维的产生是以发现相关学科的已有认知成果中无法解决的矛盾为导火线

的,不彻底跳出原有相关学科的框框就不可能进行。因此,这一类创新思维结果被公认后根本不可能转化为原有相关学科的一个成分,但却可转化为一门崭新的科学。这一类创性思维的结果都不是对原有相关学科进行修修补补,而是提出与原有相关学科的科学在本质上截然不同的新概念、新理论、新方法,其功能是开辟科学的新领域或建立一门崭新的学科。具有新颖性强,涉及面广,潜伏期长,发展曲折,缓慢,阻力大,挫折多,容易被埋没,对科学发展推动作用大等特点。

2.3.2 创新思维的活动方式

创新思维活动方式主要有以下几种:

1. 发散思维

发散思维又称扩散思维。它是以某种思考对象为中心,充分发挥已有的知识和经验,通过联想、类比等思考方法,使思维向各个方向扩散开来,从而产生大量构思,求得多种方法和获得不同结果。以汽车为例,用发散思维方式进行思考,可以联想出许多新型的汽车:自动识别交通信号的汽车、会飞的汽车、水陆两栖汽车、自动驾驶汽车、太阳能汽车、可折叠的汽车等。

2. 收敛思维

收敛思维是利用已有知识和经验进行思考,把众多的信息和解题的可能性逐步引导到条理化的逻辑序列中去,最终得出一个合乎逻辑规范的结论。以某一机器的动力传动为例,利用发散思维得到的可能性方案有:齿轮传动、蜗轮蜗杆传动、带传动、链传动、液压传动等。然后依据收敛思维,根据已有的知识和经验,结合实际的工作条件分析判断,选取出最佳方案。

3. 侧向思维

侧向思维是用其他领域的观念、知识、方法来解决问题。侧向思维要求设计人员具有知识面宽广、思维敏捷等特点,能够将其他领域的信息与自己头脑中的问题联系起来。例如,鲁班在野外无意中抓了一把山上长的野草,手被划伤了,从而发明了锯子。

4. 逆向思维

逆向思维是反向去思考问题。例如,法拉第从电能生磁,想到了磁能否产生电流呢,从而制造出第一台感应发电机。

5. 理想思维

理想思维就是理想化思维,即思考问题要简化,制定计划要突出,研究工作要精辟,结果要准确,这样就容易得到创造性的结果。

2.4 创新法则与技法

2.4.1 创新法则

创新法则是创造性方法的基础,主要的创新法则有以下几种:

1. 综合法则

综合法则在创新中应用很广。先进技术成果的综合、多学科技术综合、新技术与传统技术的综合、自然学科与社会学科的综合,都可能产生崭新的成果。例如,数控机床是机床的传统技术与计算机技术的综合;人机工程学是自然科学与社会科学的综合。

2. 还原法则

还原法则又称为抽象法则,研究已有事物的创造起点,抓住关键,将最主要的功能抽出来,集中研究实现该功能的手段和方法,以得到最优化结果。如洗衣机的研制,就是抽出"清洁"、"安全"为主要功能和条件,模拟人手洗衣的过程,使洗涤剂和水加速流动,从而达到洗净的目的。

3. 对应法则

相似原则、仿形移植、模拟比较、类比联想等都属于对应法则。例如,机械手是人手取物的模拟;木梳是人手梳头的仿形;用两栖动物类比,得到水陆两用坦克;根据蝙蝠探测目标的方式,联想发明雷达等,均是对应法则的应用。

4. 移植法则

移植法则是把一个研究对象的概念、原理、方法等运用于另外的研究对象并取得成果的创新,是一种简便有效的创新法则。它促进学科间的渗透、交叉、综合。例如,在传统的机械化机器中,移植了计算机技术、传感器技术,得到了崭新的机电一体化产品。

5. 离散法则

综合是创造,离散也是创造。将研究对象加以分离,同样可以创造发明多种新产品。例如,音箱是扬声器与收录机整体分离的结果;脱水机是从双缸洗衣机中分离出来的。

6. 组合法则

将两种或两种以上技术、产品的一部分或全部进行适当的结合,形成新技术、新产品,这就是组合法则。例如,台灯上装钟表;压药片机上加压力测量和控制系统等。

7. 逆反法则

用打破习惯性的思维方式,对已有的理论、科学技术持怀疑态度,往往可以获得惊奇的发明。例如,虹吸就是打破"水往低处流"的固定看法而产生的;多自由度差动抓斗是打破传统的单自由度抓斗思想而发明的。

8. 仿形法则

自然界各种生物的形状可以启示人类的创造。例如,模仿鱼类的形体来造船;仿贝壳建造餐厅、杂技场和商场,使其结构轻便坚固。再如鱼游机构、蛇形机构、爬行机构等都是生物仿形的仿生机械。

9. 群体法则

科学的发展,使创造发明越来越需要发挥群体智慧,集思广益,取长补短。群体法则就是发挥"群体大脑"的作用。

灵活运用这9个创新法则,可以在构思产品的功能原理方案时,开阔思路,获得创新的灵感。

2.4.2 创新技法

创新思维技法是指创造学家收集大量成功的创造和创新的实例后,研究其获得成功的思路和过程,通过归纳、分析、总结,找出规律和方法以供人们学习、借鉴和效仿。简言之,创新思维技法就是创造学家根据创新思维的发展规律而总结出来的一些原理、技巧和方法。历史上创造学家们对创新思维技法提出过诸多不同的种类,在此,介绍设问类技法、联想类技法、头脑风暴法、组合类技法和列举类技法等几种常用的创新思维技法。

1. 设问类技法

设问类技法是一种简洁而方便的创新思维技法。该方法是通过书面或口头的方式提出问题而引起人们的创造欲望、捕捉好设想的创新技法。设问类技法较多,下面介绍两种常用的方法。

(1) 5W2H 法

5W2H 法是第二世界大战中美国陆军兵器修理部首创,简单、方便、易于理解、使用,富有启发意义,广泛用于企业管理和技术活动的方法。5W2H 法通过为什么(Why)、什么(What)、何人(Who)、何时(When)、何地(Where)、如何(How)和多少(How much)这 7 个方面提出问题,考察研究对象,从而形成创造设想或方案的方法。

5W2H 法中 7 个要素的具体意义如下:

① Why——为什么?为什么要这么做?理由何在?原因是什么?
② What——是什么?目的是什么?做什么工作?
③ Where——何处?在哪里做?从哪里入手?
④ When——何时?什么时间完成?什么时机最适宜?
⑤ Who——谁?有谁来承担?谁来完成?谁负责?
⑥ How——怎么做?如何提高效率?如何实施?方法怎样?
⑦ How much——多少?做到什么程度?数量如何?质量水平如何?费用产出如何?

(2) 奥斯本设问法

奥斯本设问法又称奥斯本检核表法,是美国创新技法和创新过程之父亚历克斯·奥斯本提出的一种创造方法,即根据需要解决的问题或创造的对象列出相关问题,一个一个地核对、讨论,从中找到解决问题的方法或创造的设想。

奥斯本设问法从以下 9 个方面对现有事物的特性进行提问:

① 转化类问题:能否用于其他环境和目的?稍加改变后有无其他用途?
② 引申类问题:能否借用现有的事物?能否借用别的经验?能否模仿别的东西?过去有无类似的发明创造创新?现有成果能否引入其他创新性设想?
③ 变动类问题:能否改变现有事物的颜色、声音、味道、样式、花色、品种,改变后效果如何?
④ 放大类问题:能否添加零件?能否扩大或增加高度、强度、寿命、价值?
⑤ 缩小类问题:能否缩小?能否浓缩化?能否微型化?能否短点、轻点、压缩、分割、忽略?
⑥ 颠倒类问题:能否颠倒使用?位置(上下、正反)能否颠倒?
⑦ 替代类问题:能否用其他东西替代现有的东西?如果不能完全替代,能否部分替代?
⑧ 重组类问题:零件、元件能否互换或改换?加工、装配顺序能否改变,改变后的结果如何?
⑨ 组合类问题:能否将现有的几种东西组合成一体?能否原理组合、方案组合、功能组

合、形状组合、材料组合、部件组合?

奥斯本设问法是一种具有较强启发创新思维的方法。这是因为它强制人去思考,有利于突破一些人不愿意提问或不善于提问的心理障碍。提问,尤其是提出有创见的新问题本身就是一种创新。它又是一种多向发散的思考,可使创新者尽快集中精力,朝提示的目标方向去构想、去创造、去创新。

使用奥斯本设问法进行创新思维时,要注意应对该方法的9个方面逐一进行核检。核检每项内容时,要充分发挥自己的想象力和创新能力,以创造更多的创造性设想。

2. 联想类技法

联想类技法是扩散型创新技法的一种,根据人的心理联想来形成创造构想和方案的创造方法。联想是人脑把不同事物联系在一起的心理活动,它是创造性思维的基础。联想可分为简单联想和复杂联想。简单联想又可分为接近联想、相似联想和对比联想。心理联想在一定程度上又是可以控制的,在创造学中将可控制的简单联想按其控制程度分为自由联想和强制联想。此外,还有复杂联想,它可分为关系联想和意义联想等,这种联想包含着信息加工或其他复杂的思维过程。

(1) 接近联想

接近联想是指发明者联想到时间、空间、形态或功能上等比较接近的事物,从而产生出新的发明创新技法。

1800年3月,门捷列夫在彼得堡大学的一次化学学会上宣布化学元素周期表的发现,提出6种化学元素。他发现化学元素都是因原子结构的特殊性按一定秩序排列的,按次序排列的元素经过一定的周期,它们的某些主要属性又会重复出现,且在每一周期范围内,某些属性是渐变的,即相邻两元素的主要物理、化学性质应该是相近的。如果这种逐渐性为突然的跳跃而中断,就会联想到这里还可能有一个未知的元素存在。门捷列夫恰是利用这种接近联想法,提出了一些空位上的未知元素,并预测这些元素的物理、化学性质。后来的事实证明了这一设想。

(2) 相似联想

相似联想是指发明者对相似事物产生联想,从而产生发明创造的方法。

法国一位科学家根据陀螺旋转轴保持不变的特性,利用相似联想原理发明了陀螺仪。北京一名小学生从张开的舞裙形态联想到使雨衣的下摆张开、由救生圈充气后的形态联想到充气软管达到使雨衣下摆张开的目的,从而设计出一种不弄湿裤脚的充气雨衣。

(3) 对比联想

对比联想也称逆向联想、反向联想,是指发明者由某一事物的感知和回忆,引起对和它具有相反特点的事物的回忆,从而产生出新的发明。

在科学创意中,法拉第由电生磁联想到磁也可以生电,从而发现了电磁互生原理。在文学创作中,对比联想也是经常出现,如中国歌颂民族英雄岳飞,唾弃卖国贼秦桧的名句"青山有幸埋忠骨,白铁无辜铸佞臣",可谓登峰造极的对比联想。

(4) 自由联想

自由联想是联想试验的基本方法之一,由F·高尔顿(1879)首先开创。该方法是在测试过程中,当主试呈现一个刺激(一般为词或图片,以听觉或视觉方式呈现)后,要求被试者尽快地说出他头脑中浮现的词或事实。

有一名罪犯在夜间作案时,将一支蜡烛插在一个牛奶瓶内照明进行盗窃。在被捕后拒不交代事实经过,于是命令他做联想试验。具体方法是检验者说出一个词,令他回答所想到的另一个词。开始时先用一些无关的词,如"天→地""母亲→父亲""鲜花→草地""黑→白""巴黎→纽约"等,然后突然提到"蜡烛",这名盗窃犯即答以"牛奶瓶";就这样,通过该测验最后侦破了这件盗窃案。

3. 头脑风暴法

头脑风暴(BS)法是由美国创造学家 A·F·奥斯本于 1939 年首次提出、1953 年正式发表的一种激发性思维的方法。在我国也译为"智力激励法"或"脑力激荡法"等。

头脑风暴是指采用会议的形式,召集专家开座谈会征询他们的意见,把专家对过去历史资料的解释以及对未来的分析,有条理地组织起来,最终由策划者做出统一的结论,在这个基础上,找出各种问题的症结所在,提出针对具体项目的策划创意。

该技法的核心是高度充分的自由联想。这种技法一般是举行一种特殊的小型会议,使与会者毫无顾忌地提出各种想法,彼此激励,相互启发,引起联想,导致创意设想的连锁反应,产生众多的创意。该原理类似于"集思广益",具体实施要点如下:

① 召集 5~12 人的小型特殊会议,人多了不能充分发表意见。

② 会议有 1 名主持人,1~2 名记录员。会议开始,主持人简要说明会议议题,主要解决的问题和目标;宣布会议遵循的原则和注意事项;鼓励人人发言和各种新构想;注意保持会议主题方向、发言简明、气氛活跃。记录员要记下所有方案、设想(包括平庸、荒唐、古怪的设想),不得泄露;会后协助主持人分类整理。

③ 会议不超过 1 h,以 0.5 h 最佳,时间过长头脑易疲劳。

④ 会议地点应选在安静不受干扰的场所。切断电话,谢绝会客。

⑤ 会议要提前通知与会者,使他们明确主题,有所准备。

⑥ 禁止批评或批判。即使是对幼稚的、错误的、荒诞的想法,也不得批评。如果有人违背这一条,会受到主持人的警告。

⑦ 自由畅想。思维越狂放,构想越新奇越好。有时看似荒唐的想法,却是打开创意大门的钥匙。

⑧ 多多益善。新设想越多越好,设想越多,可行办法出现的概率越大。

⑨ 借题发挥。可利用他人想法,提出更新、更奇、更妙的构想。

法国盖莫里公司曾用该方法成功解决了一种新产品的研发和命名工作。公司召集 10 名员工为设计一种新的电器产品方案进行讨论,采用奥斯本头脑风暴法后,仅在两天的时间里就发明了一种其他产品没有的新功能电器,并且从 300 多个电器命名方案中获得一个大家比较认可的名字。结果,该产品一上市,便因为其新颖的功能和朗朗上口、让人回味的名字,受到了顾客的热烈欢迎,迅速占领了大部分市场,在竞争中击败了对手。

4. 组合类技法

组合类技法是将现有技术、原理、形式、材料等按一定的科学规律和艺术形式有效地组合在一起,使之产生新效用的创新方法。组合类技法是最通用的创新技法之一,它可以是最简单的铅笔和橡皮的组合,也可以是高科技的计算机和机床的组合。

组合创新方法有多种形式:从组合要素差别区分,有同类组合和异类组合等;从组合的内容区分,有原理组合、材料组合、功能附加组合和结构组合等;从组合的手段区分,有技术组合和信息组合等。下面介绍同类组合、异类组合和功能附加组合3种常用的组合方法。

(1) 同类组合

同类组合是把若干同一类事物组合在一起,以满足人们特殊的需求。同类组合法的设计思路和"搭积木"有些相似,使同类产品既保留自身的功能和外形特征,又相互契合,紧密联系,为人们提供了操作和管理的便利。

(2) 异类组合

异类组合是将两个相异的事物统一成一个整体从而得到创新。由于人们在工作、学习和生活中经常同时有多种需要,因而将许多功能组合在一起,形成一种新的商品,以满足人们工作、学习和生活的需求。

(3) 功能附加组合

功能附加组合是以原有的产品为主体,通过组合为其增加一些新的附加功能,以满足人们的需求。这类设计是在原本已经为人们所熟悉的事物上,利用现有的其他产品,为其添加新的功能来改进原产品,使其更具生命力。

5. 列举类技法

列举法是针对某一具体事物的特定对象从逻辑上进行分析,并将其本质内容全面地逐一列出来的一种手段,用以启发创造设想,找到发明创造主题的创造技法。

列举法作为一种发明创新技法,是以列举的方式把问题展开,用强制性的分析寻找发明创新的目标和途径。列举法的主要作用是帮助人们克服感知不足的障碍,迫使人们将一个事物的特性细节——列举出来,使人们挖掘熟悉事物的各种缺陷,让人们思考希望达到的具体目的和指标。这样做,有利于帮助人们抓住问题的主要方面,强制性地进行有的放矢地创新。

2.5 创新成功案例

案例:3M 的经营原则

创意人:席佛、傅莱、寇考、梅瑞尔

3M 的经营原则:"任何市场、任何产品都不嫌小;只要有适当的组织,无数的小产品就会像大产品一样有利可图"。

3M 自粘便条,是一种黄黄的、黏黏的小纸条,可以竖立于报告的边界上,点缀在电脑报表上,并粘在打字机、办公桌、书架、咖啡杯、文件栏、相片裱框、电脑屏幕及复印机上等等。如今,自粘便条在办公室中无处不在,原因是它做到了其他产品所做不到的事:把信息传递到它该出现的地方,却不留下任何痕迹。它不会留下像曲别针的凹痕或订书针的扎孔,它可以从一个地方贴到另一个地方,背胶的黏性却丝毫不减。它们大小各不相同,可以写精简有力的短语,也可以留下引人深思的长言,而无须担心会损伤报告的精致表面。3M 自粘便条在人们的生活中发挥着巨大的作用,而它的发明却是源于一个失败的产品。

席佛在 ADM 单体的实验中,得到一个与理论预测背道而驰的反应,一种有黏性的聚合体。尼科尔森认为纯属意外,但席佛注意到,这种材料有不少稀奇的特色,它不会黏的"要命"——它会在两种表面产生所谓的黏着力,但不会将两者牢牢粘住。它的"聚合力"也比"黏着力"强,也就是它比较会粘住自己的分子,与其他分子不能较好黏合。如果把它喷在某物体表面,再按上一张纸,等纸拿起来时,可能会将所有的黏剂一起拉起,也可能拉不起半点黏剂。它会偏好两种表面的一种,但又不会牢牢地黏在任何表面上。

席佛开始向周围的朋友展示这个黏胶,可惜其他人无法像席佛一样体会这黏胶的价值。他们的设想局限于一个前提:黏胶一定要粘得很牢才行。周遭的科学家都在研制更粘的黏胶,而不是更不粘的。席佛却突然冒出来大夸他那个"四不像黏胶"的优点。这招来了众人的嘲讽,导致聚合体黏着剂计划停止,所有设想被束之高阁。在人们眼中,这是一个失败的产品。

席佛告诉大家:"这黏剂一定能用在某样东西上!有的时候,大家难道不会想要一种只粘一下,但不会永远粘着的黏胶吗?"。席佛建议:"看看我们能不能把这黏剂变为一种好用的产品,让大家想粘多久就粘多久,想拿起来就拿起来。"

转机来自一次简单的自由联想。这次所谓的"自由联想"——同时联想到两个不相干的概念,成就了一个新产品发明。傅莱在教会唱诗班唱歌时,发现一个情况:"为了方便找到要唱的歌曲,人们习惯把小纸条夹在要唱的地方当作记号。但是人们总不能盯着这些小纸条看,一旦出现注意力不集中,纸条就会飞到地板上,或者掉进赞美诗歌本的夹缝中。正是对于这个问题的深度思考,傅莱在翻动歌本找纸条时,突然联想到席佛所推荐的"四不像黏胶",将这种黏胶应用到这种小纸条上,就可以完美地解决这种问题,因此他便决定努力实现这种构想。在这个实现过程中,由于席佛热心的鼓励和老板尼科尔森对于新产品的迫切需求,傅莱最终利用这种自由联想所得到的构思实现了便条纸的革命,发明了3M自粘便条,使一个大家公认的失败产品—不黏胶,成了3M公司的拳头产品。

习 题

2-1 什么是创新?创新设计具有哪些特征?
2-2 创新设计的原理包括哪几种类型?
2-3 用你身边的实例说明其创造性体现在哪些方面?
2-4 创新思维具有哪些特点?列举出2~3个创新思维方法。
2-5 创新思维包括哪些类型?
2-6 用设问类技法提出解决校园内电瓶车不规范驾驶的解决方案。
2-7 试述基于功能的产品方案设计的一般过程?以日常生活的例子加以叙述。
2-8 用奥斯本设问法分析矿泉水瓶除通常用途外的其他用途。
2-9 运用联想类技法尽可能多地提出人类手的用途。
2-10 运用头脑风暴法设计一种新型的圆珠笔。

参考文献

[1] 邹慧君. 机械系统设计原理[M]. 北京:科学出版社,2003.
[2] 胡胜海. 机械系统设计[M]. 哈尔滨:哈尔滨工程大学出版社,1997.
[3] 卞华,罗伟清. 创造性思维的原理与方法[M]. 长沙:国防科技大学出版社,2001.
[4] 邹慧君,颜鸿森. 机械创新设计理论与方法[M]. 北京:高等教育出版社,2007.
[5] 赵惠田. 发明创造方法[M]. 北京:科学普及出版社,1988.

[6] 刘莹,艾红. 创新设计思维与技法[M]. 北京:机械工业出版社,2003.

[7] 马骏. 创新设计的协同与决策技术[M]. 北京:科学出版社,2008.

[8] 边守仁. 产品创新设计[M]. 北京:北京理工大学出版社,2002.

[9] 尹定邦. 设计学概论[M]. 长沙:湖南科学技术出版社,2006.

[10] 刘思平,刘树武. 创造方法学[M]. 哈尔滨:哈尔滨工业大学出版社,1998.

第二篇

TRIZ 理论篇

第3章 TRIZ理论概述

3.1 TRIZ理论的定义

3.1.1 TRIZ:发明问题解决理论

TRIZ是俄文音译的拉丁文"Teorijz Rezhenija Izobretatel' skichZadach"的词头缩写,原意为"发明问题解决理论",其英文缩写为TIPS(theory of inventive problem solving)。它是由前苏联发明家、发明家协会主席根里奇·阿奇舒勒(Genrich S. Altshuller)于1946年开始,与他的研究团队在研究了世界各国250万份高水平专利的基础上,提出的一套具有完整体系的发明问题解决理论和方法。

TRIZ之父根里奇·阿奇舒勒(见图3-1),1926年10月生于塔什干,14岁时即获得第一份专利:过氧化氢分解氧气的水下呼吸装置,该专利成功解决了水下呼吸的难题,后在海军部担任专利评审官。从1946年开始,经过研究成千上万的专利,他发现了发明背后存在的模式并创造TRIZ理论的原始基础。为了验证这些理论,他相继做出了多项发明,比如:排雷装置(获得前苏联发明竞赛一等奖)、船上的火箭引擎、无法移动潜水艇的逃生方法等。1948年,担忧因第二次世界大战胜利使得苏联缺乏创新气氛,根里奇·阿奇舒勒给斯大林写了一封信,批评当时的苏联缺乏创新精神,结果锒铛入狱,并被押解到西伯利亚投入集中营。集中营成为阿奇舒勒"第一所研究机构",他整理了TRIZ基础理论。斯大林去世后第二年(1954年)阿奇舒勒获释,两年后,他开始出版TRIZ的

图3-1 根里奇·阿奇舒勒

书籍,TRIZ学校也开始得到蓬勃发展,很多工厂、院校都开设了TRIZ的培训课程,培养了大批具有创新能力的培训师与工程技术人员。但TRIZ理论属于苏联的国家秘密,所以,那些年人们对TRIZ还缺乏充分的了解。

冷战时期,美国等西方发达国家惊讶于当时苏联在军事、工业、航空航天等领域的创造能力,并为此展开了间谍战。但强大的克格勃让它们只能"望术兴叹"。直到苏联解体后,大批TRIZ专家开始移居美国和世界各地,TRIZ的神秘面纱才被揭开。

如今,TRIZ理论正被广泛传播和应用,尤其在美国,大批基于TRIZ理论的专业公司获得蓬勃发展,相继开发出基于TRIZ理论的计算机辅助创新设计软件,有力地推动了TRIZ在全世界范围内的广泛传播。

21世纪,TRIZ正成为许多现代企业创新的独门利器,可以帮助企业从技术"跟随者"成为行业的"领跑者",为企业赢得核心竞争力。例如韩国的三星电子工业公司,在TRIZ应用方面获得了巨大成功,从一个十几年前还以赶超竞争对象日企为目标的公司,成为目前世界顶级的

技术企业。三星 TRIZ 协会是国际 TRIZ 协会 MATRIZ 的唯一企业会员。

TRIZ 来自对专利的研究。根里奇·阿奇舒勒通过大量的专利研究发现,只有 20% 左右的专利称得上是真正的创新,许多宣称为专利的技术,其实早已经在其他的产业中出现并被应用过。所以他认为若跨行业的技术能够进行更充分的交流,一定可以更早开发出更先进的技术系统。同时,根里奇·阿奇舒勒也坚信,发明问题的原理一定是客观存在的,如果掌握了这些原理,不仅可以提高发明的效率,缩短发明的周期,而且也能使发明问题的解决更具有可预见性。

3.1.2 TRIZ 方法论

在做算术乘法 5×9=? 时,可以很快地报出答案 45,那是因为乘法表植根于人们的脑海。但是,如果要计算 123 456 789×987 654 321=? 时,就无法立即口算报出答案,需要以乘法表为基础工具,按照运算规则进行比较复杂的运算。如果没有乘法表,解决这样的问题可能无从下手。所以解决问题的关键是使用合适的工具。

如果遇到一个发明问题,这个问题别人没有解决过,世界上还不存在这样的客体,那如何将它创造出来,即做出一项发明来,我们手中应握有什么样的工具呢?

回顾以前所受的教育和所学习的各种知识,似乎没有哪门课程告诉过我们,如何解决一个发明问题——一个如同理财一样的人生非常重要的一门知识,这正是我国教育所欠缺的重要知识之一。而 TRIZ 正是这样的一门知识,它可以引导人们步入一条创造性解决问题的正确道路,一个基于辩证法的创新算法的全新途径,一个可以将发明当作职业一样从事的工作。

那么,TRIZ 有些什么法宝可以帮助我们创造性地解决问题呢?

如果遇到了一个具体问题,使用通常的方法不能直接找到此问题的具体解,那么,就将此问题(先通过通用工程参数或物质—场模型描述)转换并表达为一个 TRIZ 问题模型,然后在 TRIZ 进化法则的引导下,利用 TRIZ 体系中的九大理论和工具来分析这个问题模型,从而获得 TRIZ 原理解,然后将该解与具体问题相对照,考虑实际条件的限制,转化为具体问题的解,并在实际设计中加以实现,最终获得该具体问题的实际解。这就是 TRIZ 解决实际问题的方法论,如图 3-2 所示。

表 3-1 列出了 TRIZ 理论的主要工具和方法。

表 3-1 TRIZ 的理论和工具

问 题	工 具	解
5×9	乘法表	45
$HCl+NaOH$	化学原理	$NaCl+H_2O$
TRIZ:技术矛盾	Altshuller 矛盾矩阵	40 发明原理
TRIZ:物理矛盾	分离原理	40 发明原理
TRIZ:功能	知识效应库	科学效应
TRIZ:物—场模型	标准解系统	76 标准解

在解决问题的过程中,可根据确定出来的问题类型,在表 3-1 中选择针对此问题可使用的 TRIZ 工具来解决问题,最后获得此问题的解。

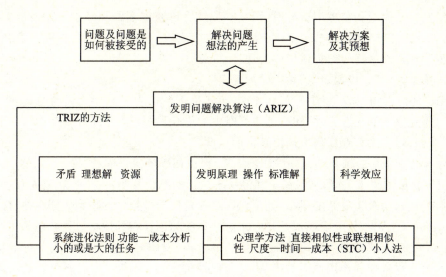

图 3-2 TRIZ 方法论

前面提到过,TRIZ 是基于对全世界 250 万份高水平发明专利的研究成果,而且 TRIZ 解决问题的目的是达到对矛盾的彻底化解,而不是传统设计中的折中法那样对矛盾的"缓解"。TRIZ 理论认为,发明问题的核心是解决矛盾,未克服矛盾的设计不是创新设计,设计中不断发现并解决矛盾,是推动产品向理想化方向进化的动力。产品创新的标志是解决或移走设计中的矛盾,从而产生出新的具有竞争力的解决方案。

3.2 TRIZ 理论的思维方式

3.2.1 发明理论的发明

"发明理论的发明"至今还是尚未得到充分研究的课题,对其进行简要的论述,将引导人们不断探索能否通过研究人类文明的发展历史,得出发明本身的方法,并创建发明理论。

在 TRIZ 诞生并被广泛传播之前,有关专门进行创新性研究教学的案例并不多,最早可追溯至有关创新性研究的古希腊文献,这些研究于公元前 2000 年从阿拉伯东部传到了欧洲,同时先后得到了埃及、近东(近东是欧洲人所指的亚洲西南部和非洲东北部地区)、中亚和中国文明的补充和认同。

西塞罗曾说过:"我们应当知道我们的祖先的发明,应当与自然和谐共处"。这个思想或许可以引导我们思考和探索的方向。

创新活动方法论研究的起源是培根和笛卡儿的哲学。

1620 年,作为科学的旧事物批判者和创新方法的创立者,培根在自己的著作《新工具集》中建立了创建技术发明系统的目标。他写道:"那些从事科学的人,或者是经验主义者,或者是教条主义者。经验主义者就像蚂蚁,只能够搜集和运用已经汇集起来的东西。而教条主义者,则像蜘蛛,自己用自身材料织网。蜜蜂则选择了中间道路,他们从花园和田野的花朵中采集材料,但却发挥自己的智慧运用这些材料……应当期待这些能力,即经验和智慧更紧密地、永不破坏地结合。我们的方法如下:我们不是从实践中获得实践,不是从经验中获得经验,而是从实践和经验中、从原因和公理中获得原因和公理,然后再获得实践和经验。"在培根看来,作为这种组合方式的方法,能实现从单个事实中得到单个定律(小公理),再从这些定律中得出更通用的(中型公理),并最终得到更适用的公理。

如今,笛卡儿的"思维四定律"显得尤为现实:

① 无论任何事物,都不要认为它是真理,尤其是不要认为它是毫无疑问的真理。也就是说,要努力避免急躁和先入为主;在自己的判断中只能保留这样的东西,即出现在自己脑海中最清晰的东西,以及不存在任何有理由怀疑的东西。

② 将自己所研究的每个难题分解成若干部分,以便于解决该问题。

③ 引导自己的思维进度,从最简单和最易于认识的事物开始,一点一点地提升,就像上台阶一样,到最后认识最为复杂的事物,甚至允许在其自然界中无序的事物之间存在有序性。

④ Steinbart 认为,每个发明都是建立在对已有的和已存在的数据、事物、思想进行对比的基础上的,对比的方法有分解、合成及综合等。他指出,发明的最基本的源头是对事物隐藏属性的揭示,对事物改变和作用原因的确认,对相似性的发掘,对事物和现象的益处的确定。很显然,H·别克曼的五卷基础著作《发明史》是对发明方法的第一次科学研究。别克曼写道:"我有发明创造的模型,该模型能从理论中看到实践的效果,其有效性同我的兴趣(目标)成正比。"

TRIZ 正是从前人的"实践和经验中、从原因和公理中获得原因和公理"。TRIZ 的哲学精髓是辩证法,同时也可以说 TRIZ 的思维模式是笛卡儿"思维四定律"的具体体现和应用:TRIZ 给出的分析问题的方式方法就是要克服思维惯性,就是要"努力避免急躁和先入为主",以便认识问题的本质;TRIZ 解决问题的算法和过程是从"最小问题"开始,依据系统发展的规律和趋势,循序渐进地解决问题;TRIZ 工具体系的建立和应用正是"对事物的隐藏属性的揭示,对事物改变和作用原因的确认,对相似性的发掘,对事物和现象的益处的确定"。例如:TRIZ 的发明原理(40 个)和进化法则是来源于对 250 多万份专利分析研究,揭示了其背后隐藏的规律,抽取出具有普遍意义的典型的原则和方法;TRIZ 的矛盾分析、物—场分析是"对事物改变和作用的根本原因"的剖析;TRIZ 解决问题注重来自于其他领域的相似解决方案,注重应用科学效应和现象,通过理想化的方法强化"事物和现象的益处",甚至变害为利等。虽然 TRIZ 本身还远未达到成熟阶段,需要一个长期的发展和完善的过程,但 TRIZ 已经建立的思维模式和理论、工具、方法体系足以确立它在发明理论中的重要地位,至少在技术领域,TRIZ 真正"发明"了"发明理论"。

3.2.2 创新思维的障碍

人的思维活动往往是基于经验的,比如说到苹果,头脑中就会立即浮现出苹果的形状、颜色、大小、味道等,之所以如此,是因为经常见到和吃到苹果,在头脑中形成了对苹果的综合印象。如果这时候有人对你说苹果是方形的、涩的,你一定会反驳说:"不对,苹果是圆的、甜的!",经验已经使你对"苹果"的思维形成了"惯性"。

所谓思维惯性(又称思维定势)是人根据已有经验,在头脑中形成的一种固定思维模式,也就是思维习惯。思维惯性可以使我们在从事某些活动时能相当熟练,节省很多时间和精力;穿衣服时我们会很熟练地用两手系好扣子(而如果用一只手就会觉得很别扭);下班后我们会很轻易地回到自己的家(而用不着每次回家时都仔细辨别是哪一条街道哪幢楼哪个单元第几号),这都是思维惯性在帮助我们。

思维惯性是人后天"学习"的结果。儿童由于没有太多的经验束缚,思维具有广阔的自由空间——儿童的想象力是丰富的、天真的,甚至是可笑的。而随着年龄的增长,阅历的增加,就会逐渐形成惯性思维,对"司空见惯"的事物往往凭以往的经验去判断,而很少再去积极思考。这对于解决创新性问题是不利的,会使思维受到一个框架的限制,难以打开思路,缺乏求异性与灵活性,使我们在遇到问题时,会自然地沿着固有的思维模式进行思考,用常规方法去解决问题,而不求用其他"捷径"突破,因而也会给解决问题带来一些消极影响,难以产生出创新的思维。

思维惯性表现为多种多样的形式。我们之所以将其归纳为不同的类型,并不是为了对思维惯性进行准确的分类描述,而是为了让大家了解在哪些方面容易产生定势的思维,以便更好地克服它。

① 书本思维惯性。所谓书本思维惯性,就是思考问题时不顾实际情况,不加思考地盲目运用书本知识,一切从书本出发、以书本为纲的教条主义思维模式。当然,书本对人类所起的积极作用是显而易见的,但是,许多书本知识是有时效性的。随着社会的发展,有些书本知识会过时,而知识是要不断被更新的。所以,当书本知识与客观事实之间出现差异时,受到书本知识的束缚,死抱住书本知识不放就会造成思维障碍,难以有效地解决问题,甚至失去获得重大成果的机会。

② 权威思维惯性。相信权威观点是绝对正确的,在遇到问题时不加思考地以权威的是非为是非,一旦发现与权威相违背的观点,就认为是错的,这就是权威思维惯性。事实上,权威的观点也会受到人类对自然规律认识的局限性的影响,也是会犯错误的。例如大发明家爱迪生曾极力反对用交流电,许多大科学家都曾预言飞机是不能上天的。所以,英国皇家学会的会徽上有一句话"不迷信权威"。

③ 从众思维惯性。别人怎么做,我也怎么做;别人怎么想,我也怎么想的思维模式,就是从众思维惯性(从众心理,俗称随大流儿)。从众思维惯性产生的原因,或是屈服于群体的压力,或是认为随波逐流没错。可以确定的是,从众思维惯性会使人的思维缺乏独立性,难以产生出创造性思维。

④ 经验思维惯性。通过长时间的实践活动所获得和积累的经验,是值得重视和借鉴的。但是经验只是人们在实践活动中取得的感性认识,并未充分反映出事物发展的本质和规律。人们受经验思维惯性的束缚,就会墨守成规,失去创新能力。

⑤ 功能思维惯性。人们习惯于某件物品的主要功能,而很少考虑到在一定情况下会用于其他用途,这就是功能思维惯性。

⑥ 术语思维惯性。术语是人们在实践中总结出来的,用来描述某一领域事物的专用语。由于术语的"专业性"、"科学性"、"单义性"等特征,往往会使人的思维局限于其所描述事物的典型属性或功能,而忽略其他属性或功能,这就是术语思维惯性。

⑦ 物体形状外观思维惯性。在人们的印象中,每一物体都有着相对固定的形状和外观,这符合人们对该物体的习惯认识,很难加以改变。我们把对物体形状外观上的习惯认识称为物体形状外观思维惯性。比如,西瓜不但可以是圆的,还可以是方的,如图3-3所示。

图3-3 方形西瓜

⑧ 多余信息思维惯性。人们在分析和解决问题时常常会受到一些与要解决的问题关系不大的、不相关的或负面的信息的干扰,对于问题本身来说,这些信息是多余的,那些有用的信息,有时更容易受到多余信息的影响而产生错觉,由此而导致的思维惯性即多余信息思维惯性。

⑨ 唯一解决方案思维惯性。一个功能目标总是认为只有一种方法能够实现。其实,创新过程中是不可能局限在一种解决方案上的,每一种结构或工艺都可以继续完善。

思维惯性的表现形式多种多样,这里不一一列举。思维惯性是创造性思维的主要障碍。电子石英表是瑞士一个研究所发明的,但瑞士钟表业拒不接受,因为他们跳不出习惯了的机械表的束缚,认为石英表不可能取代机械表。精明的日本人买下石英表技术后,大量廉价石英表上市,对瑞士制表业产生很大冲击。日本从瑞士人手中夺去了钟表市场,瑞士钟表业人员就是吃了思维惯性的亏。要进行创新、创造活动,就必须摆脱思维惯性的束缚。一个重要的方面,就是要学习掌握创造性思维方法,提高思维联想、求异、灵活、变通的能力,以突破思维惯性。

3.2.3 TRIZ 理论思想

150年前,科技发展的节奏骤然加快,开始了科学革命,科学革命证明,我们对世界的认知是没有限制的。同时,也开始了技术革命,技术革命让我们确认了这样一个思想,即我们对世界的改变是没有限制的。这些伟大革命的工具就是创造思维。但是无论如何变革,创造思维本身和它的方法却没有经受质的变化。

阿奇舒勒在其论著《寻找思路》的"TRIZ理论前沿"部分中提到:他在1946年从新西伯利亚军校毕业后开始在专利局工作,早在1945年,他就关注研究大量的低效率的、低质量的专利提案。很快他就明白了:这些方案都忽略了问题和产生问题的系统最关键的属性。即使最天才的发明也基本上是表象的产物或者是耗费了大量时间与经历的"试错法"的产物。对大量发明方法和工程创造心理学的研究使得阿奇舒勒坚定了如下结论:

"所有方法均建立在'试错法'、直接和想象的基础上。没有一个方法来自于对系统发展规律性的研究或者来自对问题所包含的物理和技术矛盾的解决。"

那时候在哲学和工程著作中同样也存在着足够多的对问题进行高效分析的案例,阿奇舒勒认为卡尔·马克思和弗里德里赫·恩格斯的著作中的很多案例最有说明力。他们为确定历史变化的特征和阶段做出了显著的贡献,这种变化发生在人类历史上,并与那些改变了人类劳动性质并增强了人类部分能力,甚至完全将人类从生产过程的新工艺和新机器中解放出来的的发明相关。

他们给出的案例贯穿着两个思想:发明就是克服矛盾;矛盾就是技术体系各个部分发展不均衡的产物。

因此,恩格斯在其著作《步枪历史》(《Geschichte des gesogenen Gewehrs》F·Engels,1860年)中列举了许多技术矛盾的案例,这些矛盾的解决决定了步枪发展的整个历史。这些矛盾的解决既是应使用要求的变化而产生的,也是由于内部缺陷的凸显而产生的。尤其是,长时间以来,主要矛盾都在于提高装药便利性和射速的需求要求缩短枪身(装药分为火药装填和弹壳从枪筒退出两部分),而为了提高射击精度并能够在短兵相接的战斗中在较大距离上射杀敌人,则要求增长枪身。这样的矛盾性要求出现在从枪尾一侧装药的步枪身上。然而这些案例一直没有被创造的方法论者和实践者所评价,而仅仅把他们当成是对辩证唯物主义的例证。

1956 年阿奇舒勒发表了自己的第一篇文章,提出了建立发明创造理论的问题,并提出了发展该问题的基本想法:

① 解决该问题的关键:查明并消除系统矛盾;
② 解决问题的战术和方法(操作)可以在分析大量优秀发明的基础上得到;
③ 解决问题的战略:战略应当建立在技术系统发展过程的规律性基础上。

到 1961 年时阿奇舒勒已经研究了 43 类专利中将近 1 万件发明,弄清楚发明方法是有可能的,这一想法在下面的发现中得到了完整的确认:

① 发明问题是无限多的,而系统矛盾的类型比较而言是不多的;
② 存在着典型的系统矛盾以及消除它们的典型方法。

那么到底什么样的思维才算是 TRIZ 理论创新思维?TRIZ 理论创新思维又与传统的思维方式有什么区别?表 3-2 对这两类思维方式进行了系统的比较。

表 3-2 传统思维与 TRIZ 理论创新思维比较

传统思维	TRIZ 理论创新思维
使任务要求趋于容易和简单	使任务要求趋于尖锐和复杂
倾向于脱离"不可思议"之路	沿着"不可思议"之路执着前进
对目标的概念不明晰,视觉概念受制于目标原型	对目标的概念明晰,视觉概念受制于最终理想解
对目标的概念"平淡"	对目标的概念"丰富";同时被研究的不光是目标,还有其子系统,以及目标所属的超系统
对目标的概念是"瞬间的"	目标显现在历史进展中:昨天什么样,今天什么样,明天什么样(如果保留进化轨迹的话)
对目标的概念"僵硬",很难改变	对目标的概念"可塑",在其他的空间和时间易于发生巨变
存储记忆提示近期(所以微弱)类比	存储记忆提示远期(所以强烈)类比,并且新的规则和方法等不断充实着信息存量
"专业化障碍"逐年增大	"专业化障碍"逐渐消失
思维可控程度无法提高	思维越来越容易控制:发明家似乎可以在侧面看到思维的活动,能够驾驭思维进程(比如说,很容易摆脱"自然涌出"的方案)

3.3 经典 TRIZ 理论

3.3.1 经典 TRIZ 理论的建立

根里奇·阿奇舒勒常常强调,TRIZ 理论在本质上是对人的思维的组织,通过组织就可以拥有所有的或者众多的天才发明家的经验。普通的甚至有经验的发明家都会利用自己建立在外部相似性基础上的经验:他是谁,这个新任务与某个老任务有些像,所以,其解决办法也应当有些像。而熟悉 TRIZ 理论的发明家看到的则要深奥得多:他会说,在这个新任务中有这样一些矛盾,也就是说,可以利用老任务的解决办法,因为老任务虽然从外部看起来与新任务没有相似性,但是却包含相似的矛盾。

在发明问题解决算法的第一个版本面世时就已经开始建立 TRIZ 理论了。TRIZ 理论的作者用如下形式说明了操作、方法和理论之间的区别。

操作——单个的基础的动作。操作可以归结为解决任务的人的动作,例如利用相似性解决问题的人的动作。操作也可以归结为所考察技术系统中的问题,例如:"系统划分或将多个系统合为一个"。操作无法用于:无法知道操作什么时候是有效的,什么时候又会是无效的。在某个情形下,相似性可能会导致问题的解决,而在另一个情形下,则可能导致远离,使操作无法发展,尽管多个操作的集合可以得到补充和发展。

方法——操作体系。通常包含众多操作,该体系确定了操作的确定顺序。方法通常建立在一个原则上或者一个假设上,例如,顿悟的基础就是假设:在给出"人潜意识下无序的思想流中得到的结论"时,问题可以得到解决。而发明问题解决算法的基础则是发展模型、矛盾模型和矛盾解决模型的相似性原则。方法的发展也极其有限,它往往停留在原始原则的框架内。

理论——许多操作和方法的体系。该体系确定了建立在复杂技术客体和自然客体的发展规律(模型)基础上的定向控制问题解决过程。

可以这样说,操作、方法和理论构成了"砖—房子—城市"或者"细胞—组织—有机体"这样的序列。

当 1985 年 TRIZ 理论的创建达到顶峰时,阿奇舒勒描述了该理论近 40 年的发展过程。

第一阶段:发明问题解决算法方面的工作。虽然该工作始于 1946 年,但那时还没有明确提出"发明问题解决算法"这一概念,而是以另一种方式提出来的。

应当研究大量发明创造的经验,找出高水平技术解决方案的共同特点,来用于未来发明问题的解决。这样就会发现,高水平的技术方案是能够克服问题中的技术矛盾,而低水平的技术方案却不能够描述或者克服技术矛盾。

让人想象不到的是,即使是一些非常有经验的发明家,也不理解解决发明问题的正确战术应当是一步一步地澄清技术矛盾,研究矛盾的原因并消除矛盾,从而最终消弥技术矛盾。有些发明家在发现了明显的技术矛盾之后,不去实施怎样解决技术矛盾,而是浪费多年时光在各种可能方案的挑选上,甚至没有时间去尝试描述任务所包含的矛盾。

人们很失望没能从那些伟大的发明家那里找到有助于发明的经验,那是因为大部分发明家都在使用那个极简陋的方法,就是"试错法"。

第二阶段:第二阶段的问题以这样的方式提出——应当编制对于所有发明问题来说都普遍使用的、能循序渐进解决发明问题的算法(ARIZ)。该算法应当建立在对问题的逐步分析的基础上,从而能够影响、研究和克服技术矛盾。发明问题解决算法虽然不能够取代知识和能力,但是它能够帮助发明者避免许多错误,并给问题的解决提供一个好的流程。

最初的算法(ARIZ-56 或者 ARIZ-61)同 ARIZ-85 相去甚远,但是随着每次的改进,变得更清晰,更可靠,并逐渐取得算法纲要的性质。此外还曾经编制了消除技术矛盾的操作表(矛盾矩阵表)。这些研究成果都是基于对大量的专利资源和技术发明的介绍的分析。

还有一个问题需要解决,即产生高水平的解决方案需要知识,而这些知识则可能超出了发明者所拥有的专业领域的界限。只能依赖生产经验在习惯的方向上不断尝试,结果是毫无收获,而发明问题解决算法只能够改善解决问题的流程。最后发现,人无法有效地解决高水平的发明问题。因此,所有仅仅建立在激发"创造思维"基础上的方法都是错误的,因为这种尝试只能够很好地组织"糟糕的"思维。因此,在第二阶段只为发明者提供辅助创新工具是不够的,必须重建发明创造,必须改变发明创造的工艺。这种技术系统进化体系现在被看作是独立的、不依赖于人的发明问题解决体系。思维应当遵循并控制这个系统,这样它就会成为天下人的思维。

这样就产生了一种观点,认为发明问题解决算法应该服从于技术系统发展的客观规律。

第三阶段:第三阶段的形式如下。

低水平的发明算不上是创造;通过"试错法"得到的高水平发明是低效率的创造。我们需要有计划地解决高水平问题的发明问题新工艺,这个工艺应该建立在有关技术体系发展客观规律的基础上。

如同第二阶段一样,研究工作是基于专利资源的。然而,本阶段的研究不再是澄清新的操作和用于消除技术矛盾的矩阵表中的内容,而是研究技术体系发展的整个规律。关键在于,发明是技术体系的发展。而发明任务则仅仅是创建一个人类所发现的蕴含技术体系发展要求的某个形态。TRIZ理论研究发明创造的目的是为了建立可用于发明问题解决过程的高效方法。

对这样的定义有别于传统的认识是:所有已经存在的技术系统都是需要进化的,通过采用这种"发明问题的解决方法",人们就能获得发明创造,从而建立起发明的现代产业,每年能够产生数以万计的技术思想。这种现代的"方法"又有什么坏处呢?

关于发明创造存在着一些习惯性的却又是错误的论述,例如:

① 一些人会说"一切取决于偶然性";

② 另一些人坚信"一切取决于知识和坚持,所以应当持之以恒地尝试不同的方案";

③ 还有一些人宣称"一切取决于天赋"。

在这些论断中有一些真理的成分,但是却只是外在的、表面的真理。

"试错法"本身就是低效率的。现代"发明产业"是按照"爱迪生方法"来组织的:任务越困难,所需尝试的次数越多,就会有更多的人参与解决方案的探索。根里奇•阿奇舒勒用如下的方式对其进行了批判:很明显,上千个挖土工人能够挖出比一个挖土工人更多、更大的坑,然而其挖掘的方法还是原来的。在新挖掘方法的帮助下,一个"孤独的"的发明者就如同一个挖掘机手一样,能够比"挖土工人的集体"更有效地完成工作。

在不采用TRIZ理论的情况下,发明者要解决问题,首先要长时间地寻找与他的专业领域相近的熟悉的传统的方案。有时候他根本摆脱不了这些方案,思想会进入"思维惯性区"(PIV,Psychological Inertia Vector)。PIV是由以下不同因素决定的:害怕脱离专业的框架,害怕闯入"别人的"领域,害怕提出可能会被嘲笑的想法,因此,也就不可能知道"野思想"产生的方法。

TRIZ理论的作者用如图3-4所示的图例表展示了"试错法":

从"任务"点开始,发明者应当进入"解决"点,然而这个点究竟在哪里,事先并不知晓。发明者会建立特定的探索原则并开始沿这些原则向所选方向"冲刺"(图中用细箭头标示的部分)。然后就会发现,所有的探索原则都不对,探索完全不是在预定的方向上。此时发明者就会回到任务的原始状态,并设定新的探索原则,又开始新一轮的"冲刺",其典型的例子就是"如果我这么做,会怎么样呢?"。

在图示中,在与"解决"点的方向不相符合甚至完全相反的方向上,箭头的分布很密集。应用"试错法"的理由,尝试过程并非如它第一眼给人的感觉那样混乱无序,在后续的试验中它们

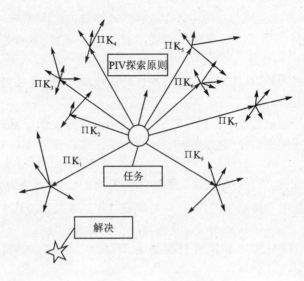

图 3-4 "试错法"图示

甚至是有组织的,也就是说,是在 PIV 的方向上。

对于不同水平的问题,找到解决方案所必需的尝试次数是不同的。然而,为什么有的任务需要 10 次尝试,有的却需要 100 次,而有的甚至需要 1 000 次?它们中间存在着什么样的质的区别?

于是,根里奇·阿奇舒勒得出了如下结论:

1) 任务可能会因所需知识的内容而不同。对第一级发明,任务和解决问题的手段都处于某个专业的范围之内(某个行业的一个分支)。而第二级发明,则处于某个领域的边界之内(例如,机械制造问题可以用已知的机械制造方法来解决,但是使用的是机械制造的另外一个领域的方法)。第三级发明,处于某种科学的范围之内(例如,机械问题可以在机械学原理基础上得以解决)。第四级发明,处于"边缘科学"的范围之内(例如,机械问题可以通过化学方法得以解决)。而第五级发明是最高水平的,则完全超出了现代科学的范围(因此首先需要取得新的科学知识或者作出某种发现,然后才能运用他们以求得解决发明问题的方案)。

2) 问题会因相互作用的因素的结构不同而不同。这可以通过不同的"结构"来表示,例如,第一级发明和第二级发明的任务。

第一级发明的任务有:① 较少的相互作用要素;② 没有未知元素或者它们并不重要;③ 容易分析:很容易就能区分可能会改变的要素与在问题条件下不会改变的要素;要素和可能的变化之间的相互作用很容易就能得到跟踪;④ 问题复杂的原因往往要求在较短的时间内得出解决方案。

第二级发明的任务有:① 众多的相互作用要素;② 大量的未知元素;③ 分析过程复杂:在问题条件下可能会改变的要素很难被分离出来;很难建立要素和可能的变化之间相互影响的足够完整模型;④ 问题趋于复杂的原因在于对解决方案的探寻过程往往拥有相对较长的探索时间。

3) 问题可能会因客体的变化程度的不同而不同。在第一级发明任务中客体(设备或方法)几乎不变,例如,设定一个新的参数值。在第二级发明任务中客体有较小的变化,例如,细节有所变化。在第三级发明任务中,客体发生质变(例如,在最重要的部分发生变化)。在第四级发明任务中,客体完全变化。而在第五级发明任务中,发生变化的客体所在的技术体系也发生了变化。

因此需要一种将发明任务从高水平"转化"到低水平的方法或者将"困难的"任务转变为"简单的"任务的方法,例如,通过快速地减小探索范围来达成目的。

4) 自然界没有形成高水平的启发式操作,在人类大脑的整个进化史上只获得了解决大致相当于第一级发明问题的能力。

也许,一个人一生中可以做出一两件最高级别的发明,然而,他根本来不及积累或传承"最高启发性经验"。自然淘汰仅仅巩固了低水平的启发式方法:增加—减少;联合—分解;运用相似性复制其他作品。而随后补充到这些方法中的内容则完全是有意识的:"将自己置于所考察客体的位置""牢记心理惯性"等。

高水平的"启发师"能够很熟练地为年轻的工程师们展示其方法,然而,要教会他们却是不可能的。问题在于,如果一个人不知道如何同心理惯性做斗争,那么,"牢记心理惯性"这句忠告就不会起作用。同样,如果一个人事先不知道哪一个相似性更为适宜,那么"运用相似性"这个方法也就是枉然的,尤其是当这种相似性的数量太多的时候。

因此,在其进化过程中,我们的大脑只学会了寻找简单问题解决方案时的足够精确的、最为适用的方法,而最高水平的启发机制却未能得以开启。然而,它们是可以创立的,也是必须创立的。

第三阶段以及20世纪70年代中期,是传统TRIZ理论发展史的中期。同时这也是TRIZ理论得以彻底完善的开端:在此期间发现了物理矛盾以及解决物理矛盾的基本原理,形成了发展技术系统的定理(进化法则),编制了第一个建立有效发明(效应)的物理原则的目录列表以及第一批"标准解"体系。

3.3.2 经典TRIZ理论的结构

TRIZ理论的发展历史可以划分出如下阶段:

1) 1985年前

经典TRIZ理论的发展阶段。其主要理论由根里奇·阿奇舒勒和TRIZ理论联盟专家们创立并具有概念性特点。

2) 1985年后

后经典TRIZ理论发展阶段。其主要理论具有理论"展开"的性质(也就是说,部分地形式化、细化,尤其是积累了大量方法)并与其他方法,尤其是与功能分析方法相结合,类似的方法还有Quality Function Deployment(QFD)和Fault Modes and Effects Analysis(FMEA)。

TRIZ理论是知识浓缩思想得以实现的一个案例。

TRIZ理论最主要的发现在于,数百万已经注册的发明都是建立在相对来说为数不多的、对任务的原始情境进行转化的原则之上的。与此同时,TRIZ理论清晰地指出,任何问题进行组织及取得综合解决的关键要素有:矛盾、资源、理想结果、发明方法,或者用一个更好的说法,那就是转化模型。

此外,在TRIZ理论中,不但设计了多个操作体系,而且设计了通过对问题的原始情境进行逐步精确和逐步转化达成解决问题目的的方法。阿奇舒勒将该方法称之为"发明问题解决算法",即ARIZ。

按照阿奇舒勒自己的形象化定义,发明问题解决算法以及整个 TRIZ 理论拥有以下"三个支柱"。

① 按照清晰的步骤,一步一步地处理任务,描述并研究使任务成为问题的物理—技术矛盾。

② 为了克服矛盾,应当使用从几代发明家那里汲取到的精选信息(解决问题的典型模型表,包括操作和标准,物理效应运用表等)。

③ 在解决问题的整个过程中,都贯穿着对心理因素的调控:发明问题解决算法能引导发明家的思想,消弭心理惯性,协调接受不同寻常的、大胆的想法。

在人类的创造历史中,TRIZ 第一次创立了一些理论、方法和模型,并能够用于包含有尖锐物理—技术矛盾的复杂的科学技术问题的系统化研究和解决方法,而这些问题使用传统的设计方法是根本无法解决的。

与此同时,必须指出,截止 2000 年,所出版的有关 TRIZ 理论的著名书籍和文章在很多方面都是相互重复的,都仅仅是在传统地展示着 TRIZ 理论作为一个解决技术任务的系统的优点。这不能够促进人们对 TRIZ 理论的能力和边界的正确理解。这些出版物对创造思维"功能实现"过程中的许多未能解决的问题的存在闭口不谈,例如,直观思维的必须性以及其足够多元化的表现。

尽管作者们对"发明算法"和"转化操作"这些术语给予了特别的强调,甚至给出数学"结构"的地位,然而,我们不可以说"发明是'计算'出来的"。因此,首先,不同人们使用这些方法所获得的结果也就远远不同。其次,在发明问题解决算法的基础上寻找解决方案的过程需要一定时间,然而该时间的长短则具有不确定性,这一问题仍然与思维是完全无法计算的这一现象的存在有关。最后,如果在解决某项问题时,客观知识不够而又必须进行科学研究,就存在一个 TRIZ 的能力边界问题。然而,还应当补充一下,TRIZ 作为一个进行研究的工具也是极为有益的。必须记住,TRIZ 理论不能够替代创造性思维,而仅仅是它的工具。而一个好的工具在聪明的人手里将得到更好利用。

3.4 TRIZ 理论的新发展

目前,TRIZ 理论主要应用于技术领域的创新,实践已经证明了其在创新发明中的强大威力和作用。而在非技术领域的应用尚需时日,并不是说 TRIZ 理论本身具有无法克服的局限性,任何一种理论都有其产生、发展和完善的过程。TRIZ 理论目前仍处于"婴儿期",还远没有达到纯粹科学的水平,之所以称为方法学是合适的,它的成熟还需要一个比较漫长的过程,就像一座摩天大厦,基本的架构已经构建起来,但还需要进一步的加工和装修。其实就经典的 TRIZ 理论而言,它的法则、原理、工具和方法都是具有"普适"意义的,例如,我们完全可以应用其 40 个发明原理解决现实生活中遇到的许多"非技术性"的问题。

TRIZ 理论作为知识系统最大的优点在于:其基础理论不会过时,不会随时间而变化,就像运算方法是不会变的,无论你是计算上班时间还是计算到火星的飞行轨迹。

由于 TRIZ 理论本身还远没有达到"成熟期",其未来的发展空间是巨大的,归纳起来主要有 5 个发展方向:

① 技术起源和技术演化理论;

② 克服思维惯性的技术；
③ 分析、明确描述和解决发明问题的技术；
④ 指导建立技术功能和特定设计方法、技术和自然知识之间的关系；
⑤ 向非技术领域的发展和延伸。

此外，TRIZ 理论与其他方法相结合，以弥补 TRIZ 理论的不足，已经成为设计领域的重要研究方向。

需要重点说明的是，TRIZ 理论在非技术领域应用研究中的应用前景是十分广阔的。我们认为，只有达到了解决非技术问题的工具水平，TRIZ 理论才是真正地进入了"成熟期"。

未来的 TRIZ 理论是：每个技术问题本身都是不同的。每个问题中都不会有不重复的内容。通过分析，就能找到核心问题，也即系统矛盾和其发生原因的可能。此时整个事情就会发生改变，就会出现按照特定的、合理的图表进行创造性探索的可能性。没有魔法，但是有方法，对于大部分情况来说办法是足够多的。

3.5 创新案例

案例一：你替我搬

英国有一家大型图书馆要搬迁，由于该图书馆藏书量巨大，搬迁的成本算下来非常惊人。就在这时，一位图书管理员想出一个办法，那就是马上对读者们敞开借书，并延长还书日期，只需要读者们增加相应的扣金，并把书还入新的地址。

这一措施得到了采纳。结果不但大大降低了图书搬运成本，还受到了读者的欢迎。

案例二：高斯与难题

有一天，在德国哥廷根大学，一个 19 岁的青年吃完晚饭，开始做导师单独布置给他的数学题。正常情况下，他总是在两个小时内完成这项特殊作业。像往常一样，前两道题目在两个小时内顺利地完成了。但不同的是还有第三道题写在一张小纸条上，是要求他只用圆规和一把没有刻度的直尺做出正 17 边形。他没有在意，埋头做起来。然而，做着做着，他感到越来越吃力。困难激起了他的斗志：我一定要把它做出来！天亮时，他终于做出了这道难题。导师看了他的作业后惊呆了。他用颤抖的声音对青年说："这真是你自己做出来的？你知不知道，你解开了一道有两千多年历史的数学悬案？阿基米德、牛顿都没有解出来，你竟然一个晚上就解出来了！我最近正在研究这道难题，昨天不小心把写有这个题目的小纸条夹在了给你的题目里。"多年以后，这个青年回忆起这一幕时，总是说："如果有人告诉我，这是一道有两千多年历史的数学难题，我不可能在一个晚上解决它。"这个青年就是数学王子高斯。

案例三：成功并不像你想象的那么难

1965 年，一位韩国学生到剑桥大学主修心理学。在喝下午茶的时候，他常到学校的咖啡厅或茶庄听一些成功人士聊天。这些成功人士包括诺贝尔奖获得者，某一些领域的学术权威和一些创造了经济神话的人，这些人幽默风趣，举重若轻，把自己的成功都看得非常自然和顺理成章。时间长了，他发现，在国内时，他被一些成功人士欺骗了。那些人为了让正在创业的人知难而退，普遍把自己的创业艰辛夸大了，也就是说，他们在用自己的成功经历吓唬那些还没有取得成功的人。

作为心理系的学生，他认为很有必要对韩国成功人士的心态加以研究。1970 年，他把《成功并不像你想像的那么难》作为毕业论文,提交给现代经济心理学的创始人威尔·布雷登教授。布雷登教授读后,大为惊喜,他认为这是个新发现,这种现象虽然在东方甚至在世界各地普遍存在,但此前还没有一个人大胆地提出来并加以研究。惊喜之余,他写信给他的剑桥校友——当时正坐在韩国政坛第一把交椅上的人——朴正熙。他在信中说,我不敢说这部著作对你有多大的帮助,但我敢肯定它比你的任何一个政令都能产生震动。

后来这本书果然伴随着韩国的经济起飞了。这本书鼓舞了许多人,因为他们从一个新的角度告诉人们,成功与"劳其筋骨,饿其体肤""三更灯火五更鸡""头悬梁,锥刺股",没有必然的联系。只要你对某一事业感兴趣,长久地坚持下去就会成功,因为上帝赋予你的时间和智慧足够你圆满做完一件事情。后来,这位青年也获得了成功,他成了韩国泛业汽车公司的总裁。

习 题

3-1 什么是 TRIZ 理论?
3-2 TRIZ 理论的思维方式的特点?
3-3 TRIZ 理论的结构形式?
3-4 TRIZ 理论未来的发展方向是怎样的?
3-5 什么是思维惯性?它具有哪些类型?
3-6 如图 3-5 所示,九根火柴摆成三个三角形。请移动任意两根火柴,使所有的三角形都变得不存在。

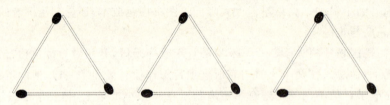

图 3-5 九根火柴摆成的 3 个三角形

参考文献

[1] 根里奇·阿奇舒勒. 寻找思路[M]. 北京:科学出版社,1986.
[2] Zlotin B, Zusman A. A. A month under the stars of fanrasy: a school for developing creative imafination[M]. Kishinev: Kartya Mildovenyaska Publishing House, 1988.
[3] Altshuller G. S. Search for new ideas: from insight to technology(theory and practice of inventive problem solving)[M]. Kishinew: Kartya Moldovenyaska Publishing House, 1989.
[4] Altshuller G. S. How to become a genius: the life strategy of a creative person[M]. Minsk: Belarus, 1994.
[5] 檀润华. 创新设计[M]. 北京:机械工业出版社,2002.
[6] 根里奇·阿奇舒勒. 创新 40 法[M]. 成都:西南交通大学出版社,2004.
[7] 梁桂明,董洁晶,梁峰. 创造学与新产品开发思路及实例[M]. 北京:机械工业出版

社,2005.
[8] 王传友,王国洪.创新思维与创新技法[M].北京:人民交通出版社,2006.
[9] 杨清亮.发明是这样诞生的——TRIZ理论全接触[M].北京:机械工业出版社,2006.
[10] 中国科学技术协会发展创新中心.创造和创新思维及方法[M].北京:中国科学技术出版社,2007.
[11] 赵新军.技术创新理论(TRIZ)及应用[M].北京:化学工业出版社,2008.
[12] 赵敏.创新的方法[M].北京:当代中国出版社,2008.
[13] 赵敏.TRIZ入门及实践[M].北京:科学出版社,2009.
[14] 曾富洪.产品创新设计与开发[M].成都:西南交通大学出版社,2009.
[15] 王亮申.TRIZ创新理论与应用原理[M].北京:科学出版社,2010.
[16] 沈世德.TRIZ法简明教程[M].北京:机械工业出版社,2010.
[17] 高常青.TRIZ——发明问题解决理论[M].北京:科学出版社,2011.
[18] 陈光主.创新思维与方法:TRIZ的理论与应用[M].北京:科学出版社,2011.

第4章 技术系统与资源分析

4.1 技术系统的基本内容

4.1.1 技术系统的定义

技术是提高人超越本能活动效率时的一切自然和人工行为的总和。

很久以前人们就有目的地应用自然客体：用木棍从树上采摘果实，用打磨过的石块作为武器等。这些自然客体作为一种工具用来实现目的时就可以被认为是技术客体。

如果技术客体由两个或多个部分组成，而这个客体所具有的某种特殊性能不能压缩为任意组成部分的性能，那么这个客体就称为技术系统。比如，特制的矛由明显的两部分组成：矛头和矛柄。这个矛就是一个简单的技术系统。

技术系统是为提高人类（社会）活动效率而相互联系的技术装置总和，且具有其任何一个组成部分都不具有的特性。

4.1.2 技术系统的功能

根据不同的功能在每个技术系统中扮演的角色不同，技术系统分为主要功能、附加功能、潜在功能、基本功能和辅助功能。

主要功能：技术系统是为实现这一功能而创建的技术装置总和。其完整定义包括两个部分：第一部分给出技术系统的建立目的（通常是消费者的需求），这是技术系统的用途，它从消费者的立场回答了"系统实现什么"的问题；第二部分给出技术系统具体的作用方式，这是技术功能，这部分回答了"系统如何实现"的问题。

完整的主要功能定义由用途和技术功能联合而成。

我们来看几个主要功能定义的实例：

表4-1分别以滚筒式洗衣机、白炽灯、水笔的技术系统为例，来阐述主要功能的完整意义。

表4-1 技术系统主要功能实例

技术系统	用途	技术功能	主要功能的完整定义
滚筒式洗衣机	清除纺织品上的污垢	使纺织品在洗涤液中旋转	通过在洗涤液中旋转来清除纺织品上的污垢
白炽灯	照亮物体表面	灯丝发出白炽光	通过灯丝发出的白炽光照亮物体表面
水笔	在固体表面留下痕迹	沿着细管将染色物质送达表面	通过细管将染色物质送达固体物质并留下痕迹

定义锤子的主要功能：锤子通过撞击物体的方式改变物体空间位置、形状及其性质，但是锤子有哪些附加功能呢？

附加功能:完成此功能将赋予客体新的应用性能。

比如,可以给细木工锤补充一系列的附加功能:借助于专业装置"起钉子"、在手柄中"存储钉子",这些附加功能使锤子更加完善、便于使用。有些系统具有大量的附加功能。

潜在功能:技术系统并不总按照指定用途使用,比如,锤子还用来支撑门或者测量距离。这时锤子没有执行主要功能,而执行了实时功能。实现这些目的是完全可能的,因为技术系统不仅限于完成主要功能,这样的功能称为潜在功能。

帆不仅可以用来伸张,也可以用来传递信息:还记得古希腊关于爱琴国王的神话吧,这位老国王根据从克里特岛返还船只上帆的颜色就可以提前知道,他的儿子提休斯是否战胜米诺牛。椅子不仅是一个座位,也可以看作是一个高的平台,借助于它可以拿到放在书架上的物品或者作为运动跳台。书不仅可以用来读,还可以用来固定制作植物标本的叶子。

有时解决发明问题可以归结于寻找技术系统的特殊用途。上述所有功能(主要功能、附加功能、潜在功能)有共性,即它们都反应出满足消费者需求的技术系统特性。

基本功能和辅助功能:技术系统的每一个独立的组成元素都有自身功能,如果这些功能直接帮助实现主要功能,那么这些功能被称为基本功能,这些基本功能对于元素来说便是主要功能。

洗衣机子系统执行的基本功能是:翻转衣物、打湿衣物。

如果子系统的功能服务于其他子系统,那么这些功能被称为辅助功能。

洗衣机的辅助功能:电动机带动洗衣机滚筒振动时,用凸轮堵住渗水孔。

4.1.3 技术系统的分析方法

TRIZ 的奠基人阿奇舒勒,提出了最有效的系统分析模式(见图 4-1)。

图 4-1 所示的模式在文献中称为多屏操作,其本质就是辩证思维的产生和发展的模式(分析—思维过程)。问题通常在某个系统内产生,研究者自然而然地凭想象创造着固定的任务形式:了解任务条件后马上产生带有被研究系统影响的思维屏。

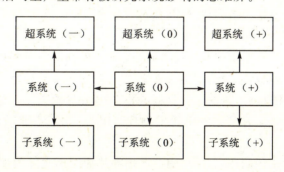

图 4-1 多屏操作图

系统本身、子系统和超系统组成等级,形成越来越复杂的不间断的序列。同类似的等级序列并存的还有其他系统的序列(有时同其直接相互作用,有时则有一定的距离);整个外部世界就其本质来说就是这些序列的总和。系统的和动态的自然世界最少应用 9 个屏来显示,展示每个级的过去和未来(见图 4-2)。

这样,在研究系统时应该想象到,它是如何发展的?辩证方法论使我们明白,什么是系统产生的必要条件,系统怎样发展,这个系统的未来是怎样的,何时和在什么条件下系统将老化、

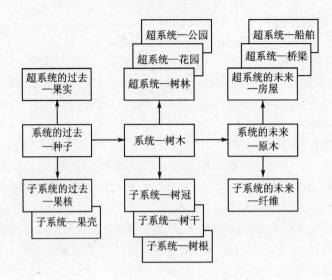

图 4-2 树木发展的多屏操作图

消亡。发生学方法特别有效,因为它不仅能够评估被研究系统的效率,而且还能够适时提出建议,使这个技术系统转变为新的、在不断进化过程中将其取代的系统。

此外,研究系统时,必须清晰地提出其空间关系。每个系统都具有这样的特征:有相当多的级数(子系统—超系统),与其他系统保持联系。这些级别中某一个级别的任何变化,都会这样或者那样地触及到所研究的系统,并且远远不是这种变化的所有后果都带有正面的性质。这意味着:系统内部和外部的联系被发现的越多,系统完善的可能性也就越丰富。

系统方法要求对客体进行全面研究(可以利用成分、功能、结构、参数、起源等分析方法建立模型)。

(1) 参数分析

规定了客体发展的质的极限——物理的、经济的、生态的等等。为此需要找出阻碍整个客体进一步发展的关键性技术矛盾,并且使其尖锐化。然后设定任务——依靠新的解法来消除这些矛盾。

进行参数分析时可以利用实现客体的主要功能和补充功能的级别数据。

例如,对于实现"导热"功能的技术系统来说,需要具备足够导热性能的材料。关键的技术矛盾在这里归结为:使用极高导热性能的材料(铜、银)有助于导热,但却急剧增加了系统的成本。该矛盾的尖锐化指出了发展这种系统的物理极限——花费任何代价都不可能改善导热性能。

克服矛盾所需要解决的问题:怎样大幅度增加导热而又不大幅增加支出。这个问题的解法是建立导热系统——热管,后者优于最好的导热材料,能够将热流传递提高 3~4 个等级。

物质流模型:分析物质流是为了研究客体内流动物质、能源和信息的流动,途径是将这些流体模型化。为每个流经被分析客体的物质流,都在结构分析的基础上建立相应的模型。

例如:为绞肉机建立物质(食品)流动模型和机械能(力)流动模型。

模型以表现物质流在客体(及其超系统)的元件之间流动的图链形式表现出来,流动的每一部分都有流动方向、流量和变化的说明。

例如:在绞肉机中机械能流动的模型如图 4-3 所示。从图中可以看出,机械能由螺旋(搅龙)向机体沿 4 个平行链传送。

1) 通过食品——10%；
2) 直接通过机体套筒——5%；
3) 通过箅子和螺母——5%；
4) 通过搅刀、箅子和螺母——80%。

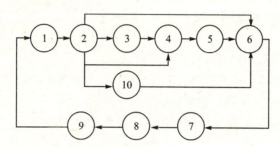

1—手柄；2—螺旋输送器(搅龙)；3—搅刀；4—箅子；
5—螺母；6—机体；7—桌子；8—地板；9—人；10—原料

图 4-3 机械能流动模型

功能模型：客体的功能模型建立在功能分析数据的基础之上。功能模型包括客体的主要功能、辅助功能和保证完成主要(基本和辅助)功能的综合体。

实现功能模型可能有 3 个级别：

1) 综合性的功能模型，它只表现主要的、基本的和辅助的功能，不受客体行为准则及其物质的(结构和工艺等)具体体现的制约。

2) 行为准则的模型，它表现客体功能等级和与其行为准则相符的，但是由具体的物质体现到抽象化的功能等级。

3) 具体客观的模型，它表现符合客体的物质所体现的功能等级。

（2）功能分析

为了发现迫切的、有现实意义的任务，需要借助于下列功能方法：分析用产品、部件和零件来实现的功能；功能的分级；检查实现这种或那种功能的效率；明确其在整个系统工作的作用，以及寻找那些难以承担实现有利功能的要素。

功能分析将研究的是作为其实现功能的综合体的客体，而不是物质材料结构。比如：将照明灯作为"发光"的功能载体，而不是作为结构要素(玻璃泡、灯头、灯丝等)的总和。

功能分析从先决条件出发，在被分析的客体中，有害和中性功能总是伴随着有利功能的实现。例如：绞肉机的搅刀在工作中同时实现以下几项功能：有益的功能——"将食品体积变小"；有害的功能——"将食品团成一团"；中性的功能——"将食品加热"。

为了在今后的分析中正确地使用功能概念，必须将功能准确地表述为表示动作的动词不定式形式和名词的宾格形式(动宾结构)。例如：涂上墨水，连接木板，抬起重物。

定义功能需遵循固定的规则。具体客体的功能定义应当适合于具体的工作条件。例如：作为台灯的照明灯除了有益功能"发光"外，还具有有害功能"发热"。而在孵化箱中，同样的灯泡"发热"功能是有益的，"发光"则是中性的。

功能的表述不应当指明客体的具体材料体现(对于技术系统来说，不指明具体的工艺结构制造)。例如：绞肉机的功能在表述上不应是"切肉"，而是"将食品体积变小"，因为动词"切"说明的是具体的工艺活动,而动词"变小"是指实现该行为的多面性。"食品"的定义在此情况下比"肉"的定义更具有概括性。

根据功能定义,功能客体应是材料客体:物质或场。在分析信息系统时,信息则可作为材料客体。

(3) 结构分析

结构分析明确了客体成分间的相关作用(关系)。为了完成结构分析建立了客体的结构模型。

结构类型:提出以下几个最具有技术特征的结构。

1) 微粒型。由几个相互间关系不太紧密的相同要素组成,要素的部分消失几乎在系统功能中不表现出来,如图4-4所示。例如:船队,沙漏斗。

2) 砖型。由几个相同的、相互间硬性连接的要素组成,如图4-5所示。如:墙壁、拱廊和桥梁。

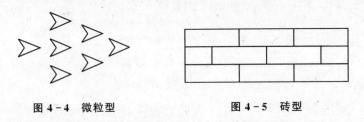

图4-4 微粒型　　　　　　图4-5 砖型

3) 链状。由相同类型的、相互间铰链式联结的要素组成,如图4-6所示。如:履带、火车。

4) 网状。由不同类型的、相互间直接或者间接通过其他要素或者通过中心要素联系的要素组成,如图4-7所示。例如:电话线、电视、图书馆和供暖系统。

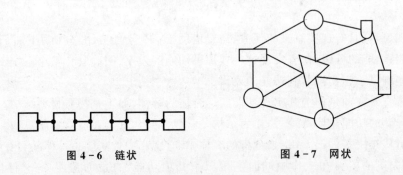

图4-6 链状　　　　　　图4-7 网状

5) 多联系状。在网状模型中包括许多交叉关系,如图4-8所示。

6) 等级状。由不同种类要素组成,其中每个要素都是其上级的组合要素,既有"横向"联系(与同一级别的要素),又有"垂直"联系(与各个级别的要素)。例如:机床、汽车和步枪。

按照时间发展类型结构通常是:

① 展开的——随着时间流逝,伴随着主要有利功能的增加,要素的数量也在增加。

② 凝固的——随着时间流逝,当主要有利功能增加或不变时,要素的数量减少。

③ 退化的——在某一时刻,在主要有利功能减少时,要素的数量开始减少。

④ 恶化的——在联系、功率和效率减少时,主要有利功能减少。

等级结构的产生和发展并不是偶然的,在中级和高级系统中,这是增加效率、可靠性能和稳定性能的唯一途径。在简单系统中不需要等级制,因为要素之间的直接联系是相互作用的。在复杂系统中,所有要素直接的相互作用是不可能的,相互作用只是在同一级别的要素之间才能进行,而各个级别之间的联系是剧减的。

典型的等级系统的样式如图4-9和表4-2所示。在表4-2中列出了等级制度的名称。

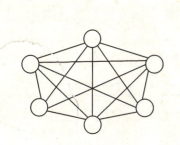

图4-8 多联系状

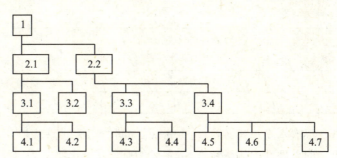

图4-9 按等级原则构建的系统

表4-2 技术等级

技术系统等级	系统名称	例子	自然界中类似例子
1	技术范围	技术+人+资源+消费系统	生物圈
2	技术	所有技术(所有领域)	动物圈
3	技术领域	运输(所有形式)	类别
4	联合体	民航,汽运,铁路运输	级别
5	企业	工厂,地铁,飞机场	组织
6	机组	火车头,车厢,轨迹	机体部件,心脏,肺部等
7	机器	机车,汽车,飞机	细胞
8	非同类机构(总体部件,能够实现能量物质从一形态转变另一形态)	静电发电机,内燃机	脱氧核糖核酸,核糖核酸,磷酸腺苷分子
9	同类机构(总体部件,能够实现能量物质转变,不转变形态)	螺旋千斤顶,推车,帆船装备,钟表,变压器,望远镜	血红蛋白分子促进氧气运输
10	部件	轴与双轮(出现新的特性,促进滚动)	复杂分子,聚合物
11	成对的配件	螺丝和螺杆,轴与双轮	分子,由不同的原子团构成,例如: $C_2H_5-C=O$ $\quad\quad\quad\quad\ \ \ \|$ $\quad\quad\quad\quad\ \ O-H$

续表 4-2

技术系统等级	系统名称	例　子	自然界中类似例子
12	非同类部件(分割后形成不同的部分)	螺丝,螺杆	不对称的碳化学链 —C—C—C—C— | C
13	同类部件(分割后形成相同的部分)	电线,轴,梁	对称的碳化学链 —C—C—C—C—
14	非同种物质	钢	混合物,溶液(海水,空气)
15	同种相物质	化工纯铁	普通物质(氧,氮)

层次水平越高,结构越宽松,元件间的刚性联系就越少,则易于移动和替换。在低级别中更多的是硬性的体系和联系,主要的有益功能严格地确定了产品的结构。

(4) 起源分析

起源分析研究是否符合技术系统发展规律。

在起源分析过程中研究被调研客体的发展史(起源)、结构、制造工艺、生产批量、利用的材料、社会因素等的变化特性。得出这些变化的正面和负面影响,就能够准确地表述出完善客体的问题和建议。

例如:在冲压时变压器的导磁板在拧紧的螺栓下钻孔。以前导磁板的材料是薄热轧钢板。在薄热轧钢板上钻孔其电磁性能没有减少。现在使用具有更好的电磁性能的冷轧钢作为导磁体。在这种情况下板的制造工艺没有变,只是在钻孔时冷轧钢的电磁性能减少了。这样,起源分析法就形成了一个问题:怎样在生产导磁体板的合成时不减少电磁的性能。

进行起源分析时不仅在生命链的某一具体阶段研究客体,而且在所有其他阶段都在研究(以前的和以后的)。

4.2　技术系统进化法则

4.2.1　阿奇舒勒与技术系统进化论

阿奇舒勒于1946年开始创立TRIZ理论,其中重要的理论之一是技术系统进化论。阿奇舒勒技术系统进化论的主要观点是技术系统的进化并非随机的,而是遵循着一定的客观的进化模式,所有的系统都是向"最终理想解"进化的,系统进化的模式可以在过去的专利发明中发现,并可以应用于新系统的开发,从而避免盲目的尝试和浪费时间。

阿奇舒勒的技术系统进化论主要有8大进化法则,这些法则可以用来解决难题,预测技术系统,产生并加强创造性问题的解决工具。这8大法则是:

① 技术系统的S曲线进化法则;

② 提高理想度法则;

③ 子系统的不均衡进化法则;

④ 动态性和可控性进化法则;

⑤ 增加集成度再进行简化的法则；
⑥ 子系统协调性进化法则；
⑦ 向微观级和增加场应用的进化法则；
⑧ 减少人工介入的进化法则。

4.2.2　8大技术系统进化法则

1. 技术系统的S曲线进化法则

阿奇舒勒通过对大量的发明专利的分析，发现产品的进化规律满足一条S形的曲线。产品的进化过程是依靠设计者来推进的，如果没有引入新的技术，它将停留在当前的技术水平上，而新技术的引入将推动产品的进化。

S曲线也可以认为是一条产品技术成熟度预测曲线，图4-10所示是一条典型的S曲线。S曲线描述了一个技术系统的完整生命周期，图中的横轴代表时间，纵轴代表技术系统的某个重要的性能参数（传统39个工程参数）。例如飞机这个技术系统，飞行速度、可靠性就是最重要的性能参数，性能参数随时间的延续呈现S形曲线。

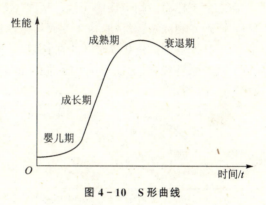

图4-10　S形曲线

一个技术系统的进化一般经历4个阶段，分别是：婴儿期、成长期、成熟期和衰退期。每个阶段都会呈现出不同的特点。

（1）技术系统的诞生和婴儿期

当有一个新需求、而且满足这个需求是有意义的，这两个条件同时出现时，一个新的技术系统就会诞生。新的技术系统一定会以一个更高水平的发明结果来呈现。处于婴儿期的系统尽管能够提供新的功能，但该阶段的系统明显地处于初级，存在着效率低、可靠性差或一些尚未解决的问题。由于人们对它的未来难以把握，而且风险较大，因此只有少数投资者才会进行投资。处于此阶段的系统所能获得的人力、物力上的投入是非常有限的。

TRIZ从性能参数、专利级别、专利数量、经济收益4个方面来描述技术系统在各个阶段所表现出来的特点，以帮助人们有效了解和判断一个产品或行业所处的阶段，从而制定有效的产品策略和企业发展战略。

处于婴儿期的系统所呈现的特征：性能的完善非常缓慢，此阶段产生的专利级别很高，但专利数量较少，系统在此阶段的经济收益为负，详见图4-11。

（2）技术系统的成长期（快速发展期）

进入发展期的技术系统，系统中原来存在的各种问题逐步得到解决，效率和产品可靠性得到较大程度的提升，其价值开始获得社会的广泛认可，发展潜力也开始显现，从而吸引了大量的人力、财力，大量资金的投入会推进技术系统获得高速发展。

从图4-11中可以看到处于第二阶段的系统，性能得到急速提升，此阶段产生的专利级别开始下降，但专利数量出现上升。系统在此阶段的经济收益快速上升并凸显出来，这时候投资者会蜂拥而至，促进技术系统的快速完善。

(3) 技术系统的成熟期

在获得大量资源的情况下,系统从成长期会快速进入第三个阶段:成熟期。这时技术系统已经趋于完善,所进行的大部分工作只是系统的局部改进和完善。

从图4-11可以看到处于成熟期的系统,性能水平达到最佳。这时仍会产生大量的专利,但专利级别会更低,此时需要警惕垃圾专利的大量产生,以有效使用专利费用。处于此阶段的产品已进入大批量生产,并获得巨额的财务收益,此时,需要知道系统将很快进入下一个阶段衰退期,需要着手布局下一代的产品,制定相应的企业发展战略,以保证本代产品淡出市场时,有新的产品来承担起企业发展的重担。否则,企业将面临较大的风险,业绩会出现大幅回落。

(4) 技术系统的衰退期

成熟期后系统面临的是衰退期。此时技术系统已达到极限,不会再有新的突破,该系统因不再有需求的支撑而面临市场的淘汰。从图4-11可以看到处于第四阶段的系统,其性能参数、专利等级、专利数量、经济收益4方面均呈现快速的下降趋势。

当一个技术系统的进化完成4个阶段以后(比如图4-12中的系统A),必然会出现一个新的技术系统来替代它(比如图4-12中的系统B,C),如此不断的替代,就形成了S形曲线族,如图4-12所示。

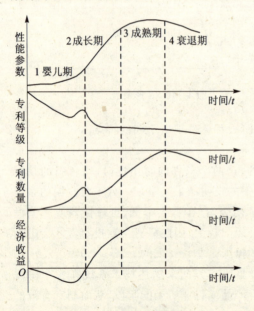

图4-11 各阶段的特点

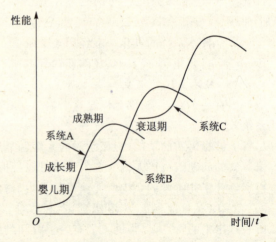

图4-12 S形曲线族

2. 提高理想度法则

技术系统的理想度法则包括以下几方面含义:

① 一个系统在实现功能的同时,必然有两方面的作用:有用功能和有害功能;
② 理想度是指有用作用和有害作用的比值;
③ 系统改进的一般方向是最大化理想度比值;
④ 在建立和选择发明解法的同时,需要努力提升理想度水平。

也就是说,任何技术系统,在其生命周期之中,是沿着提高其理想度,向最理想系统的方向进化的,提高理想度法则代表着所有技术系统进化法则的最终方向。理想化是推动系统进化

第4章 技术系统与资源分析

的主要动力。比如手机的进化、计算机的进化。

最理想的技术系统应该是：不存在物理实体，也不消耗任何的资源，但是却能够实现所有必要的功能，即物理实体趋于零，功能无穷大，简单说，就是"功能俱全，结构消失"。

3．子系统的不均衡进化法则

技术系统由多个实现各自功能的子系统（元件）组成，每个子系统及子系统间的进化都存在着不均衡。

① 每个子系统都是沿着自己的S曲线进化的；
② 不同的子系统将依据自己的时间进度进化；
③ 不同的子系统在不同的时间点到达自己的极限，这将导致子系统间矛盾的出现；
④ 系统中最先到达其极限的子系统将抑制整个系统的进化，系统的进化水平取决于此子系统；
⑤ 需要考虑系统的持续改进来消除矛盾。

掌握了子系统的不均衡进化法则，可以帮助人们及时发现并改进系统中最不理想的子系统，从而提升整个系统的进化阶段。

通常设计人员容易犯的错误是花费精力专注于系统中已经比较理想的重要子系统，而忽略了"木桶效应"（见图4-13）中的短板，结果导致系统的发展缓慢。比如，飞机设计中，曾经出现过单方面专注于飞机发动机，而轻视了空气动力学的制约影响，导致飞机整体性能的提升比较缓慢。

图4-13 木桶效应

4．动态性和可控性进化法则

动态性和可控性进化法则是指：增加系统的动态性，以更大的柔性和可移动性来获得功能的实现；增加系统的动态性要求增加可控性。

增加系统的动态性和可控性的路径很多，下面从4个方面进行陈述。

（1）向移动性增强的方向转化的路径

本路径反映了下面的技术进化过程：固定的系统→可移动的系统→随意移动的系统。比如电话的进化：固定电话→子母机→手机，如图4-14所示。

图4-14 电话系统的进化

（2）增加自由度的路径

本路径的技术进化过程：原动态的系统→结构上的系统可变性→微观级别的系统可变性。

即,刚性体→单铰链→多铰链→柔性体→气体/液体→场。比如,手机的进化:直板机→翻盖机;门锁的进化:挂锁→链条锁→密码锁→指纹锁。

(3) 增加可控性的路径

本路径的技术进化过程:无控制的系统→直接控制→间接控制→反馈控制→自我调节控制的系统。比如城市街灯,为增加其控制,经历了以下进化路径:专人开关→定时控制→感光控制→光度分级调节控制。

(4) 改变稳定度的路径

本路径的技术进化阶段:静态固定的系统→有多个固定状态的系统→动态固定系统→多变系统。

5. 增加集成度再进行简化法则

技术系统首先趋向于集成度增加的方向,紧接着再进行简化。比如先集成系统功能的数量和质量,然后用更简单的系统提供相同或更好的性能来进行替代。

(1) 增加集成度的路径

本路径的技术进化阶段:创建功能中心→附加或辅助子系统加入→通过分割、向超系统转化或向复杂系统的转化来加强易于分解的程度。

(2) 简化路径

本路径反映了下面的技术进化阶段:

① 通过选择实现辅助功能的最简单途径来进行初级简化;

② 通过组合实现相同或相近功能的元件来进行部分简化;

③ 通过应用自然现象或"智能"物替代专用设备来进行整体的简化。

(3) 单—双—多路径

本路径的技术进化阶段:单系统→双系统→多系统。

双系统包括:

① 单功能双系统:同类双系统和轮换双系统,比如双叶片风扇和双头铅笔;

② 多功能双系统:同类双系统和相反双系统,比如双色圆珠笔和带橡皮擦的铅笔;

③ 局部简化双系统:比如具有长、短双焦距的相机;

④ 完整简化的双系统:新的单系统。

多系统包括:

① 单功能多系统:同类多系统和轮换多系统;

② 多功能多系统:同类多系统和相反多系统;

③ 局部简化多系统;

④ 完整简化的多系统:新的单系统。

(4) 子系统分离路径

当技术系统进化到极限时,实现某项功能的子系统会从系统中剥离出来,进入超系统,这样在此子系统功能得到加强的同时,也简化了原来的系统。比如,空中加油机就是从飞机中分离出来的子系统。

6. 子系统协调性进化法则

在技术系统的进化中,子系统的匹配和不匹配交替出现,以改善性能或补偿不理想的作用。也就是说,技术系统的进化是沿着各个子系统相互之间更协调的方向发展。即系统的各个部件在保持协调的前提下,充分发挥各自的功能。

(1) 匹配和不匹配元件的路径

本路径的技术进化阶段:不匹配元件的系统→匹配元件的系统→失谐元件的系统→动态匹配/失谐系统。

(2) 调节的匹配和不匹配的路径

本路径的技术进化阶段:最小匹配/不匹配的系统→强制匹配/不匹配的系统→缓冲匹配/不匹配的系统→自匹配/自不匹配的系统。

(3) 工具与工件匹配的路径

本路径的技术进化阶段:点作用→线作用→面作用→体作用。

(4) 匹配制造过程中加工动作节拍的路径

本路径反映了下面的技术进化阶段:

① 工序中输送和加工动作的不协调;

② 工序中输送和加工动作的协调,速度的匹配;

③ 工序中输送和加工动作的协调,速度的轮流匹配;

④ 将加工动作与输送动作独立开来。

7. 向微观级和场的应用进化法则

技术系统趋向于从宏观系统向微观系统转化,在转化中,使用不同的能量场来获得更佳的性能或控制性。

(1) 向微观级转化的路径

如图4-15所示的切割系统的进化过程,本路径反映了下面的技术进化阶段:

① 宏观级的系统;

② 通常形状的多系统:平面圆或薄片,条或杆,球体或球;

③ 来自高度分离成分的多系统,如粉末、颗粒等,次分子系统(泡沫、凝胶体等)→化学相互作用下的分子系统→原子系统;

④ 具有场的系统。

(2) 转化到高效场的路径

本路径的技术进化阶段:应用机械交互作用→应用热交互作用→应用分子交互作用→应用化学交互作用→应用电子交互作用→应用磁交互作用→应用电磁交互作用和辐射。

(3) 增加场效率的路径

本路径的技术进化阶段:应用直接的场→应用有反方向的场→应用有相反方向的场的合成→应用交替场/振动/共振/驻波的场等→应用脉冲场→应用带梯度的场→应用不同场的组合作用。

(4) 分割的路径

本路径的技术进化阶段:

固体或连续物体→有局部内势垒的物体→有完整势垒的物体→有部分间隔分割的物体→有长而窄连接的物体→用场连接零件的物体→零件间用结构连接的物体→零件间用程序连接的物体→零件间没有连接的物体。

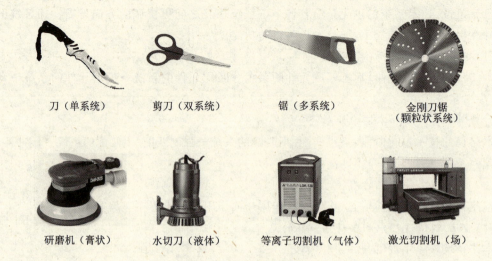

图 4-15 切割系统的进化

8. 减少人工介入的进化法则

系统的发展用来实现那些枯燥的功能,以解放人们去完成更具有智力性的工作。

(1) 减少人工介入的一般路径

本路径的技术进化阶段:包含人工动作的系统→替代人工但仍保留人工动作的方法→用机器动作完全代替人工。

(2) 在同一水平上减少人工介入的路径

本路径的技术进化阶段:包含人工作用的系统→用执行机构替代人工→用能量传输机构替代人工→用能量源替代人工。

(3) 不同水平间减少人工介入的路径

本路径的技术进化阶段:包含人工作用的系统→用执行机构替代人工→在控制水平上替代人工→在决策水平上替代人工。

4.2.3 技术系统进化法则的应用

技术系统的 8 大进化法则是 TRIZ 中解决发明问题的重要指导原则,掌握好进化法则,可有效提高问题解决的效率。同时进化法则可以应用到其他很多方面,下面简要介绍 5 个方面的应用:

1. 产生市场需求

产品需求的传统获得方法一般是市场调查。调查人员基本聚焦于现有产品和用户的需求,缺乏对产品未来趋势的有效把握,所以问卷的设计和调查对象的确定在范围上非常有限,导致市场调查所获取的结果往往比较主观、不完善。调查分析获得的结论对新产品市场定位的参考意义不足,甚至出现错误的导向。

TRIZ 技术系统进化法则是通过对大量的专利研究得出的,具有客观性和跨行业领域的普适性。技术系统的进化法则可以帮助市场调查人员和设计人员从进化趋势确定产品的进化路径,引导用户提出基于未来的需求,实现市场需求的创新。从而立足于未来,抢占领先位置,

第4章 技术系统与资源分析

成为行业的引领者。

2. 定性技术预测

针对目前的产品,技术系统的进化法则可为研发部门提出如下的预测:

① 对处于婴儿期和成长期的产品,在结构、参数上进行优化,促使其尽快成熟,为企业带来利润。同时,也应尽快申请专利来进行产权保护,以使企业在今后的市场竞争中处于有利的位置;

② 对处于成熟期或衰退期的产品,避免进行改进设计的投入或进入该产品领域,同时应关注于开发新的核心技术以替代已有的技术,推出新一代的产品,保持企业的持续发展;

③ 明确符合进化趋势的技术发展方向,避免错误的投入;

④ 定位系统中最需要改进的子系统,以提高整个产品的水平;

⑤ 跨越现系统,从超系统的角度定位产品可能的进化模式。

3. 产生新技术

产品进化过程中,虽然产品的基本功能基本维持不变或有增加,但其他的功能需求和实现形式一直处于持续的进化和变化中,尤其是一些令顾客喜悦的功能变化得非常快。因此,按照进化理论可以对当前产品进行分析,以找出更合理的功能实现结构,帮助设计人员完成对系统或子系统基于进化的设计。

4. 专利布局

技术系统的进化法则,可以有效确定未来的技术系统走势,对于当前还没有市场需求的技术,可以事先进行有效的专利布局,以保证企业未来的长久发展空间和专利发放所带来的可观收益。

当前的社会,有很多企业正是依靠有效的专利布局来获得高附加值的收益。在通信行业,高通公司的高速成长正是基于预先的大量的专利布局,在CDMA技术上的专利几乎形成全世界范围内的垄断。我国的大量企业,每年会向国外的公司支付大量的专利使用许可费,这不但大大缩小产品的利润空间,而且经常还会因为专利诉讼而官司缠身,我国的DVD厂商们就是一个典型代表。

最重要的是专利正成为许多企业打击竞争对手的重要手段。我国的企业在走向国际化的道路上,几乎全都遇到了国外同行在专利上的阻挡,虽然有些官司最后以和解结束,但被告方却在诉讼期间丧失了大量的、重要的市场机会。同时,拥有专利权也可以与其他公司进行专利许可使用的互换,从而节省资源,节省研发成本。因此,专利布局正成为创新型企业的一项重要工作。

5. 选择企业战略制定的时机

八大进化法则,尤其是S曲线对企业选择发展战略制定的时机具有积极的指导意义。企业也是一个技术系统,成功的企业战略能够将其带入一个快速发展的时期,完成一次S曲线的完整发展过程。但是当这个战略进入成熟期以后,将面临后续的衰退期,所以企业面临的是下一个战略的制定。

很多企业无法跨越20年的持续发展,正是由于在一个S曲线的4个阶段的完整进化中,企业没有及时进行有效的下一个企业发展战略的制定,没有完成S曲线的顺利交替,以致被淘汰出局,退出历史舞台。所以,企业在一次成功的战略制定后,在获得成功的同时,不要忘记S

曲线的规律,需要在成熟期开始着手进行下一个战略的制定和实施,从而顺利完成下一个 S 曲线的启动,将企业带向下一个辉煌。

4.3 TRIZ 中解决问题的资源

4.3.1 资源的概念

资源是指系统及其环境中的各种要素,能反映诸如系统作用、功能、组分、组分间的联系结构、信息能源流、物质、形态、空间分布、功能的时间参数、效能以及其他有关功能质量的个别参数。

使用技术系统资源是提高共同和个体理想度最重要的机制之一。

只有具备并使用资源才能解决所有技术问题。

4.3.2 资源的类型

一般情况下,解决问题所需的资源是系统本来就有的,在系统中是以方便使用的方式存在,这称为现成资源(一些资料中称为源资源或直接应用资源)。但系统中有些资源是后来产生的,是对现成资源的改变(如累积、变形等),这称为派生资源(也称衍生资源或导出资源)。派生资源通常是使用已有物质的物理、化学特性(发生相变、改变特性和发生化学反应),来作为完善技术系统和解决发明问题的资源。通常,物质与场的特性是一种可形成某种技术特性的资源,这种资源称为差动资源。

现成物质资源:可以是构成系统及其周围环境的任何资料,或系统产品、原则上可补充利用的废料等。例如:陶粒生产厂使用陶粒作为净化工业水的过滤填料;而在北方却用雪作为过滤填料净化空气。

派生物质资源:作用于现成物质资源获得的物质。例如:清洁球本来是车削不锈钢零件时产生的废料,后来才被专门生产成擦除油垢的工具,如图 4-16 所示。

现成能源资源:系统及其周围尚未储备的所有能源。例如:潮汐发电,它直接利用海水在潮汐运动时所具有的动能和势能。

派生能源资源:现成的能源资源转变为其他形式的资源,或者改变其作用方向、强度和其他特性时形成的能源。例如:"自动"供暖,在冬天,公共汽车将排气管道接上带散热片的延长管,从车内通过,利用尾气中的热量供暖。

现成信息资源:借助系统散射场(声场、热场、电磁场等)和借助经过或脱离系统(产品、废料)的物质获取的系统信息。例如:预测天气,我

图 4-16 清洁球

国民间有很多利用云雾变化、动物行为等自然现象来预测天气变化的故事。

派生信息资源:借助各种物理及化学效应,将不易于接受或处理的信息改造为有用信息。例如:为了解除飞行员的疲乏,建议在其腹部固定特殊的电极。当飞机倾斜时,产生弱电压,飞

行员会感到倾斜方位的轻微"胳肢"感。

现成空间资源：系统及其周围存在的未被占用的空间。实现该资源的有效办法——使用空间代替物质。例如：为了节省农业用地，在果树间套种西红柿。

派生空间资源：利用各种几何效应产生的再生空间。例如：使用莫比乌斯带（弯曲空间表面），可将任何环状构件（传送带轮、录音磁带等）的有效长度至少提高一倍，如图4-17所示。

图4-17 莫比乌斯带

现成时间资源：工艺过程中、之前或之后，以及之前未使用或部分使用的过程间的时间间隔。例如：在石油管道运输过程中，对石油进行脱水和脱盐。

派生时间资源：加快、减慢、中断或转变为连续发生过程中的时间间隔。例如：针对快速或极其缓慢的过程，加快或放慢测量。

现成功能资源：系统及其子系统兼有履行补充功能的能力，如相近的主要功能、新功能和意外功能（超效应）。例如：已查明阿斯匹林具有稀释血液的作用，并在某些情况下产生副作用，它的这一特性用于预防和治疗梗死。

派生功能资源：系统在经历一系列变化后，兼有履行补充功能的能力。例如：浇注槽以有用制品形式，如字母表字母，在热塑铸件压模中完成。

系统资源：系统具有新的有效特性或功能，可在子系统间关系变化或新的系统组合方法中获得。例如：大功率透平发电机通过蒸气连接，其中一台发电机供给第二台发电机，而后者在发动机状态下工作并转动第一台，如此连接使两台发电机全负荷工作，为了弥补损失，应该补充一台小功率的传动电动机。

4.3.3 资源的寻找与利用

为了便于寻找和利用资源，可以利用如图4-18所示的路径进行资源的寻找。

对现行的系统来说，最好的方案是变化最小的方案。因此，要尽量应用系统现成的资源，如果必须在方案中引入新的资源，则需要谨慎选择，要注重资源的实用性。

1. 选择资源的顺序

TRIZ理论给出了一些使用资源的实用化建议（见表4-3）。通常，我们倾向于选择具有同第一个值（最左边）相符的属性的资源。

表4-3 选择资源的顺序

资源属性	选择顺序
价 值	免费——廉价——昂贵
质 量	有害——中性——有益
数 量	无限——足够——不足
可用性	成品——改变后可用——需要建造

若能成功利用系统的有害物质、场和有害功能作为资源,则解决问题会更有成效。这种情况下会取得双重效应——避免损失和额外赢利。例如:抽气座椅,自卸卡车司机座椅制成带有抽气装置的形式,利用汽车在行驶中不可避免的震动时,抽取空气;用铸型砂清洗铸造零件时,将零件放入水槽中,借助放电产生电动液压冲击,但这种方法伴随着很大的声响,很难用盖将水槽盖上,建议用含有泡沫的东西消声。为此把一些肥皂放入水中,可利用的物质资源是水和空气,利用的能源和功能资源是借助于电液压冲击搅拌出泡沫。

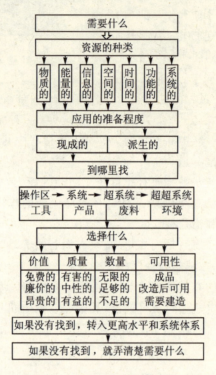

图 4-18 资源的寻找路径

2. 引入 X-元素

为了更好地陈述问题,建立理想化的模型,TRIZ 理论通常要引入一个理想化的神秘的未知资源——X-元素。

假设存在着一个 X-元素,它能够帮助我们很好地解决问题。也就是说,X-元素能够彻底消除矛盾,且完全不影响有用功能的实现,也不会产生有害效应或使系统复杂化。这样,问题就聚焦在 X-元素的寻找上。X-元素不一定是代表系统的某个实质性的组件,但可以是一些改变、修改,或者是系统的变异、全然未知的东西。比如是系统元素或环境的温度变化或相变。

引入 X-元素,在操作区和操作时间内,不会以任何方式使系统变复杂,也不产生任何的有害效应,而且消除了原来的有害作用(指出有害作用),并保持了工具有用行动的执行能力(指出有益作用)。

4.4 最终理想解

4.4.1 TRIZ 中的理想化

TRIZ 理论在解决问题之初,首先抛开各种客观限制条件,通过理想化来定义问题的最终理想解(Ideal Final Result,IFR),以明确理想解所在的方向和位置,保证在问题解决过程中沿着此目标前进并获得最终理想解,从而避免了传统创新设计方法中缺乏目标的弊端,提升了创新设计的效率。如果将 TRIZ 创造性解决问题的方法比作通向胜利的桥,那么最终理想解就是这座桥的桥墩。

TRIZ 通过设立各种理想模型,即最优的模型结构,来分析问题,并以取得最终理想解作为终极追求目标。理想化模型包含所要解决的问题中所涉及的所有要素,可以是理想系统、理想过程、理想资源、理想方法、理想机器、理想物质等。

理想系统就是没有实体,没有物质,也不消耗能源,但能实现所有需要的功能。

理想过程就是只有过程的结果,而无过程本身,突然就获得了结果。

理想资源就是存在无穷无尽的资源,供随意使用,而且不必付费。

理想方法就是不消耗能量及时间,但通过自身调节,能够获得所需的功能。理想机器就是没有质量、体积,但能完成所需要的工作。

理想物质就是没有物质,功能得以实现。

理想化是系统的进化方向,不管是有意改变还是系统本身进化发展,系统都在向着更理想的方向发展。系统的理想程度用理想化水平来进行衡量。

我们知道,技术系统是功能的实现,同一功能存在多种技术实现方式,任何系统在完成人们所期望的功能中,同时亦会带来不希望的功能。TRIZ 中,用正反两面的功能比较来衡量系统的理想化水平。

理想化水平衡量公式:

$$I = \sum U_F / \sum H_F \tag{4-1}$$

式中:I——理想化水平;

$\sum U_F$——有用功能之和;

$\sum H_F$——有害功能之和。

从式(4-1)可以得到:技术系统的理想化水平与有用功能之和成正比,与有害功能之和成反比。理想化水平越高,产品的竞争能力越强。创新中以理想化水平增加的方向作为设计的目标。

根据式(4-1),增加理想化水平有 4 个方向:

① 增大分子,减小分母,理想化增加显著;

② 增大分子,分母不变,理想化增加;

③ 分子不变,分母减少,理想化增加;

④ 分子分母都增加,但分子增加的速率高于分母增加的速率,理想化增加。

实际工程中进行理想化水平的分析,要将式(4-1)中的各个因子细化。为便于分析,通常用效益之和($\sum B$)代替分子(有用功能之和),将分母(有害功能之和)分解为两部分:成本之和($\sum C$)、危害之和($\sum H$)。

于是,理想化水平衡量公式变为

$$I = \sum B / (\sum C + \sum H) \tag{4-2}$$

式中:I——理想化水平;

$\sum B$——效益之和;

$\sum C$——成本之和(如材料成本、时间、空间、资源、复杂度、能量、重量……);

$\sum H$——危害之和(废弃物、污染……)。

根据式(4-2),增加理想化水平 I 有以下 6 个方向:

① 通过增加新的功能,或从超系统获得功能,增加有用功能的数量;

② 传输尽可能多的功能到工作元件上,提升有用功能的等级;

③ 利用内部或外部已存在的可利用资源,尤其是超系统中的免费资源,以降低成本;

④ 通过剔除无效或低效率的功能,减少有害功能的数量;

⑤ 预防有害功能,将有害功能转化为中性的功能,减轻有害功能的等级;

⑥ 将有害功能移到超系统中去,不再成为系统的有害功能。

4.4.2 理想化的方法与设计

TRIZ 中的系统理想化按照理想化涉及的范围大小,可分为部分理想化和全部理想化两种方法。技术系统创新设计中,首先考虑部分理想化,当所有的部分理想化尝试失败后,才考虑系统的全部理想化。

1. 部分理想化

部分理想化是指在选定的原理上,考虑通过各种不同的实现方式使系统理想化。部分理想化是创新设计中最常用的理想化方法,贯穿于整个设计过程中。

部分理想化常用到以下 6 种模式:

① 加强有用功能。通过优化提升系统参数、应用高一级进化形态的材料和零部件、给系统引入调节装置或反馈系统,让系统向更高级进化,获得有用功能作用的加强。

② 降低有害功能。通过对有害功能的预防、减少、移除或消除,降低能量的损失和浪费,也可以采用更便宜的材料、标准件等。

③ 功能通用化。应用多功能技术增加有用功能的数量。比如手机,具有播放器、收音机、照相机、掌上电脑等通用功能,功能通用化后,系统获得理想化提升。

④ 增加集成度。集成有害功能,使其不再有害或有害性降低,甚至变害为利,以减少有害功能的数量,节约资源。

⑤ 个别功能专用化。功能分解,划分功能的主次,突出主要功能,将次要功能分解出去。比如,近年来专用制造划分越来越细,元器件、零部件制造交给专业厂家生产,汽车厂家只进行开发设计和组装。

⑥ 增加柔性。系统柔性的增加,可提高其适应范围,有效降低系统对资源的消耗和空间的占用。比如,以柔性设备为主的生产线越来越多,以适应当前市场变化和个性化定制的

需求。

2. 全部理想化

全部理想化是指对同一功能,通过选择不同的原理使系统理想化。全部理想化是在部分理想化尝试无效后才考虑使用。

全部理想化主要有 4 种模式。

① 功能的剪切。在不影响主要功能的条件下,剪切系统中存在的中性功能及辅助的功能,让系统简单化。

② 系统的剪切。如果能够通过利用内部和外部可用的或免费的资源后可省掉辅助子系统,则能够大大降低系统的成本。

③ 原理的改变。为简化系统或使得过程更为方便,如果通过改变已有系统的工作原理可达到目的,则改变系统的原理,获得全新的系统。

④ 系统换代。依据产品进化法则,当系统进入第四个阶段——衰退期,需要考虑用下一代产品来替代当前产品,完成更新换代。

理想化设计可以帮助设计者跳出传统问题解决办法的思维圈子,进入超系统或子系统寻找最优解决方案。理想设计常常打破传统设计中自以为最有效的系统,获得耳目一新的新概念。

理想设计和现实设计之间的距离从理论上讲可以缩小到零,这距离取决于设计者是否具有理想设计的理念,是否在追求理想化设计。虽然二者仅存一词之差,但设计结果却存在着天壤之别。

4.4.3 最终理想解的确定

尽管在产品进化的某个阶段,不同产品进化的方向各异,但如果将所有产品作为一个整体,产品将达到低成本、高功能、高可靠性、无污染的理想状态。产品处于理想状态的解称为最终理想解。产品无时无刻不处于进化之中,进化的过程就是产品由低级向高级演化的过程。TRIZ 解决问题之初,就首先确定 IFR,以 IFR 为终极目标而努力,将解决问题的效率大大提升了。

理想解可采用与技术及实现无关的语言对需要创新的原因进行描述,创新的重要进展往往通过对问题的深入理解而获得。确认系统中非理想化状态的元件是创新成功的关键。

最终理想解有 4 个特点:

① 保持了原系统的优点;

② 消除了原系统的不足;

③ 没有使系统变得更复杂;

④ 没有引入新的缺陷。

当确定了待设计产品或系统的最终理想解之后,可用这 4 个特点检查其有无不符合之处,并进行系统优化,以确认达到或接近 IFR 为止。

在用 TRIZ 进行创新设计,对于多种方案的比较选择时,根据公式(4-1)和(4-2)计算各方案的理想化水平,将理想化水平值按照高低排序,作为方案选择的第一依据。例如,割草机的改进。割草机在割草时,发出噪音、消耗能源、产生空气污染、高速飞出的草有时会伤害到操作者。现在的第一任务是改进已有的割草机,解决噪音问题。

传统设计中,为了达到降低噪音的目的,一般的设计者要为系统增加阻尼器、减震器等子系统,这不仅增加了系统的复杂性,而且增加的子系统也降低了系统的可靠性。显然,这不符合 IFR 的 4 个特点中的后两个。

如果用 IFR 来分析问题,会得到截然不同的创新设计方案。

先确定客户需求是什么,客户需要的是漂亮整洁的草坪,割草机并不是客户的最终需求,只是维护草坪的一个工具,割草机具有维护草坪整洁的一个有用功能之外,带来的是大量的无用功能。

从割草机与草坪构成的系统看,其 IFR 为草坪上的草始终维持一个固定的高度,为此,就诞生了"漂亮草种(smart grass seed)"的创意,这种草生长到一定高度就停止生长,而无须再用割草机,噪声问题得到理想解决。

最终理想解的确定是问题解决的关键所在,很多问题的 IFR 被正确理解并描述出来,问题就直接得到了解决。设计者的惯性思维常常让自己陷于问题当中不能自拔,解决问题大多采用折中法,结果就使问题时隐时现让设计者叫苦不迭。而 IFR 可以帮助设计者跳出传统设计的怪圈,以 IFR 这一新角度来重新认识定义问题,得到与传统设计完全不同的问题根本解决思路。

最终理想解确定的步骤:
① 设计的最终目的是什么?
② 理想解是什么?
③ 达到理想解的障碍是什么?
④ 出现这种障碍的结果是什么?
⑤ 不出现这种障碍的条件是什么?
⑥ 创造这些条件存在的可用资源是什么?

习　题

4-1　简述技术系统进化的八大法则。
4-2　简述资源的类型并举例说明。
4-3　什么是最终理想解?如何确定它?
4-4　任意选择一个熟悉的系统进行分析,完成以下内容:
　　① 写出系统的名称;
　　② 写出系统的定义及特性;
　　③ 简述该系统的工作原理(结构简图);
　　④ 确定系统的主要功能有有益功能和其他功能(动名词形式);
　　⑤ 使用提高理想度法则和 S 曲线进化法则,并选择法则的一个工作原理和生命周期的一个阶段,对系统在该阶段的特性进行分析;
　　⑥ 运用提高动态性法则和向微观级进化法则对整个技术系统进行分析,并确定系统需要改善的部位或者零部件。

参考文献

[1] Altshuller G. S. The art of invernting, and suddenly the inventor appeated[M]. Moscow:Detskaya Literatura,1989.
[2] Altshuller G. S. To find an idea: introduction to the theory of inventive problem solving [M]. Novosibirsk: Nauka,1991.
[3] 曹福金. 创新思维与方法概论:TRIZ 理论与应用[M]. 哈尔滨:黑龙江教育出版社,2009.
[4] 黄纯颖. 机械创新设计[M]. 北京:高等教育出版社,2000.
[5] 邓家禔. 产品概念设计——理论、方法与技术[M]. 北京:机械工业出版社,2002.
[6] 雅基·莫尔. 新产品创新的营销[M]. 北京:机械工业出版社,2002.
[7] 李柱国. 机械设计与理论[M]. 北京:科学出版社,2003.
[8] 张志远,何川. 发明创造方法学[M]. 成都:四川大学出版社,2003.
[9] 檀润华. 发明问题解决理论[M]. 北京:科学出版社,2004.
[10] 尹成湖. 创新的理性认识及实践[M]. 北京:化学工业出版社,2005.
[11] 谢里阳. 现代设计方法[M]. 北京:机械工业出版社,2005.
[12] 张春林. 机械创新设计[M]. 北京:机械工业出版社,2007.
[13] 黑龙江省科学技术厅. TRIZ 理论入门导读[M]. 哈尔滨:黑龙江省科技出版社,2007.
[14] 根里奇·阿奇舒勒. 实现技术创新的 TRIZ 诀窍[M]. 林岳,李海军,段海波,译. 哈尔滨:黑龙江科学技术出版社,2008.
[15] 赵新军. 技术创新理论(TRIZ)及应用[M]. 北京:化学工业出版社,2008.
[16] 李海军. 经典 TRIZ 通俗读本[M]. 北京:中国科学技术出版社,2009.
[17] 檀润华. TRIZ 及应用:技术创新过程与方法[M]. 北京:高等教育出版社,2010.
[18] 颜惠庚. 技术创新方法提高:TRIZ 流程与工具[M]. 北京:化学工业出版社,2012.

第 5 章 问题的解决方法

5.1 技术系统中的矛盾

5.1.1 矛盾的定义

TRIZ 理论认为,发明问题的核心是解决矛盾,未克服矛盾的设计不是创新设计,设计中不断的发现并解决矛盾,是推动产品向理想化方向进化的动力。产品创新的标志是解决或移走设计中的矛盾,从而产生出新的具有竞争力的解。

什么是矛盾?在技术系统中,矛盾就是反映相互作用的因素之间在功能特性上有不相容要求,或对同一功能特性具有不相容(相反)要求的系统冲突模型。

TRIZ 理论将矛盾模型描述为二元矛盾模型,即仅仅为两种因素(特性)之间的不相容要求或同一因素(特性)的两个相反要求而建模,对于多种因素的冲突可以看作是相互联系的二元矛盾的总和。对于矛盾中不相容的因素,我们可以做如下划分:

1) 两个因素都是积极的,但它们影响彼此的实现,这是因为,两者在某种资源中都需要,但是不能够同时存在,或者不能够按照需要的数量使用这个资源而相互冲突;

2) 两个因素中一个因素是积极因素,有利于实现系统的主要有益功能,而另一个因素是消极因素,反作用于这一功能;

3) 系统为实现其功能,对同一因素提出了不相容(相反)的要求。

这三种形式分别表现为三种不同的矛盾模型。实际上,所有有关经典 TRIZ 理论和实践的工具都可以分为三个阶梯水平(见图 5-1),严格来说,这三个水平对应着三种模型,即管理模型、技术模型和物理模型。图 5-1 同时也表明了经典 TRIZ 理论研究与应用的顺序。

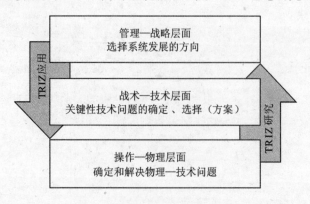

图 5-1 TRIZ 理论应用与研究过程

5.1.2 矛盾的类型

TRIZ 理论认为,创造性问题是指包含至少一个矛盾的问题。在 TRIZ 理论中,工程中所出现的种种矛盾可以归纳为三类:管理矛盾、物理矛盾和技术矛盾。

1. 管理矛盾

所谓管理矛盾是指,在一个系统中,各个子系统已经处于良好的运行状态,但是子系统之间所产生的不利的相互作用、相互影响,使整个系统产生问题。例如:一个部门与另一个部门的矛盾,一个工艺与另一个工艺的矛盾,一台机器与另一台机器的矛盾,虽然各个部门、各个工艺、各台机器等都达到了自身系统的良好状态,但对其他系统产生副作用,因此,管理矛盾的实质是子系统间的矛盾。TRIZ 理论认为,管理矛盾是非标准的矛盾,不能直接消除,通常是通过转化为技术矛盾或物理矛盾来解决的。

2. 技术矛盾

所谓的技术矛盾就是由系统中两个因素导致的,这两个因素相互促进、相互制约。所有的人工系统、机器、设备、组织或工艺流程,它们都是相互联系、相互作用的各种因素的总和体。TRIZ 理论将这些因素总结成通用参数,来表述系统性能,如温度、长度、比重等。如果改进系统一个元素的参数,而引起了其另一个参数的恶化,就是同一个系统不同参数之间产生了矛盾,称之为技术矛盾,即参数间矛盾。例如,零件淬火问题,如图 5-2 所示。

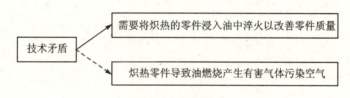

图 5-2 零件淬火问题的技术矛盾

3. 物理矛盾

当对系统中的同一个参数提出互为相反的要求时,就产生了物理矛盾,物理矛盾是同一个系统同一个参数内的矛盾,即参数内矛盾。

物理矛盾通常用分离原理来解决,分离原理是 TRIZ 理论针对物理矛盾的解决而提出的,主要内容就是将矛盾双方分离,分别构成不同的技术系统,以系统与系统之间的联系代替内部联系,将内部矛盾外部化。

5.1.3 不同矛盾类型间的关系

在一个系统中,管理矛盾、技术矛盾和物理矛盾是同时存在的,任何管理矛盾都包含技术矛盾,而技术矛盾又包含物理矛盾。人们通常是先发现管理矛盾,然后分析出技术矛盾、物理矛盾,但并不是所有系统最终都是通过物理矛盾解决问题的。

技术系统中的技术矛盾是系统中矛盾的物理性质造成的,矛盾的物理性质是由元件相互排斥的两个物理状态确定的,而相互排斥的两个物理状态之间的关系就是物理矛盾的本质。物理矛盾与系统中某个元件有关,是技术矛盾的原因所在,确定了技术矛盾的原因,就可能直接找到解决方案。因此物理矛盾对系统问题的揭示更准确、更本质。从研究整个系统的矛盾转向研究系统的一个元件的矛盾,大大缩小了解决方案的范围,减小候选方案的数目。

对矛盾的准确描述并不是一件简单的事,需要有很多经验,当然还要有必要的专业知识。究竟如何描述矛盾,矛盾反映什么问题,关系到后续解决问题的整个进程。TRIZ 理论在解决问题过程中,将理想化与矛盾论有机地结合起来,从而形成一种强有力的发明问题解决理论。

5.2 发明原理和矛盾矩阵

5.2.1 40个发明原理

阿奇舒勒对大量的专利进行了研究、分析、总结,提炼出了TRIZ中最重要的、具有普遍用途的40个发明原理。40个发明原理开启了一道发明问题解决的天窗,将发明从魔术推向科学,让那些似乎只有天才才可以从事的发明工作,成为一种人人都可以从事的职业,使原来认为不可能解决的问题可以获得突破性的解决。

40个发明原理的目录如表5-1所列,每条原理的前边有一个序号,此序号与下一小节中的阿奇舒勒矛盾矩阵中的号码是相对应的。40个发明原理详解见附录B。

表5-1 40个发明原理目录

序号	名称	序号	名称
1	分割	21	紧急行动
2	抽取	22	变害为利
3	局部质量	23	反馈
4	非对称	24	中介物
5	合并	25	自服务
6	普遍性	26	复制
7	嵌套	27	一次性用品
8	配重	28	机械系统的替代
9	预先反作用	29	气体与液压结构
10	预先作用	30	柔性外壳或薄膜
11	预先应急措施	31	多孔材料
12	等势	32	改变颜色
13	逆向思维	33	同质性
14	曲面化	34	抛弃与再生
15	动态化	35	物理/化学状态变化
16	不足或超额行动	36	相变
17	一维变多维	37	热膨胀
18	机械振动	38	加速氧化
19	周期性动作	39	惰性环境
20	有效作用的连续性	40	复合材料

5.2.2 39个通用工程参数与矛盾矩阵

TRIZ理论中,将问题用工程参数进行描述,以彻底克服工程参数之间的矛盾作为问题解决的标准。可见,TRIZ理论在解决问题过程中,将理想化与矛盾论有机地进行了结合,从而形成一种强有力的发明问题解决理论。

那么,如何将一个具体的问题转化并表达为一个 TRIZ 问题呢？TRIZ 理论中的一个方法是使用通用工程参数来进行问题的表达,通用工程参数是连接具体问题与 TRIZ 理论的桥梁,是开启问题之门的第一把"金钥匙"。

阿奇舒勒通过对大量专利的详细研究,总结提炼出工程领域内常用的表述系统性能的 39 个通用工程参数,通用工程参数是一些物理、几何和技术性能的参数。在问题的定义、分析过程中,选择 39 个工程参数中相适应的参数来表述系统的性能,这样就将一个具体的问题用 TRIZ 的通用语言表述了出来,这是 TRIZ 解决问题中的路径之一。

在实际问题分析过程中,为表述系统存在的问题,工程参数的选择是一个难度较大的工作,工程参数的选择不但需要拥有关于技术系统的全面专业知识,而且也要拥有对 TRIZ 的 39 个通用工程参数的正确理解。39 个工程参数及其定义详见表 5-2 所列。

表 5-2　39 个通用工程参数

序号	参数名称	定　义
1	运动物体的重量	重力场中的运动物体,重量常常表示物体的质量
2	静止物体的重量	重力场中的静止物体,重量常常表示物体的质量
3	运动物体的长度	运动物体上的任意线性尺寸,不一定是最长的长度
4	静止物体的长度	静止物体上的任意线性尺寸,不一定是最长的长度
5	运动物体的面积	运动物体被线条闭合的一部分或者表面的几何度量,或者运动物体内部或者外部表面的几何度量
6	静止物体的面积	静止物体被线条闭合的一部分或者表面的几何度量,或者运动物体内部或者外部表面的几何度量
7	运动物体的体积	以填充运动物体或者运动物体占用的单位立方体个数来度量
8	静止物体的体积	以填充静止物体或者静止物体占用的单位立方体个数来度量
9	速度	物体的速度或者效率,或者过程、作用与时间之比
10	力	物体(或系统)间相互作用的度量
11	压力、强度	单位面积上的作用力,也包括张力
12	形状	一个物体的轮廓或外观
13	稳定性	物体的组成和性质(包括物理状态)不随时间而变化的性质
14	强度	物体对外力作用的抵抗程度
15	运动物体作用时间	运动物体完成规定动作的时间、服务期
16	静止物体作用时间	静止物体完成规定动作的时间、服务期
17	温度	物体或系统所处的热状态,包括其他热参数,如影响改变温度变化速度的热容量
18	光照度	单位面积上的光通量,系统的光照特性,如亮度、光线质量
19	运动物体的能量	运动物体执行给定功能所需的能量
20	静止物体的能量	静止物体执行给定功能所需的能量
21	功率	物体在单位时间内完成的工作量或者消耗的能量
22	能量损失	做无用功消耗的能量

续表 5-2

序号	参数名称	定义
23	物质损失	部分或全部、永久或临时的材料、部件或子系统等物质的损失
24	信息损失	部分或全部、永久或临时的数据损失
25	时间损失	指一项活动所延续的时间间隔。改进时间的损失指减少一项活动所花费的时间
26	物质或事物的数量	材料、部件及子系统等的数量,它们可以部分或全部、临时或永久地被改变
27	可靠性	系统在规定的方法及状态下完成规定功能的能力
28	测试精度	系统特征的实测值与实际值之间的误差。减少误差将提高测试精度
29	制造精度	系统或物体的实际性能与所需性能之间的误差
30	物体外部有害因素作用的敏感性	物体对受外部或环境中的有害因素作用的敏感程度
31	物体产生的有害因素	有害因素将降低物体或系统的效率,或完成功能的质量
32	可制造性	物体或系统制造改造过程中简单、方便的程度
33	可操作性	要完成的操作所需要较少的操作者,较少的步骤以及使用尽可能简单的工具
34	可维修性	对于系统可能出现失误所进行的维修要时间短、方便和简单
35	适应性及多用性	物体或系统响应外部变化的能力,或应用于不同条件下的能力
36	装置的复杂性	系统中元件数目及多样性,掌握系统的难易程度是其复杂性的一种度量
37	监控与测试的困难程度	监控或测试系统复杂、成本高、需要较长的时间建造及使用,监控或测试困难,测试精度高
38	自动化程度	系统或物体在无人操作的情况下完成任务的能力
39	生产率	单位时间内完成的功能或操作数

  阿奇舒勒通过对大量专利的研究、分析和统计,归纳出了当39个工程参数中的任意两个参数产生矛盾(技术矛盾)时,化解该矛盾所使用的发明原理,这些发明原理就是上一小节中所介绍的40个发明原理,阿奇舒勒还将工程参数的矛盾与发明原理建立了对应关系,整理成一个39×39的矩阵,以便使用者查找。这个矩阵称为阿奇舒勒矛盾矩阵。阿奇舒勒矛盾矩阵是浓缩了对巨量专利研究所取得的成果,矩阵的构成非常紧密而且自成体系。

  阿奇舒勒矛盾矩阵使问题解决者在确定技术矛盾后,可以根据系统中产生矛盾的两个工程参数,从矩阵表中直接查找化解该矛盾的发明原理,并使用这些原理来解决问题。该矩阵将工程参数的矛盾和40条发明原理有机地联系起来。阿奇舒勒矛盾矩阵外形如表5-3所列。

表5-3 阿奇舒勒矛盾矩阵的外形

恶化的参数 改善的参数	运动物体的重量	静止物体的重量	运动物体的长度	静止物体的长度
	1	2	3	4
运动物体的重量	+	—	15,8,29,34	—
静止物体的重量	—	+	—	10,1,29,35

矛盾矩阵的第一、第二列和第二、第一行分别为 39 个通用工程参数的序号和名称。第二列是欲改善的参数，第 1 行是恶化的参数。39×39 的工程参数从行、列二个维度构成矩阵的方格共 1 521 个，其中 1 263 个方格中，每个方格中有几个数字，这几个数字就是 TRIZ 所推荐的解决对应技术矛盾的发明原理的号码。

45 度对角线的方格，是同一名称工程参数所对应的方格（带"＋"的方格），表示产生的矛盾是物理矛盾而不是技术矛盾。关于物理矛盾的解决方法，在 5.2.4 小节中有具体操作方法。

阿奇舒勒矛盾矩阵见附录 A。

5.2.3　阿奇舒勒矛盾矩阵的使用

在解决技术矛盾时，根据问题分析所确定的工程参数，包括欲"改善的参数"和被"恶化的参数"，查找阿奇舒勒矛盾矩阵。假设现在：欲改善的工程参数是加大"运动物体的重量"，随之恶化的工程参数是"速度"的损失，见表 5-4。

首先沿"改善的参数"箭头方向，从矩阵的第二列向下查找欲"改善的参数"所在的位置，得到"1 运动物体的重量"；然后沿"恶化的参数"箭头方向，从矩阵的第一行向右查找被"恶化的参数"所在的位置，得到"9 速度"；最后，以改善的工程参数所在的行和恶化的工程参数所在的列，对应到矩阵表中的方格中，方格中有一系列数字，这些数字就是建议解决此对工程矛盾的发明原理的序号，这 4 个号码分别是：2、8、15、38。这些号码就是 40 个发明原理的序号，对应到本章的表 5-1 可得到发明原理：2 抽取；8 配重；15 动态化；38 加速氧化。

应用阿奇舒勒矛盾矩阵解决技术矛盾时，建议遵循以下 16 个步骤来进行：

1) 确定技术系统的名称；
2) 确定技术系统的主要功能；
3) 对技术系统进行详细的分解。划分系统的级别，列出超系统、系统、子系统各级别的零部件，各种辅助功能；
4) 对技术系统、关键子系统、零部件之间的相互依赖关系和作用进行描述；
5) 定位问题所在的系统和子系统，对问题进行准确的描述。避免对整个产品或系统笼统的描述，以具体到零部件级为佳，建议使用"主语＋谓语＋宾语"的工程描述方式，定语修饰词尽可能少；
6) 确定技术系统应改善的特性；
7) 确定并筛选待设计系统被恶化的特性。因为提升欲改善的特性的同时，必然会带来其他一个或多个特性的恶化，对应筛选并确定这些恶化的特性。因为恶化的参数属于尚未发生的，所以确定起来需要"大胆设想，小心求证"；
8) 将以上两步所确定的参数，对应表 5-2 所列的 39 个通用工程参数进行重新描述。工程参数的定义描述是一项难度颇大的工作，不仅需要对 39 个工程参数的充分理解，更需要丰富的专业技术知识；
9) 对工程参数的矛盾进行描述。欲改善的工程参数、与随之被恶化的工程参数之间存在的就是矛盾。如果所确定的矛盾的工程参数是同一参数，则属于物理矛盾；
10) 对矛盾进行反向描述。假如降低一个被恶化的参数的程度，欲改善的参数将被削弱，或另一个恶化的参数被改善；
11) 查找阿奇舒勒矛盾矩阵表（附录 A），得到阿奇舒勒矛盾矩阵所推荐的发明原理序号；

12) 按照序号查找发明原理汇总表 5-1,得到发明原理的名称;

13) 按照发明原理的名称,对应查找 40 个发明原理的详解(附录 B);

14) 将所推荐的发明原理逐个应用到具体的问题上,探讨每个原理在具体问题上如何应用和实现;

15) 如果所查找到的发明原理都不适用于具体的问题,需要重新定义工程参数和矛盾,再次应用和查找矛盾矩阵;

16) 筛选出最理想的解决方案,进入产品的方案设计阶段。

表 5-4 查找阿奇舒勒矛盾矩阵

恶化的参数 改善的参数	运动物体的重量	静止物体的重量	运动物体的长度	静止物体的长度	运动物体的面积	静止物体的面积	运动物体的体积	静止物体的体积	速度↓	力
	1	2	3	4	5	6	7	8	9	10
运动物体的重量	+	—	15,8, 29,34	—	29,17, 38,34	—	29,2, 16,20	—	2,8, 10,38	8,10, 18,37
静止物体的重量	—	+	—	10,1, 29,35	—	35,30, 13,2	—	—	—	8,10, 19,35

5.2.4 物理矛盾和分离原理

当矛盾中欲改善的参数与被恶化的正、反两个工程参数是同一个参数时,这就属于另一类矛盾,TRIZ 中称为物理矛盾。

阿奇舒勒定义的物理矛盾是,当一个技术系统的工程参数具有相反的需求,就出现了物理矛盾。比如说,要求系统的某个参数既要长又要短,或既要高又要低,或既要大又要小等等。相对于技术矛盾,物理矛盾是一种更尖锐的矛盾,创新中需要加以解决。

当一个技术系统的工程参数具有相反的需求时就出现了物理矛盾,物理矛盾所存在的子系统就是系统的关键子系统。也就是说,系统或关键子系统应该具有为满足某个需求的参数特性,但另一个需求要求系统或关键子系统又不能具有这样的参数特性。

具体来讲,物理矛盾表现在:

1) 系统或关键子系统必须存在,又不能存在;

2) 系统或关键子系统具有性能"F",同时应具有性能"-F","F"与"-F"是相反的性能;

3) 系统或关键子系统必须处于状态"S"及状态"-S","S"与"-S"是不同的状态;

4) 系统或关键子系统不能随时间变化,又要随时间变化。

从功能实现的角度,物理矛盾可表现在:

1) 为了实现关键功能,系统或子系统需要具有有用的一个功能,但为了避免出现有害的另一个功能,系统或子系统又不能具有上述有用功能;

2) 关键子系统的特性必须是取大值,以取得有用功能,但又必须是小值以避免出现有害功能;

3) 系统或关键子系统必须出现以获得一个有用功能,但系统或子系统又不能出现,以避免出现有害功能。

物理矛盾可以根据系统所存在的具体问题,选择具体的描述方式来进行表达。总结归纳物理学中的常用参数,主要有三大类:几何类、材料及能量类、功能类。每大类中的具体参数和矛盾如表 5-5 所列。

表 5-5 物理矛盾

类 别	物理矛盾			
几 何	长与短	对称与非对称	平行与交叉	厚与薄
	圆与非圆	锋利与钝	窄与宽	水平与垂直
材料及能量	时间长与短	粘度高与低	功率大与小	摩擦系数大与小
	多与少	密度大与小	导热率高与低	温度高与低
功 能	喷射与堵	推与拉	冷与热	快与慢
	运动与静止	强与弱	软与硬	成本高与低

阿奇舒勒经典 TRIZ 理论解决物理矛盾的 11 种分离方法,如表 5-6 所示,由于这些方法大部分跟发明问题标准解法有关,所以我们在表的最后一列添加了相关联的标准解法。关于标准解法的相关内容详见本章的 5.4 节。

按照空间、时间、条件、系统级别,将分离原理概括为四大类:

(1) 空间分离

所谓空间分离,是将矛盾双方在不同的空间上分离开来,以获得问题的解决或降低问题的解决难度。

使用空间分离前,先确定矛盾的需求在整个空间中,是否都在沿着某个方向变化。如果在空间中的某一处,矛盾的一方可以不按一个方向变化,则可以使用空间的分离原理来解决问题。也就是说,当系统或关键子系统矛盾双方在某一空间上只出现一方时,则使用空间的分离原理是可能的。例如,立交桥,如图 5-3 所示。

图 5-3 立交桥

表 5-6 物理矛盾的分离方法

序号	分离方法	与标准解对应关系
1	矛盾特性的空间分类,从空间上进行系统或子系统的分离,以在不同的空间实现相反的需求	
2	矛盾特性的时间分类,从时间上进行系统或子系统的分离,以在不同的时间实现相反的需求	
3	不同的系统或元件与一超系统相连	S3.1.1 系统转化 1a:创建双、多系统
4	将系统转变到反系统,或将系统与反系统相结合	S3.1.3 系统转化 1b:加大元素间的差异
5	整个系统具有特性"F",同时,其零件具有相反的特性"-F"	S3.1.5 系统转化 1c:系统整体或部分相反特性
6	将系统转变到继续工作在微观级的系统	S3.2.1 系统转化 2:向微观级转化
7	改变一个系统的部分相态,或改变其环境	S5.3.1 相变 1:变换状态
8	改变动态的系统部分相态(依据工作条件来改变相态)	S5.3.2 相变 2:动态化相态
9	利用状态变化所伴随的现象	S5.3.3 相变 3:利用伴随的现象
10	以双相态的物质代替单相态的物质	S5.3.4 相变 4:向双相态转化
11	物理—化学转换;物质的创造—消灭,是作为合成—分解、离子化—再结合的一个结果	

(2) 时间分离

所谓时间分离,是将矛盾双方在不同的时间段分离开来,以获得问题的解决或降低问题的解决难度。

使用时间分离前,先确定矛盾的需求在整个时间段上,是否都在沿着某个方向变化,如果在时间段的某一段上,矛盾的一方可以不按一个方向变化,则可以使用时间的分离原理来解决问题。例如,交通信号灯,如图 5-4 所示。

(3) 基于条件的分离

所谓基于条件的分离,是将矛盾双方在不同的条件下分离开来,以获得问题的解决或降低问题的解决难度。

在基于条件的分离前,先确定矛盾的需求在各种条件下是否都在沿着某个方向变化,如果在某种条件下,矛盾的一方可不按一个方向变化,则可以使用基于条件的分离原理来解决问题。也就是说,当系统或关键子系统矛盾双方在某一条件下只出现一方时,则使用基于条件的分离原则是可能的。例如,彩虹门,它在充气的情况下是大的,而在不充气的情况下是小的。

(4) 系统级别的分离

所谓系统级别的分离,是将矛盾双方在不同的系统级别分离开来,以获得问题的解决或降低问题的解决难度。

当系统或关键子系统矛盾双方在子系统、系统、超系统级别内只出现一方时,可使用系统级别的分离原则解决问题。比如链条,系统的各部分(链条上的各环)是刚性的,但系统在整体上(链条)是柔性的,如图 5-5 所示。

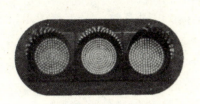
图 5-4 交通信号灯

图 5-5 链条

5.3 物—场分析法

5.3.1 物—场分析简介

物—场分析是 TRIZ 理论中的一种重要的问题描述和分析工具,用以建立与已存在的系统或新技术系统问题相联系的功能模型,在问题的解决过程中,可以根据物—场模型所描述的问题,来查找相对应的一般解法和标准解法。

任何一个完整的系统功能,都可以用一个完整的物—场三角形进行模型化,这种由两个物和一个场构成的,用以建立与已存在的系统或新技术系统问题相联系的功能模型,叫物—场模型。物—场模型是技术系统最小的模型,它包括"工件 S_1""工具 S_2"和工具影响产品所需要的"能量(场)F"。

物—场模型有助于使问题聚焦于关键子系统上并确定问题所在的特别"模型组",事实上,任何物—场模型中的异常表现(如表 5-7),都来自于这些模型组中所存在的问题上。

表 5-7 物—场异常情况

异常情况	举 例
期望的效应没有产生	过热火炉的炉瓦没有进行冷却
有害效应产生	过热火炉的炉瓦变得过热
期望的效应不足或无效	对炉瓦的冷却低效,因此,加强冷却是可能的

为建立针对以上 3 种异常情况的图形化模型描述,要用到系列表达效应的几何符号,常见的效应图形表示符号见表 5-8 所示。

表 5-8 常用的效应图形表示符号

符 号	意 义
──────→	期望的作用或效应
------→	不足的作用或效应
∿∿∿→	有害的作用或效应
激励输入 → 振动结构系统 → 响应输出	改变了的模型

TRIZ 理论中，常见的物—场模型被归为四大类：

第一类是有效完整模型：功能的 3 个元素都存在，且都有效，是设计者追求的效应。比如，吸尘器，如图 5-6 所示。

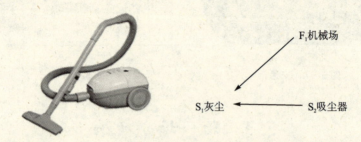

图 5-6　吸尘器的物—场模型

第二类是不完整模型：组成功能的元素不全，可能缺少场，也有可能是缺少物质。比如，小球掉进窄小的不规则的洞里，无法用手或木棒等工具直接取出。

第三类是效应不足的完整模型：3 个元素齐全，但设计者所追求的效应未能有效实现，或效应实现的不足够。例如，在配制溶液时，相对于磁力搅拌器，用玻璃棒手工搅拌的效率较低，如图 5-7 所示。

 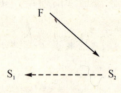

图 5-7　手工搅拌物—场模型

第四类是有害效应的完整模型：3 个元素齐全，但产生了与设计者所追求的效应相左的、有害的效应，需要消除这些有害效应。比如，办公室需要充足的阳光，但透明的玻璃不利于保护隐私，如图 5-8 所示。

 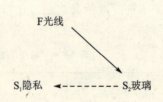

图 5-8　办公室玻璃问题的物—场模型

TRIZ 中，重点关注的是 3 种非正常模型：不完整模型、效应不足的完整模型、有害效应的完整模型，并提出了物—场模型的一般解法和 76 个标准解法。

5.3.2 物—场分析的一般解法

物—场分析的一般解法共 6 种。针对不同类型的物—场模型，TRIZ 提出了对应的一般解法，如表 5-9 所示。

表 5-9 物—场分析的一般解法

序号	针对模型	一般解法
1	不完整模型	1) 补齐所缺失的元素，增加场 F 或工具 S_2 2) 系统地研究各种能量场，机械能—热能—化学能—电能—磁能
2	有害效应的完整模型	加入第三种物质 S_3 来阻止有害作用。S_3 可以通过 S_1 或 S_2 改变而来，或者是 S_1/S_2 共同改变而来
3		1) 增加另一个场 F_2 来抵消原来有害场 F 的效应 2) 系统地研究各种能量场，机械能—热能—化学能—电能—磁能
4	效应不足的完整模型	用另一个场 F_2（或者 F_2 和 S_3 一起）代替原来的场 F_1（或者 F_1 和 S_2 一起）
5		1) 增加另外一个场 F_2 来强化有用的效应 2) 系统地研究各种能量场，机械能—热能—化学能—电能—磁能
6		1) 插进一个物质 S_3 并加上另一个场 F_2 来提高有用效应 2) 系统地研究各种能量场，机械能—热能—化学能—电能—磁能

5.3.3 物—场分析的应用

物—场分析时，如果能够将物—场模型的 6 个一般解法结合在一起应用，可以更有效地解决问题。建议使用以下步骤进行：

第一步：确定相关的元素。首先根据问题所存在的区域和问题的表现，确定造成问题的相关元素，以缩小问题分析的范围。

第二步：联系问题情形，确定并完成物—场模型的绘制。根据问题情形，表述相关元素间的作用，确定作用的程度，绘制出问题所在的物—场模型，模型反映出的问题与实际问题应该是一致的。

第三步：选择物—场模型的一般解法。按照物—场模型所表现出的问题，查找此类物—场模型的一般解法或从 76 个标准解法中选择解法，如果有多个，则逐个进行对照，寻找最佳解法。

第四步：开发设计概念。将一般解法与实际问题相对照，并考虑各种限制条件下的实现方式，在设计中加以应用，从而形成产品的解决方案。

如果问题未能有效的解决，则返回第三步，并在第三步和第四步循环往复直至获得满意的结果。在第三步和第四步中，要充分挖掘和利用其他知识性工具。

5.4 发明问题标准解法

5.4.1 标准解法的概述

TRIZ 将发明问题共分为两大类:标准问题和非标准问题,而针对标准问题的解决法则被称为发明问题的标准解法,对于非标准问题可根据第 5.5 节中的发明问题解决算法(ARIZ)进行求解。

标准解法是根里奇·阿奇舒勒于 1985 年创立的,共有 76 个,分成 5 级、18 个子级,如表 5-10 所列。各级中解法的先后顺序也反映了技术系统必然的进化过程和进化方向。

表 5-10 标准解法的分布

级 数	名 称	子级数	标 准
1	建立或拆解物—场模型	2	13
2	强化物—场模型	4	23
3	向超系统或微观级转化	2	6
4	检测和测量的标准解法	5	17
5	简化与改善策略	5	17

第 1 级中的解法聚焦于建立和拆解物—场模型,包括创建需要的效应或消除不希望出现的效应的系列法则,每条法则的选择和应用将取决于具体的约束条件。

第 2 级由直接进行效应不足的物—场模型的改善,以及提升系统性能但实际不增加系统复杂性的方法所组成。

第 3 级包括向超系统和微观级转化的法则。这些法则继续沿着(第 2 级中开始的)系统改善的方向前进。第 2 级和第 3 级中的各种标准解法均基于以下技术系统进化路径:增加集成度再进行简化的法则;增加动态性和可控性进化法则;向微观级和增加场应用的进化法则;子系统协调性进化法则等。

第 4 级专注于解决涉及到测量和检测的专项问题。虽然测量系统的进化方向主要服从于共同的一般进化路径,但这里的专项问题有其独特的特性。尽管如此,第 4 级的标准解法与第 1 级、第 2 级、第 3 级中的标准解法有很多还是相似的。

第 5 级包含标准解法的应用和有效获得解决方案的重要法则。一般情况下,应用第 1~4 级中的标准解法会导致系统复杂性的增加,因为给系统引入了另外的物质和效应是极有可能的。第 5 级中的标准解法将引导大家:如何给系统引入新的物质又不会增加任何新的东西,换句话说,这些解法专注于对系统的简化。

标准解法可帮助问题解决者获得二成以上困难问题的高水平解决方案。此外,还可以用来进行对各种各样的系统进化的有限预测,以发现某些非标准问题的部分解,并进行改进以获得新的解法方案。

在 1~5 级的各级中,又分为数量不等的多个子级,共有 18 个子级,每个子级代表着一个可选的问题解决方向,在应用前,需要对问题进行详细的分析,建立问题所在系统或子系统的物—场模型,然后根据物—场模型所表述的问题,按照先选择级再选择子级,使用子级下的几个标准解法来获得问题的解。

标准解法是针对标准问题而提出的解法,适用于解决标准问题并快速获得解决方案,标准解法是根里奇·阿奇舒勒后期进行 TRIZ 理论研究的最重要课题,同时也是 TRIZ 高级理论的精华之一。

标准解法也是解决非标准问题的基础,非标准问题主要应用 ARIZ 来进行解决,而 ARIZ 的重要思路是将非标准问题通过各种方法进行变化,转化为标准问题,然后应用标准解法来获得解决方案。

5.4.2 标准解法的详解

第 1 级主要是建立和拆解物—场模型,共 2 个子级,计 13 个标准解法,详见表 5-11。

表 5-11 标准解法第 1 级

序号	名称	编号	所属子级	所属级
1	建立物—场模型	S1.1.1	S1.1 建立物—场模型	第 1 级建立和拆解物—场模型
2	内部合成物—场模型	S1.1.2		
3	外部合成物—场模型	S1.1.3		
4	与环境一起的外部物—场模型	S1.1.4		
5	与环境和添加物一起的物—场模型	S1.1.5		
6	最小模式	S1.1.6		
7	最大模式	S1.1.7		
8	选择性最大模式	S1.1.8		
9	引入 S_3 消除有害效应	S1.2.1	S1.2 拆解物—场模型	
10	引入改进的 S_1 或(和)S_2 来消除有害效应	S1.2.2		
11	排除有害作用	S1.2.3		
12	用场 F_2 来抵消有害作用	S1.2.4		
13	切断磁影响	S1.2.5		

1. S1.1 建立物—场模型

S1.1.1 建立物—场模型。如果特定的物体对要求的变化没有反应(或几乎没有反应),而且问题描述中没有包含对引入物质或场的约束,则问题可以通过完整物—场模型引入缺失的元素来进行解决,模型如图 5-9 所示。

S1.1.2 内部合成物—场模型。如果特定的物体对要求的变化没有反应(或几乎没有反应),而且问题描述中没有包含对引入物质或场的约束,则问题可以通过永久或暂时向内部合成物—场模型转化来解决。比如,引入 S_1 或 S_2 的添加物(S_3)来增加可控性,或给予物—场模型以要求的特性,如图 5-10 所示。

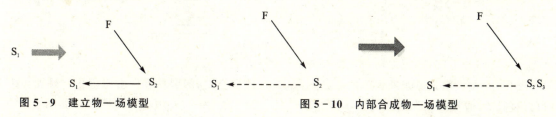

图 5-9 建立物—场模型　　　　图 5-10 内部合成物—场模型

注释 5-1：有时，问题描述包括两种物质微弱地相互作用或压根没有场。从形式上看，因为所有的三个元素都在适当的位置，所以物—场模型是完整的，然而，这些元素不能表现为一个工作着的物—场模型。在这种情况下，最简单的"迂回"方法是引入附加物，给一种物质混合内部附加物或外部附加物。

注释 5-2：有时，同一个解法可用于建立物—场模型或创立合成物—场模型。

S1.1.3 外部合成物—场模型。如果特定的物体对要求的变化没有反应（或几乎没有反应），而且问题描述中已经有效应和引入已存在物质的 S_1 或 S_2 的添加物，则问题可以通过永久或暂时向外部合成物—场模型转化来解决。把 S_1 或 S_2 与外部物质 S_3 联系，以达到增加可控性，或给予物—场模型以要求的特性，如图 5-11 所示。

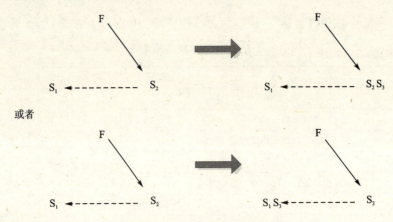

图 5-11 外部合成物—场模型

S1.1.4 与环境一起的外部物—场模型。如果特定的物体对要求的变化没有反应（或几乎没有反应），而且问题描述中已经有效应和引入已存在物质的 S_1 和 S_2 的添加物以及外部物质 S_3，则问题可以通过建立以环境为添加物的物—场模型来解决。

S1.1.5 与环境和添加物一起的物—场模型。如果依据标准解法 S1.1.4，在环境中没有需要的物质来建立物—场模型，这种物质可以通过环境取代、分解、引入添加物等方法来获得。

S1.1.6 最小模式。如果要求的是作用的最小模式（也就是标准的，最佳的），但难以或不可能提供，推荐先应用最大模式，随后再消除过剩。过剩的场可以用物质来消除，过剩的物质可以用场来消除，如图 5-12 所示（过剩的作用使用双箭头来表示）。

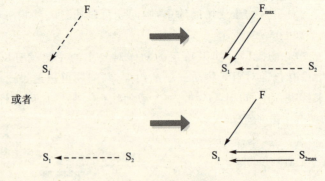

图 5-12 最小模式

S1.1.7 最大模式。如果要求对物质（S_1）的最大作用模式，却因各种理由被阻止。最大作用可以被保留，但要直接作用在与原物质相连接的另外一个物质（S_2）上而保留下来，如图 5-13

所示。

图 5-13　最大模式

S1.1.8 选择性最大模式。如果要求一个选择性最大模式(也就是,在选定区域最大模式,在另一个区域最小模式),则场应该是:

最大情况下,将一种保护性物质引入到要求最小影响所在的地方。

最小情况下,将一种可以产生局部场的物质引入到要求最大影响所在的地方。

2. S1.2 拆解物—场模型

S1.2.1 引入 S_3 消除有害效应。如果在物—场模型的两个物质间同时存在着有用和有害作用,而且物质间不要求紧密相邻,则可以通过在这两个物质间引入无成本的第三种物质 S_3 来解决问题,如图 5-14 所示。

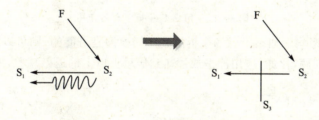

图 5-14　引入 S_3 消除有害效应

S1.2.2 引入改进的 S_1 或(和)S_2 来消除有害效应。如果物—场模型中的两个物质间同时存在着有用和有害的作用,而且物质间不要求直接相邻,可是问题的描述中包含了对外部物质引入的限制,则可以通过在这两种物质间引入第三种物质(S_1' 或 S_2')来解决问题,第 3 种物质是已存在物质的变异,如图 5-15 所示。

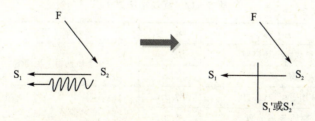

图 5-15　引入改进的 S_1' 或 S_2' 消除有害效应

注释 5-3:第三种物质可以从外部现成的物质引入系统,或者通过场 F_1 或 F_2 对已存在物质的作用获得。特定的空间、气泡、泡沫等都可看作 S_3。

S1.2.3 排除有害作用。如果消除一个场对物质的有害作用是可能的,则引入第二种物质来排除有害作用以解决问题,如图 5-16 所示。

S1.2.4 用场 F_2 来抵消有害作用。如果物—场模型中的两个物质间同时存在着有用和有害作用,而且物质间不同于标准解法 S1.2.1 和 S1.2.3 那样,而是要求直接相邻,则可以通过

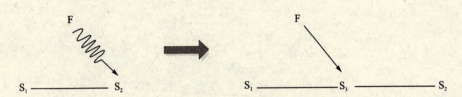

图 5-16　排除有害作用

建立双物—场模型来解决问题,有用作用通过场 F_1 实现,而第二个场 F_2 用来中和有害作用或将有害作用转化为另一个有用功能,在这两种物质间引入对已存在的物质改变后的第三物质(S_3)的来解决问题,如图 5-17 所示。

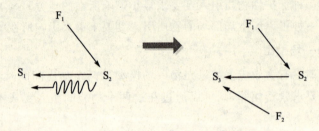

图 5-17　用场 F_2 来抵消有害作用

S1.2.5 切断磁影响。如果以磁场来拆解物—场模型是可能的,则可以应用切断物体铁磁特性的现象来解决问题,比如,应用冲击或加热到居里点以上的退磁现象,如图 5-18 所示。

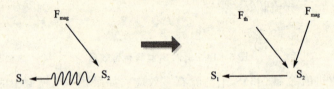

图 5-18　切断磁影响

第 2 级主要是强化物—场模型,共 4 个子级,计 23 个标准解,详见表 5-12。

表 5-12　标准解法第 2 级

序号	名称	编号	所属子级	所属级
1	链式物—场模型	S2.1.1	S2.1 加强物—场模型	第 2 级 强化 物—场 模型
2	双物—场模型	S2.1.2		
3	使用更可控制的场	S2.2.1	S2.2 加强物—场模型	
4	物质 S_2 的分裂	S2.2.2		
5	使用毛细管和多孔的物质	S2.2.3		
6	动态性	S2.2.4		
7	构造场	S2.2.5		
8	构造物质	S2.2.6		

续表 5-12

序 号	名 称	编 号	所属子级	所属级
9	匹配场 F、S_1、S_2 的节奏	S2.3.1	S2.3 通过匹配节奏加强物—场模型	第2级强化物—场模型
10	匹配场 F_1 和 F_2 的节奏	S2.3.2		
11	匹配矛盾或预先独立的动作	S2.3.3		
12	预—铁—场模型	S2.4.1	S2.4 铁磁—场模型（合成加强物—场模型）	
13	铁—场模型	S2.4.2		
14	磁性液体	S2.4.3		
15	在铁—场模型中应用毛细管	S2.4.4		
16	合成铁—场模型	S2.4.5		
17	与环境一起的铁—场模型	S2.4.6		
18	应用自然现象和效应	S2.4.7		
19	动态性	S2.4.8		
20	构 造	S2.4.9		
21	在铁—场模型中匹配节奏	S2.4.10		
22	电—场模型	S2.4.11		
23	流变学的液体	S2.4.12		

3. S2.1 向合成物—场模型转化

S2.1.1 链式物—场模型。如果必须强化物—场模型，可以通过将物—场模型中的一个元素转化成一个独立控制的完整模型，形成链式物—场模型来解决问题，如图 5-19(a) 所示。

链式物—场模型可以通过将链接转化为完整物—场模型来建立。在这种情况下，将 F_2-S_3 引入 S_1-S_2 的链接中，如图 5-19(b) 所示。

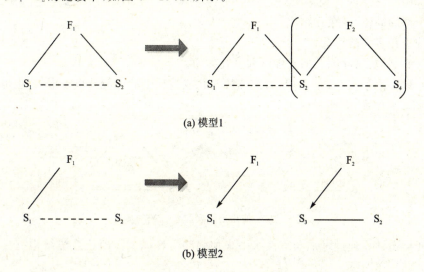

(a) 模型1

(b) 模型2

图 5-19 链式物—场模型

S2.1.2 双物—场模型。如果需要强化一个难以控制的物—场模型，而且禁止替换元素，可以通过加入第2个易控制的场来建立一个双物—场模型来解决问题。

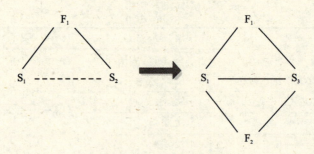

图 5-20　双物—场模型

4．S2.2 加强物—场模型

S2.2.1 使用更可控制的场。物—场模型可以通过使用更易控制的场来替换不能控制或难以控制的场而得到加强，比如用机械场替换重力作用，用电场替换机械作用。

S2.2.2 物质 S_2 的分裂。通过加大物质 S_2（工具）的分裂程度，可以加强物—场模型，如图 5-21 所示。

图 5-21　物质 S_2 的分裂

S2.2.3 使用毛细管和多孔的物质。一种特别的物质分裂形式是从固体物转化到毛细管和多孔物质。将根据以下所列的路径进行转化：

① 固体；
② 一个洞的固体；
③ 多个洞的固体，或穿孔物质；
④ 毛细管和多孔的物质；
⑤ 有特殊结构、尺寸毛孔的毛细管和多孔物质。

随着物质根据这些路径的发展，将液体放入孔或毛孔中的可能性也在增长，也可以应用自然现象，如图 5-22 所示。

图 5-22　使用毛细管和多孔的物质

S2.2.4 动态性。通过增加动态性水平来加强物—场模型。即让系统结构更具柔性和更易变化，如图 5-23 所示。

注释 5-4：物质 S_2 的动态性最常见的是分裂到两个铰链部分。随后动态性沿着以下路径：单铰链—多铰链—柔性的 S_2。

注释 5-5：场 F 动态化最容易的途径是用脉冲作用模式来替代场与 S_2 一起的持续作用。特别地，系统

图 5-23 动态性

动态化可通过应用一级相变或二级相变来达到有效提升。

S2.2.5 构造场。通过使用异质场或持久场、或可调节立体结构替代同质场或无组织的场,来加强物—场模型,如图 5-24 所示。

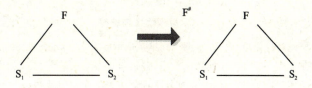

图 5-24 构造场

S2.2.6 构造物质。通过使用异质物质或固定物质或可调节立体结构替代同质物质或无组织物质,以加强物—场模型,如图 5-25 所示。

图 5-25 构造物质

5. S2.3 通过匹配节奏加强物—场模型

S2.3.1 匹配 F、S_1、S_2 的节奏。物—场模型中的场作用可以与工具或工件的自然频率匹配(或故意不匹配)。

S2.3.2 匹配场 F_1 和 F_2 的节奏。合成物—场模型中所使用的场的频率,可进行匹配或故意不匹配。

S2.3.3 匹配矛盾或预先独立的动作。如果两个动作是矛盾的,比如生产和测量,一个动作必须在另一个动作停止时进行。一般而言,这个停止间隙可以用另一个有用动作来填补。

6. S2.4 铁磁—场模型(合成加强物—场模型)

S2.4.1 预—铁—场模型。同时利用铁磁物质和磁场加强物—场模型,如图 5-26 所示。

图 5-26 预—铁—场模型

注释 5-6:铁磁物质是固体,所以我们只好以预—铁—场模型作为铁—场模型的中间步骤。
注释 5-7:解法可用于合成物—场模型,也可用于与环境一起的物—场模型。

S2.4.2 铁—场模型。铁—场模型如图 5-27 所示。为加强系统的可控性，建议用铁—场模型取代物—场模型或预—铁—场模型。这么做，铁磁颗粒可以替换（或加入）模型中的一种物质，且可以应用磁场或电磁场。碎片、颗粒、细粒等都可以视为铁磁颗粒。控制效率将随着铁磁颗粒的分裂程度的加剧而增加。因此，铁—场模型的进化遵循下列路径：颗粒—粉末—铁磁微粒。控制效率也沿着与铁粒子包含的物质相关的路径增加：固体物质—颗粒粉末—液体。

图 5-27 铁—场模型

注释 5-8：铁—场模型的转化可当作以下两个标准解法的接合点：标准解法 S2.4.1 预—铁—场模型、标准解法 S2.2.2 物质 S_2 的分裂。

注释 5-9：物—场模型转换到铁—场模型，重复了进化的完整周期但处在一个新的水平上，因为铁—场模型更可控、更有效。子组 S2.4 中的所有标准解法可看作是子组 S2.1～S2.3 标准解法的正常顺序的修改。将铁—场模型放在一个单独组，至少可以由这些解决问题模型的关键重要性，来证明标准解法系列在进化的这个阶段是恰当的。此外，铁—场模型的进化次序是一个分析物—场模型进化正常顺序和预测其未来发展的方便的研究工具。

S2.4.3 磁性液体。利用磁性液体可以加强铁—场模型。磁性液体是一种有铁磁颗粒的胶质溶液，如同煤油、硅脂、水等。标准解法 S2.4.3 可认为是标准解法 S2.4.2 进化的终极状态。

S2.4.4 在铁—场模型中应用毛细管结构。铁—场模型的加强，可通过利用这种模型很多内部的毛细管和多孔结构实现。

S2.4.5 合成铁—场模型。如果系统可控性可以通过转化到铁—场模型得到加强，而且禁止使用铁磁粒子代替物质，转换可通过给一个物质引入附加物、创建内部或外部的合成铁—场模型来实现，如图 5-28 所示。

图 5-28 合成铁—场模型

S2.4.6 与环境一起的铁—场模型。如果系统可控性可以通过转化铁—场模型得到加强，而且禁止使用铁磁粒子代替物质又禁止引入附加物，则可将铁磁粒子引入环境。系统控制通过应用磁场改变环境参数得以实现（参照标准解法 S2.4.3），如图 5-29 所示。

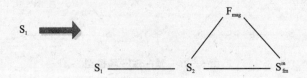

图 5-29 与环境一起的铁—场模型

S2.4.7 应用自然现象和效应。铁—场模型的可控性可以通过利用某些自然现象和效应来加强。

S2.4.8 动态性。铁—场模型可以通过动态性来加强,即转向柔性的、可更改的系统结构,如图 5-30 所示。

图 5-30 动态性

S2.4.9 构造。通过使用异质的或结构化的场代替同质的松散的场,以加强铁—场模型,如图 5-31 所示。

图 5-31 构造铁—场模型

S2.4.11 电—场模型。如果引入铁磁粒子或磁化一个物体有困难,可以利用外部电磁场与电流的效应,或者两个电流之间的效应。电流可以由与电源的电接触产生,或者由电磁感应产生。

注释 5-10:铁—场模型是一个有铁磁粒子的系统模型,电—场模型是其中有电流作用或互相作用的模型。

注释 5-11:电—场模型及铁—场模型的进化,遵循的一般路径是:简单的→合成的→与环境共同的→动态的→构成的→匹配的电—场模型。在积累电场模型的信息后,需要进行一个分析,可分解出一组描述铁—场模型应用的特殊标准解。

注释 5-12:应用铁—场模型的标准解是由 Igor VikenSyev 提出的。

S2.4.12 流变学的液体是一种特别的电—场模型,是用电场控制黏度的电—流变学的液体,比如,甲苯与细石英粉的混合物。如果磁性液体不能使用,可使用电—流变学的液体。

第 3 级主要是向超系统或微观级转化,共 2 个子级,计 6 个标准解。详见表 5-13。

表 5-13 标准解法第 3 级

序号	名称	编号	所属子级	所属级
1	系统转化 1a:创建双、多系统	S3.1.1	S3.1 向双系统和多系统转化	第 3 级向超系统或微观级转化
2	加强双、多系统内的链接	S3.1.2		
3	系统转化 1b:加大元素间的差异	S3.1.3		
4	双、多系统的简化	S3.1.4		
5	系统转化 1c:系统整体或部分的相反特性	S3.1.5		
6	系统转化 2:向微观级转化	S3.2.1	S3.2 向微观系统转化	

7. S3.1 向双系统和多系统转化

S3.1.1 系统转化 1a：创建双、多系统。处于任意进化阶段的系统性能可通过系统转化 1a，系统与另外一个系统组合，从而建立一个更复杂的双、多系统来得到加强。

注释 5-13：建立双、多系统最简单的途径是组合两个或多个物质 S_1 或 S_2 建立一个双物质或多物质的物—场模型。

注释 5-14：标准解法 S2.2.1 也可以当作向多系统的转化，虽然它更适合当作增加多系统的级别，这是"矛盾统一规律"的一个很好的例证，既分解又合成通向双、多系统的建立。

注释 5-15：创立双、多场系统，也创立具有多重的场和物质的系统也是可能的。有时，物—场模型对是增加的；有时，整个物—场模型是增加的。

注释 5-16：人们曾经认为向超系统的转化是系统的最终进化阶段，设想系统潜能首先在自己的水平上消耗殆尽，然后转换到超系统去。然而，据很多信息表明这个转化可在进化的任意阶段发生。此外，未来的进化遵循两条路径，建立的超系统在进化，原系统也在进化中。化学中的某些事物可看作是相似的：一个更复杂的化学元素通过新的电子轨道的产生形成，也可通过不完整内部轨道的填充获得。

S3.1.2 加强双、多系统内的链接。双、多系统可以通过进一步强化元素间的链接来加强。

注释 5-17：最新的创建双、多系统经常有一个所谓的"零的链接"（由 A. Timoshchuk 提出），也就是说，它们呈现成一堆没有链接的元素。一方面，强化元素间的链接是一个进化趋势；另一方面，最新创建系统中的元素有时进行刚性链接，在这种情况下，进化遵循链接的动态性。

S3.1.3 系统转化 1b：加大元素间的差异。双、多系统可通过加大元素间的差异来加强：从同样的元素（比如一组铅笔）到变动特性（比如一组多色铅笔），到一组不同元素（比如一盒绘图仪器），到反向特性组合或"元素和反元素"（比如有橡皮头的铅笔）。

S3.1.4 双、多系统的简化。双、多系统可通过简化系统得到加强首要的是通过牺牲辅助零件来获得。比如，双管猎枪只有一杆枪柄。完全地简化双、多系统又成为一个单一系统，而且在一个新的水平上再重复整个循环。

S3.1.5 系统转化 1c：系统整体或部分的相反特征。双、多系统可通过在系统整体或部分间分解矛盾特性来加强。结果，系统在两个水平上获得应用，与整个系统一起具有特性"F"，其部分或粒子具有相反的特性"-F"。

8. S3.2 向微观级转化

S3.2.1 系统转化 2：向微观级转化。系统可在任何进化阶段通过系统转化 2 得到加强：从宏观级向微观级。系统或零件由能在场的影响下完成要求作用的物质所替代。

注释 5-18：在上面的例子中，泵的本身没有什么改变，然而，到底什么是新的呢？专利法的不足导致"可控泵"能够注册专利，尽管泵本身没有改变，而且真正的创新只体现在泵的控制方式中。本专利提出了一种新的热控制方式，从而代替了笨重低效的机械装置。

注释 5-19：以前认为向微系统的转化只适合于在系统耗尽资源的时候。现在的观点是，向微系统的转化在系统进化的任何阶段都是可能发生的。

注释 5-20：从宏观级向微观级的转化是个通用概念，有很多微观水平（群、分子、原子等），就会有很多向微观级转化的可能性，也可以从一种微观级转化到另一个基本的级。关于这些转化的信息正在积累中，并期待标准解法 S3.2 的下一级子级的出现。

第 4 级主要是检测和测量的标准解法，共 5 个子级，计 17 个标准解，详见表 5-14 所列。

表 5-14 标准解法第 4 级

序 号	名 称	编 号	所属子级	所属级
1	以系统的变化代替检测或测量	S4.1.1	S4.1 间接方法	第 4 级检测和测量的标准解法
2	应用拷贝	S4.1.2		
3	测量当作二次连续检测	S4.1.3		
4	测量的物—场模型	S4.2.1	S4.2 建立测量的物—场模型	
5	合成测量的物—场模型	S4.2.2		
6	与环境一起的测量的物—场模型	S4.2.3		
7	从环境中获得添加物	S4.2.4		
8	应用物理效应和现象	S4.3.1	S4.3 加强测量物—场模型	
9	应用样本的谐振	S4.3.2		
10	应用加入物体的谐振	S4.3.3		
11	测量的预—铁—场模型	S4.4.1	S4.4 向铁—场模型转化	
12	测量的铁—场模型	S4.4.2		
13	合成测量的铁—场模型	S4.4.3		
14	与环境一起的测量的铁—场模型	S4.4.4		
15	应用物理效应和现象	S4.4.5		
16	向双系统和多系统转化	S4.5.1	S4.5 测量系统的进化方向	
17	进化方向	S4.5.2		

9. S4.1 间接方法

S4.1.1 以系统的变化代替检测或测量。

检测是指检查某种状态发生或不发生。测量则具有定量化及一定精度的特点。

通过改变系统的方法来代替测量或检测,使测量或检测不再需要。

S4.1.2 应用拷贝。如果遇到检测和测量问题,不可能使用标准解法 S4.1.1,使用物体的复制品或图片来代替物体本身。

S4.1.3 测量当作二次连续检测。如果遇到检测和测量问题,不可能使用标准解法 S4.1.1 和 S4.1.2,将问题转化成两次连续的、变化的检测。

注释 5-21:所有的测量都受限于精确性,所以,如果必须测量某件东西,经常将其分解为由两个连续的检测所组成的一些"基本测量动作"。比如,让我们分析抛光轮子直径测量的问题,进行一定精度的测量是必须的,通常做成一些清晰的精确排列,比如要求 0.01 mm 的精度,这就意味着轮子可模型化为一对间距为 0.01 mm 同心圆,现在,问题变为一个从一个圆变化到下一个圆的检测问题。通过检测这个变化量,我们就可以计算出抛光轮子的直径。模糊的"测量"转换成清晰的"二次连续检测",使这个问题得到了一定程度的简化。

10. S4.2 建立测量的物—场模型

S4.2.1 测量的物—场模型。如果一个不完整的物—场模型难以进行测量和检测,则问题可以通过完整成一个合格的、或输出具有场的双物—场模型来得到解决,如图 5-32 所示。

S4.2.2 合成测量的物—场模型。如果一个系统或零件难以进行测量和检测,则问题可以通过与易检测附加物合成转化到内部或外部的合成物—场模型来解决,如图 5-33 所示。

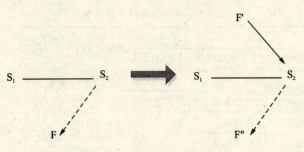

图 5-32 测量的物—场模型

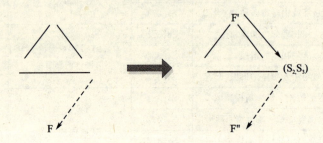

图 5-33 合成测量的物—场模型

S4.2.3 与环境一起测量的物—场模型。如果一个系统难以在某些时刻进行测量和检测，而且不可能引入附加物和产生易检测场的附加物，则可以引入环境，环境状态的改变可提供系统中所改变的信息，如图 5-34 所示。

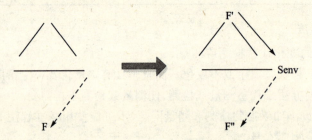

图 5-34 与环境一起测量的物—场模型

S4.2.4 从环境中获得添加物。如果根据标准解法 S4.2.3，不可能在环境中引入附加物，则附加物可以在环境中产生。比如通过破坏或改变相态产生附加物。特别地，经常使用电解、气穴现象或其他方法来获得气体或水蒸气泡沫。

11. S4.3 加强测量物—场模型

S4.3.1 应用物理效应和现象。测量和检测物—场模型的有效性可以通过利用物理现象来加强。

S4.3.2 应用样本的谐振。如果不能直接探测和测量一个系统的变化，而且也不可能用场来穿过系统，则通过产生系统整体或者部分的谐振来解决问题。谐振频率上的变差提供了系统的变化信息，如图 5-35 所示。

S4.3.3 应用加入物体的谐振。如果不能应用标准解法 S4.3.2，系统状态的信息可以通过加入或与系统相连的环境中物体的自由振荡来获得。

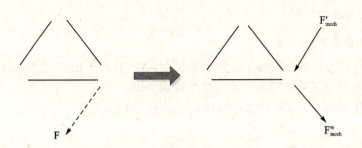

图 5-35 应用样本的谐振

12. S4.4 向铁—场测量模型转化

S4.4.1 测量的预—铁—场模型。无磁场的物—场模型倾向于转化成包含磁性物质和磁场的预—铁—场模型。

S4.4.2 测量的铁—场模型。物—场模型或预—铁—场模型的测量或探测的有效性可以通过应用铁磁粒子代替其中的一个物质或加入铁磁粒子从而转化到铁—场模型得到加强。通过磁场的探测或测量可得到需求的信息,如图 5-36 所示。

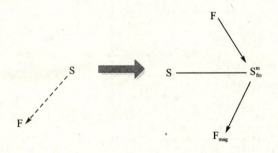

图 5-36 测量的铁—场模型

S4.4.3 合成测量的铁—场模型。如果测量或探测的有效性可以通过转化到铁—场模型得到加强,但不允许用铁磁粒子代替物质,则可以通过给一个物质引入附加物、形成合成铁—场模型来完成转换,如图 5-37 所示。

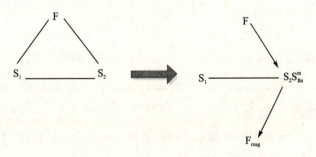

图 5-37 合成测量的铁—场模型

S4.4.4 与环境一起测量的铁—场模型。如果测量或探测的有效性可以通过转化到铁—场模型得到加强,但不允许引入铁磁粒子,则粒子可以被引入到环境中。

S4.4.5 应用物理效应和现象。物—场模型或预—铁—场模型的测量或探测有效性,可以通过应用物理现象和效应得到加强。比如:居里效应、霍普金森效应、巴克豪森效应、霍尔效应、磁滞现象、超导性等。

13. S4.5 测量系统的进化方向

S4.5.1 向双系统和多系统转化。物—场模型、预—铁—场模型的测量或探测有效性,在某些进化阶段,可以通过建立双系统和多系统得到加强。

S4.5.2 进化方向。测量和检测系统沿着以下方向进化:

1) 测量一个功能;

2) 测量功能的一阶导数;

3) 测量功能的二阶导数。

第 5 级主要是简化与改善策略,共 5 个子级,计 17 个标准解,详见表 5-15。

表 5-15 标准解法第 5 级

序号	名称	编号	所属子级	所属级
1	间接方法	S5.1.1	S5.1 引入物质	第 5 级简化与改善策略
2	分裂物质	S5.1.2		
3	物质的"自消失"	S5.1.3		
4	大量引入物质	S5.1.4		
5	可用场的综合使用	S5.2.1	S5.2 引入场	
6	从环境中引入场	S5.2.2		
7	利用物质可能创造	S5.2.3		
8	相变 1:变换状态	S5.3.1	S5.3 相变	
9	相变 2:动态化相态	S5.3.2		
10	相变 3:利用伴随的现象	S5.3.3		
11	相变 4:向双相态转	S5.3.4		
12	状态间作用	S5.3.5		
13	自我控制的转化	S5.4.1	S5.4 应用物理作用和现象的特性	
14	放大输出场	S5.4.2		
15	通过分解获得物质	S5.5.1	S5.5 产生物质粒子的更高或更低形式	
16	通过结合获得物质粒子	S5.5.2		
17	应用标准解法 5.5.1 及标准解法 5.5.2	S5.5.3		

14. S5.1 引入物质

S5.1.1 间接方法。如果工作状况不允许给系统引入物质,可以利用下面的间接方式:

1) 用"虚无(空地、空间)"代替实物;

2) 引入一个场来代替物质;

3) 应用外加物代替内部物;

4) 引入少量激活性添加物;

5) 只在特别位置引入少量浓缩的添加物;

6) 临时引入添加物;

7) 利用模型或复制品代替实物,允许引入添加物;

8) 通过引入化学品的分解得到所需要的添加物;

9) 通过电解或相变,从环境或物体本身分解得到所需要的添加物。

S5.1.2 分裂物质。如果系统不可被改变,又不允许改变工具,也禁止引入附加物,则利用工件间的相互作用部分来代替工具。

S5.1.3 物质的"自消失"。在完成工作后,引入的物质在系统或环境中消失或变成与已存在物质相同。

S5.1.4 大量引入物质。如果工作状况不允许大量物质的引入,应用膨胀结构或泡沫的"虚无"来代替物质。

注释 5 – 22:使用充气结构是一个宏观级的标准解法;应用泡沫是一个微观级的标准解法。

注释 5 – 23:标准解法 S5.1.4 常与其他标准解法一同使用。

15. S5.2 引入场

S5.2.1 可用场的综合使用。如果可以给物—场模型引入场,首先应用物质所含有的载体中存在的场。

S5.2.2 从环境中引入场。如果可以给物—场模型引入场,但是又不能依据标准解法 S5.2.1 那样去做,则尝试应用环境中所存在的场。

S5.2.3 利用物质可能创造的场。

16. S5.3 相变

S5.3.1 相变1:变换状态。物质的应用有效性(不引入其他物质)可以通过相变1来改进,也就是,通过一个已存在物质的状态转换。

S5.3.2 相变2:动态化相态。物质的双特性可以通过相变2来实现,也就是利用物质依赖工作环境来改变相态。

S5.3.3 相变3:利用伴随的现象。系统可用相变3来加强,也就是利用相变时伴随的现象。

S5.3.4 相变4:向双相态转化。系统的双特性可以通过相变4来实现,也就是用双相态来代替单一相态。

S5.3.5 状态间作用。系统的有效性可以应用相变4来加强,也就是通过在零件或系统的相态间建立交互作用。

17. S5.4 应用物理效应和现象的特性

S5.4.1 自我控制的转化。如果物体必须周期性地在不同的物理状态中存在,这种转化可以通过利用物体本身可逆的物理转化来实现,比如,电离—再结合,分解—组合等。

S5.4.2 放大输出场。如果要求弱感应下的强作用,物质转换器需接近临界状态。能量聚集在物质中,感应就像"扣扳机"一样来工作。

18. S5.5 产生物质粒子的更高或更低形式

S5.5.1 通过分解获得物质粒子。如果需要一种物质粒子(比如:离子)以实现解决方案,但又不能直接得到,则可以通过分解更高结构级的物质(比如:分子)来得到。

S5.5.2 通过结合获得物质粒子。如果需要一种物质粒子(比如:分子)以实现解决方案,但不能直接得到,又不能使用标准解法 S5.5.1,则可以通过完善或组合更低结构级的物质(比如：离子）来得到。

S5.5.3 假如高等结构物质需要分解，但又不能分解，由次高一级的物质状态代替。反之，如果物质是通过低结构物质组合而成，而该物质不能应用，则采用高一级的物质代替。

5.4.3 标准解法的应用

以上的 5 级、18 个子级共 76 个标准解法，给问题提供了丰富的问题解决方法，在物—场模型分析的基础上，可以快速有效地使用标准解法来解决那些在过去看来似乎不能解决的难题。

标准解法共 76 个，数量庞大，但同时也给使用者带来的是另一方面的难题，如何快速找到合适的标准解法？尤其是初学者，更会觉得一头雾水，不知从何处下手。不恰当的选择，将导致问题解决者走上弯路甚至百思不得其解，浪费时间和精力，从而降低应用 76 个标准解解决问题的效率。所以，理清 76 个标准解法间的逻辑关系，掌握问题解决过程中标准解法的选择程序，是有效应用 76 个标准解法的必要前提。

应用标准解法来解决问题，可遵照下列四个步骤来进行：

第一步，确定所面临的问题类型。首先要确定所面临的问题是属于哪类问题，是要求对系统进行改进，还是要求对某件物体有测量或检测的需求。问题的确定过程是一个复杂的过程，建议按照下列顺序进行：

① 问题工作状况描述，最好有图片或示意图配合问题状况的陈述；

② 将产品或系统的工作过程进行分析，尤其是物流过程需要表述清楚；

③ 组件模型分析包括系统、子系统、超系统 3 个层面的组件，以确定可用资源；

④ 功能结构模型分析是将各个元素间的相互作用表述清楚，用物—场模型的作用符号进行标记；

⑤ 确定问题所在的区域和组件，划分出相关的元素，作为接下来工作的核心。

第二步，如果面临的问题是要求对系统进行改进，则：

① 建立现有系统或情况的物—场模型；

② 如果是不完整物—场模型，应用标准解法 S1.1 中的 8 个标准解法；

③ 如果是有害效应的完整模型，应用标准解法 S1.2 中的 5 个标准解法；

④ 如果是效应不足的完整模型，应用标准解法第 2 级中的 23 个标准解法和标准解法第 3 级中的 6 个标准解法。

第三步，如果问题是对某件东西有测量或检测的需求，应用标准解法第 4 级中的 17 个标准解法。

第四步，当你获得了对应的标准解法和解决方案，检查模型（实际是系统）是否可以应用标准解法第 5 级中的 17 个标准解法来进行简化，也可以考虑标准解法第 5 级是否有强大的约束限制着新物质的引入和交互作用。

在应用标准解法的过程中，必须紧紧围绕系统所存在问题的最终理想解，并考虑系统的实际限制条件，灵活进行应用，并追求最优化的解决方案。很多情况下，综合应用多个标准解法，对问题的解决具有积极意义，尤其是第 5 级的 17 个标准解法。

根据以上 76 个标准解法的应用步骤，用流程图来表达，如图 5-38 所示。

第 5 章 问题的解决方法

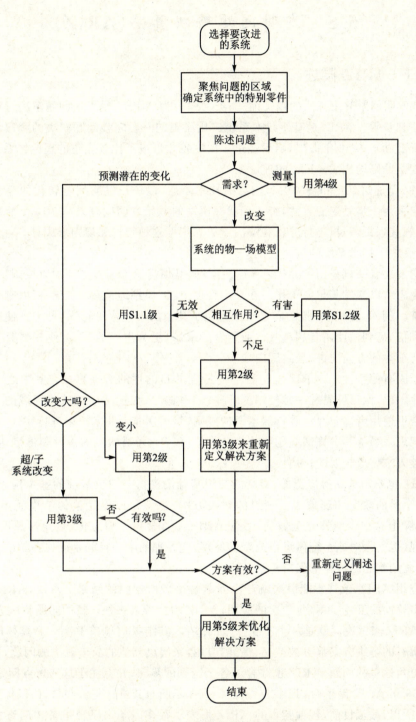

图 5-38 76 个标准解法的应用流程

5.5 发明问题解决算法(ARIZ)

5.5.1 ARIZ 概述

ARIZ(发明问题解决算法的俄文缩写;英文缩写为 AlPS),是发明问题解决过程中应遵循的理论方法和步骤。ARIZ 是基于技术系统进化法则的一套完整问题解决的程序。最初由根里奇·阿奇舒勒于 1956 年提出,随后经过多次完善才形成了比较完整的理论体系。

以下 3 条原则构成了 ARIZ 的理论基础:

1) ARIZ 是通过确定和解决引起问题的技术矛盾,以进行发明问题转化的一套连续过程的程序。它采用步步紧逼的方法,将一个状况模糊的原始发明问题转化为一个简单的问题模型,然后构想其理想解,再进行分析和解决矛盾。依据这种结构和规则形成具有一系列步骤的程序,它也反映了技术系统的进化法则。

2) 问题解决者一旦采用了 ARIZ 来解决问题,其惯性思维因素必须加以控制。比如,有必要抑制惯性思维以激发其想象工作。在一定程度上讲,单纯地使用 ARIZ,可以有效地改变使用者的思维。例如,ARIZ 步骤的固定次序避免了其他的一些常见错误,可增强使用者解决问题的能力和信心,刺激使用者超越其专业领域的限制,更为重要的是,会使其驾驭着自己的思维沿着更有前途的方向前进,最终迈向成功。

除以上固有的特性外,ARIZ 也包含一些特别的目的性的心理算法。其中之一是尽量避免使用专业术语,像惯性思维中常使用的那些"带电体"来描述关于特殊化区域的颗粒。这个算法包括帮助使用者确定并消除特殊术语的规则,然后用非专业术语来进行替代,可以表达出"确切的"意思。另外一个算法是聪明的小矮人法(SLP):矛盾状况的重要图形表达法,用一组聪明的小矮人来完成主要的作用。

3) ARIZ 也不断地获得广泛的、最新的知识基础的支持。知识基础的基本构成是物理、化学、几何等学科的效应和现象等。理想的解决方案,也就是取得完整的结果而不必付出"代价"。但实际上这很少能够完全做到,尽管 ARIZ 一直聚焦于理想化,只允许最重要的 ARIZ 的原理实现,也就是对原系统做最小改变的原理,此原理的唯一目的是确保在解决方案的实现过程中,系统的状态尽可能的保持平稳。

初次应用 ARIZ,或许不能一次就产生问题解决者所期望的结果。所以,ARIZ 的设计允许并支持多轮次的反复应用,每轮次的应用,ARIZ 均会带来一种全新的问题解决方案。

遵照 ARIZ 来解决问题是一个不断探索的过程,其结果比单单解决一个具体问题更为重要。几乎所有的解决方案都可被补充、提升、应用,来解决其他的尚未解决的问题,以及那些被遗忘在历史角落里的问题,ARIZ 也综合了各个特别的步骤,并专注于这些焦点问题的解决。

从 1956 年 ARIZ 诞生后,TRIZ 专家们一直在不断对其进行完善和修订,以保证 ARIZ 的与时俱进,所以,截至目前,各种版本的 ARIZ 发表了很多。本书以根里奇·阿奇舒勒提出的 ARIZ—85 版本为主,来介绍 ARIZ 的理论方法和步骤。

5.5.2 ARIZ 的求解步骤

根里奇·阿奇舒勒的 ARIZ—85 共有 9 个关键步骤,每个步骤中含有数量不等的多个子步骤。在一个具体的问题解决过程中,并没有强制要求按顺序走完所有的9个步骤,而是,一旦在某个步骤中获得了问题的解决方案,就可跳过中间的其他几个无关步骤,直接进入后续的相关步骤来完成问题的解决。详细内容请参照各个步骤详解中的相关描述。ARIZ-85的9大步骤:

步骤1:分析问题

本步骤的主要目的是促进一个状态含糊的问题转化为一个可准确描述的极其单一化的模型——问题模型。本步骤有7个子步骤:陈述"迷你"问题,定义冲突的元素,建立技术矛盾的图解模型,为后续分析选择一个模型图,强化冲突,陈述问题模型,应用标准解法系列。

(1) 陈述"迷你"问题

使用非专业术语,依据下列模式陈述"迷你"问题:

技术系统为(陈述系统的目的)包括(列出系统的主要组件)。

技术矛盾 TC-1:如果 A,那么 B 会得到改善,而 C 会恶化。

技术矛盾 TC-2:如果非 A,那么 C 会得到改善,而 B 会恶化。

必要时,可以对系统做最小的改动,以(陈述要求的结果)。

注释5-24:"最小"问题是通过引入约束从问题情境中获得的:当系统中的各个元素保持不变或变得稍微复杂的时候,期望的作用(或特性)会呈现,同时有害作用(或特性)会消失。将问题情境转化为"最小"问题并不意味我们只想解决小的问题,而是通过引入旨在不改变系统的前提下能获得期望结果的附加要求,引导我们来突出矛盾,从一开始就紧紧锁定交替换位的路径。

注释5-25:在制定本步骤时,不但要指明系统的技术元件,还应该指出与系统相互作用的"自然"组件。

注释5-26:技术矛盾表示系统内的相互作用,由此产生有益作用也会产生有害作用,换句话说,通过引入或改善有益作用,或者消除或减小有害作用,有时会造成全部或部分系统的降级(有时降幅非常大)。

注释5-27:为减少惯性思维,要用通俗易懂的词语来代替与工具和环境相关联的专业术语。原因是专业术语:

① 会在人们的脑海里打下那些习惯使用的工具和工作方法的烙印。比如,在"破冰船破冰"惯性思维导向下,人们不会想到可以不用破冰而将冰移走。

② 在问题情境描述中,可能会隐藏掉元件的某些特性。

③ 缩小了物质可能存在状态的范围。如使用术语"油漆",将导致人们只想到液体或固态油漆,然而,油漆也可以是气态的。

例如,天文望远镜无线电波接收系统。无线电波接收技术系统包括无线天线、无线电波、避雷针和闪电。

TC-1:如果系统有较多的避雷针,可以有效保护天线免遭雷击。但是,避雷针会吸收无线电波,从而减少了天线可接收的无线电波的强度。

TC-2:如果系统只有极少数的避雷针,将不会吸收掉大量的无线电波,但在这种情形下,避雷针可能会不足以完全保护天线免遭雷击。

必要时,可以对系统做最小的改动:在保护天线免遭雷击的同时又不吸收掉无线电波。

(2) 定义冲突的元素

冲突的元素包括一个工件和一个工具。

规则5-1:如果工具可有两种情形,按照问题情境的描述,需指明这两种情形。

规则5-2:如果问题情境描述涉及到几对类似的相互关联的元件,则只考虑其中的一对就足够了。

注释5-28:工件是问题情境中要求"加工"的元件("加工"意味着制造、移动、调整、改进、保护、探测、测量等)。有些元件常因为其用途而被看作是工具,但在与测量和/或探测的问题中,可视为工件。

注释 5-29:工具是直接作用在工件上的元件,比如火焰(而非火炉)。环境的一些特别部分也可看作是工具,工件装配中的标准零部件也可被认为是工具。

注释 5-30:矛盾对中的一个元件也可以是双重的。比如,可以有两个不同的工具同时作用在一个工件上,一个工具干扰另外一个工具。也可以有两个工件由同一个工具作用,一个工件干扰另外一个工具。

比如,在天线保护的例子中,工件为闪电和无线电波;工具为导电的天线。

(3) 建立主技术矛盾的图解模型

注释 5-31:如果非标准的图解模型更贴近反映矛盾的本质,则允许使用那些非标准的图解模型。

注释 5-32:有些问题具有多重矛盾。在建立图解模型时,可以转化为若干个单层模型图。

注释 5-33:冲突(矛盾)不光指存在于空间上的,也指时间上的。

注释 5-34:步骤 1 中的(2)和(3)改进和提炼了问题情境的总体描述。因此,在完成(3)后,有必要返回(1)并检查在(1)→(2)→(3)路径中是否存在不一致的地方。如果存在不一致,则必须消除不一致并修正路径。

建立技术矛盾的图解模型。比如,在天线保护的例子中:

TC-1:使用多数避雷针见图 5-39。

TC-2:使用少数避雷针见图 5-40。

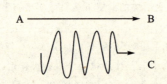

A—避雷针;B—闪电;C—无线电波

图 5-39 使用多数避雷针模型

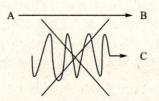

A—避雷针;B—闪电;C—无线电波

图 5-40 使用少数避雷针模型

(4) 为后续分析选择一个模型图

从两个冲突模型图中,选择一个能表达关键制造流程最好性能的图。陈述关键制造流程是什么样的。

注释 5-35:当从两个冲突模型图中选择一个时,我们从工具的两个相反的状态中就选择了一个状态。我们随后的问题解决努力将与此状态相连。ARIZ 禁止将"极少数装置"转化为一些"最佳数量装置",其目的是为了突出而不是掩饰冲突。如果我们保持工具的一种状态,稍后我们可获得这种状态下要求工具的相反特性,即使这种特性是工具在另一个状态下的固有特性。

注释 5-36:在解决与测量和/或检测有关的问题时,有时难以确定主要生产过程。最终,测量大多数都履行更改的目的,也就是加工工件、生成某物等。所以,在测量问题中,关键制造流程是整个系统的关键制造流程,不仅仅是需要测量零件,但科学目的的测量问题可以除外。

比如,在无线电天文望远镜天线保护问题中,关键制造过程是接收无线电波。所以,我们选用 TC-2:少数避雷针,在这种情形下,导电避雷针不吸收无线电波。

(5) 强化冲突

通过指出元件的限制状态(作用)来强化冲突。

(6) 陈述问题模型

阐述以下各点来陈述问题模型:

① 冲突的元件;

② 冲突的强化(比如:强调,夸大)规则;

③ 通过添加的元素,这个称为 X 元素可以给予什么,比如保持、消除、改进、增加等,将其引入系统来解决问题。

注释 5-37:这个问题模型是一个典型的提取问题,人工选择技术系统的一些元件的同时,将其他元件临时放到界限外。

注释 5-38:步骤1中的(6)后,需要返回(1)检查建立的问题模型的逻辑性。有时,选择的冲突模型图通过指出 X-元素的作用而提炼。

注释 5-39:X 元素不一定是代表系统的某个实质性的组件,但可以是一些改变、修改、或系统的变异,或全然未知的东西。比如是系统元素或环境的温度变化或相变。

比如,在天线保护的例子中,已知:一个缺失的装置和闪电,缺失的装置不阻碍天线接收无线电波,但不能提供免遭雷击的保护。要求:寻找 X,具有以上缺失装置的特性(不阻碍天线接收)同时也能保护天线免遭雷击。

(7) 应用标准解法系列

考虑应用标准解法的系列解法来解决问题模型,如果问题不能获得解决,则进入步骤2;如果问题解决了,可以直接跳到步骤7,当然,ARIZ 建议仍然进入步骤2来继续分析问题。

注释 5-40:步骤1中所进行的分析和建立的问题模型,能有效地阐明发明问题,并在很多情况下在非标准问题中辨别出标准元件。所以,在问题解决过程的这个阶段应用标准解法比在初始问题阶段更有效。

步骤 2:分析问题模型

主要目的是创建用来解决问题的有效资源的清单(空间、时间、物质和场)。

(1) 定义操作区域(OZ):在最简单的情况下,操作空间就是冲突在问题模型中所表明并呈现出来的范围。

注释 5-41:在最简单的情况下,操作区就是冲突在问题模型中所表明并呈现出来的范围。

(2) 定义操作时间(OT):操作时间是有效的"时间资源","由冲突发生中的时间(T_1)和冲突发生前的时间(T_2)所组成"。

注释 5-42:操作时间是有效的"时间资源",由冲突发生中的时间(T_1)和冲突发生前的时间(T_2)所组成。冲突,尤其是如飞逝的、瞬间的或短期的,经常可在 T_2 中进行有效预防。

(3) 定义物质和场资源:定义并分析系统的物质和场资源(SFR)、环境、工件,创建资源清单。

注释 5-43:SFR 是已经存在的那些物质和场(现有资源),或者根据问题描述可容易获得的。共存在3种类型的 SFR:

①内部的 SFR:

    工具的 SFR

    产品的 SFR

②外部的 SFR:

    特定问题所属环境下的 SFR,比如,在观察洁净液体中小粒子的问题中,水就是 SFR。

    共存于环境中的 SFR,包括背景中的场,如重力或地球磁力场。

③超系统(环境)的 SFR:

    根据问题描述,如果有可用的其他系统的废料。

    廉价物质,也就是无成本的"外界"元素。

在解决"最小化"问题时,以最小的资源付出来获得需求的结果才是值得的。所以,内部 SFR 的利用首先要被考虑。但在制定解决方案和/或预测(即最大问题)时,应考虑尽可能广泛的范围内的可能资源。

注释 5-44：工件（产品）被认为是不可改变的元素，那么，这种不变的元素会有些什么类型的可用资源呢？确实，产品不能被改变，在解决"最小化"问题的时候更不适合进行改变。但是，工件有时可以：

① 改变自身；
② 允许部分的改造，在这些部分大量存在的地方（比如：河中的水、风等）；
③ 允许向超系统转换（比如：砖块不能做改变，但房子可以进行变化）；
④ 考虑包含微观级的结构；
⑤ 容许与"无物"（真空）结合；
⑥ 可进行暂性的改变。

因此，工件（产品）可被当作是一个 SFR，但仅适用于无需修改就能轻易获得更改的情况下，这种情况比较少见。

注释 5-45：SFR 是现有的可用资源，所以首先要进行利用。如果没有现有资源，其他物质和场可以被考虑。也就是说 SFR 的分析，初步构建了一个分析结果。

比如，在天线保护的例子中，考虑"并不存在的"避雷装置，所以 SFR 包括环境中的物质和场，空气被看做 SFR。

步骤 3：陈述 IFR 和物理矛盾

经过本步骤，可获得最终理想解 IFR 的未来图像，也确定了阻碍获得 IFR 的物理矛盾。虽然理想解不会轻易获得，但却可以指引出获得理想解的方向。

（1）确定 IFR 的第 1 种表达式（IFR-1）

用以下模板来确定并记录 IFR 的第 1 种表达式：X（元件）的引入，在操作空间和时间内，不会以任何方式使系统变复杂，也不产生任何的有害效应，而且消除了原有害功能，并保持了工具有用行动的执行能力。

注释 5-46：除了"有害作用常与有益作用联系在一起"的矛盾冲突外，也可能发生其他类型的冲突，比如"引入一个新的有益作用导致系统变复杂了"，或"一个有益作用与另一个作用相矛盾了"。所以确定 IFR-1 只是一个图像（更确切地说，也可以应用到其他的 IFR 表达式）。

（2）强化的 IFR-1

通过引入附加要求来强化 IFR-1：给系统引入新的物质和场，只能使用步骤 2 中 3）所列出清单中的 SFR，禁止引入其他的物质和场。

注释 5-47：按注释 5-20 和 5-21，在解决"最小化"问题时，应按下列顺序来考虑物质和场资源：

① 工具的 SFR；
② 环境的 SFR；
③ 外部的 SFR；
④ 工件的 SFR。

以上各种资源类型就决定了未来分析的 4 条路线，另一方面，问题情境描述也会切断这些路径中的某些有效性。在解决"最小化"问题时，分析这些路线只可能让我们一直下去直到获得解法方案的终点；如果在"工具线"上获得了点子，就不必再考虑其他的路线。但是在解决比较庞大的问题时，所有可用路线都需要考虑。

当掌握了 ARIZ，一条连续的、线性分析将被平行的分析所代替，因为问题解决者获得了一种将一条思路转化到另一条思路上的能力，也就是说，形成了一种"多元化"的思维方式，具备同时考虑超系统、系统、子系统多层面变化的能力。

注意：问题的解决伴随着一个打破旧概念且诞生新概念、一个无法用一般言语进行充分表达的过程。比如，涂料不用溶解就成为液体，或未经涂色就有了色彩的情况下，如何描述涂料的特性呢？

如果你与 ARIZ 共事，你必须用简单的、没有专业化的、儿童般的词语来写出你的注释，避免可能强化惯性思维的专业术语。

比如,在天线保护的例子中,关于天线保护问题的模型中没有包含工具。

(3) 从宏观级表述物理矛盾

根据下列模板,从宏观级来表述物理矛盾:在操作时间和空间内,应该是(指出物理的宏观状态,比如"热的"),以形成(指出矛盾的作用之一),又应该是(指出相反的物理的宏观状态,比如"冷的")以形成(指出另一个冲突作用或需求)。

注释 5-48:物理矛盾表示与操作区的物理状态相对立的要求。

注释 5-49:如果要创建一个完整的物理矛盾表达式是困难的,试着按以下模式来阐述一个简要的物理矛盾:

元件(或其部分)必须在操作区内以形成(指明作用),又不应该在操作区内以避免(指明另一种作用)。

注意:在使用 ARIZ 解决问题时,解决方案的是缓慢形成的。从灵感第一次闪现开始,就永远不要停止问题的解决过程,否则随后你可能会发现自己获得的只是一个不完整的方案。我们要 ARIZ 解决问题的过程进行到底!

比如,在天线保护的例子中,空气在操作时间内应该是电传导的以移走闪电,又应该是非导电的以避免吸收无线电波。

(4) 从微观级表述物理矛盾

根据下列模板,从微观级来表述物理矛盾:物质的粒子(指出它们的物理状态或作用)必须在操作区域内(指出依据(3))所要求的宏观状态,又不能在那里(或必须有相反的状态或作用),以提供(指出依据(3))所要求的另一种宏观状态)。

注释 5-50:在这里,不一定要准确地定义出粒子的概念,领域、分子、原子、离子等均可被认为是粒子。

注释 5-51:粒子可以是以下 3 种元素的部分:

① 物质;

② 物质和场;

③ 场(虽然很少见)。

注释 5-52:如果问题只能在宏观级上进行解决,可能无法进行步骤 3 中(4)的表述。此外,尝试在微观级表述物理矛盾被证明是有益的,只要它可给我们提供问题在宏观级必须加以解决的附加信息。

注意:ARIZ 的前三个步骤基本上是改变原来的"最小"问题;步骤 3 中(5)将总结这些改变。通过表述 IFR 的第二个表达式(IFR-2),让我们获得一个全新的问题、一个物理问题。从此,我们将聚焦于这个新的问题。

比如,在天线保护的例子中,自由电荷在雷击时必须在空气里,以提供电传导来移走闪电,其余时间又不能在那里,需要消除电传导性以避免吸收无线电波。

(5) 表述 IFR-2

根据下列模板,表述 IFR-2:在(指定的)操作时间和(指定的)操作空间内,需要依靠它自己来提供(相反的宏观或微观状态)。比如,在天线保护的例子中,空气中的中性分子需要依靠自己在雷击时转化为自由电荷。闪电后释放电荷,需要依靠自己再转化为中性分子。

这个新的问题的意思是:在闪电期间,空气里需要依靠自己呈现为自由电荷,这种情况下,电离空气担当闪电导体和吸引闪电的角色。放电以后的短时间内,空气中的自由电荷需要依靠自己又变回中性的分子。

(6) 尝试用标准解法来解决新问题

尝试用标准解法解决新问题。如果问题仍然没有得到解决,则进入步骤4。如果使用标准解法解决了问题,可以直接跳到步骤7,当然,ARIZ 仍建议进入步骤4来继续分析问题。

· 123 ·

步骤4：动用物—场资源

在步骤2中(3)已经确定了可免费使用的可利用资源。步骤4则由通过对SFR生产的、对已可用资源进行微小改动且几乎免费获得的、导向增加资源可用性的一系列过程所组成。步骤3中(3)～(5)已开始了基于物理知识的应用，将问题转化到解决方案。

注释5-53：规则5-3至5-6提供了ARIZ步骤4的全部内容。

规则5-3：处于一种状态的任何种类的粒子只应执行一种作用。也就是说，不使用粒子"A"去同时执行作用1和作用2，而只是完成作用1；另外需要引入粒子"B"以达到执行作用2的目的。

规则5-4：引入的粒子"B"可以分成2组：B-1和B-2。通过安排2组"B"的交互作用，获得"免费"的机会完成附加作用3。

规则5-5：如果系统只能包含"A"粒子，也可以将其分成2组：一组粒子保持原来的状态，另一组粒子的主要参数（因为与问题是相关的）而被改变。

规则5-6：被分解或引入的粒子组在完成其功能后，应该立即变回与其他粒子或原存在的粒子无法区分的状态。

步骤4将在此路线上继续沿着如下的七个子步骤前进。

(1) 聪明小矮人仿真

① 使用聪明小矮人来创建一个冲突模型图；

② 修正这个冲突模型图，以便使聪明小矮人没有冲突地参与工作。

注释5-54：小人法将冲突要求设想为由一组（或多组、一群等）小矮人执行所需功能的简图模式，SLP需要扮演成问题模型（工具和/或X-元素）的可变元件。冲突需求就是问题模型中所表达的冲突描述，或者步骤3中(5)所确定的相反物理状态，后者或许是最佳的，但是还没有严格的规则来将物理问题（步骤3中(5)）转化成SLP模型。问题模型中的冲突经常容易进行简图化，有时我们可以通过将两个简图组合到一个图上，以编辑冲突的模型图，将"好的作用"和"坏的作用"一同表达出来。如果问题在时间上是不断发展的，可适当考虑创建一系列的连续简图。

注意：本步骤中大多数常见错误是以草率的简图而告终。好的图形应满足以下要求：

①没有文字也具有表现力、易懂；

②提供了物理矛盾的附加信息，表现出问题可获得解决的一般路径。

注释5-55：步骤4中(1)是一个辅助的步骤，其功能显现了操作区范围内粒子的作用。小人法考虑到了对无物理的（如何做）理想作用（做什么）的更清晰的理解，同时用来消除惯性思维并赋予创造性的想象力，所以SLP仿真可以认为是一种思考方法，并形成了与技术系统进化法则相一致的使用，这就是它为什么会通向问题的解法概念。

提醒：解决"最小"问题时动用资源的目的并不是要全部利用，而是在最小资源花费下获得强有力的解法概念。

(2) 从IFR"返回去"

如果你知道渴求的系统是什么，唯一的问题就是寻找获得这个系统的路径，从IFR"走回去"可能会有帮助。期望的系统被简化，之后应用最小拆分改变。比如：依据IFR，两个零件需要连接，"走回去"就是认为在二者之间存在着间隙，那么一个新的问题就出现了：如何消除这个间隙？这个问题常常很容易解决，解决办法就提供了一条通向一般问题解决方案的线索。

(3) 使用物质资源的混合物

考虑使用物质资源的混合体来解决问题。

注释5-56：如果使用现有物质资源可能解决问题，那么这个问题可能永远不会出现或已"自动"得到解决。最常见的是需要引入新的物质来解决问题，但引入新物质会使复杂化或出现有害的作用等。SFR分析的本质就是为了避免这个矛盾:采用新物质但不用引入它们。

注释 5-57:在最简单的情况下步骤 3 中(4)所推荐的将两种单一物质转化为异类的双物质,问题就上升为这种转化是否可行的问题。与同类双系统或多系统相似的系统转换被广泛使用并在标准解法 3.1.1 中进行了描述。但是,该标准解所结合的是系统而不是步骤 4 中(3)所要求的物质。集成两个系统的结果是成为一个新系统,集成两种物质的结果(系统的两块)是成为由数量增加的物质所组成的一个新模块。通过集成相似系统建立新系统的一种机制是保持新系统中所集成系统的边界。比如,如果我们认为一张纸是单系统,笔记簿可认为是相应的多系统。保持边界要求第二种物质的引入(边界物质),即使这种物质是真空。所以,步骤 4 中的(4)描述了使用真空当作第二种边界物质的异类准多系统的创造。真空确实是一种很不寻常的物质。当物质和真空混合时,边界不再清晰可见,但是,所需求的结果、新特性出现了。

(4) 使用真空区

考虑使用真空区或物质资源混合物与真空区一起来代替物质资源解决问题。

注释 5-58:真空是一种非常重要的物质资源,非常廉价且数量不受限制,容易与可利用物质进行混合来产生空洞、多孔结构、泡沫、气泡等。真空区未必就是空间,如果物质是固体,其内部的真空区可以填充液体或气体;如果物质是液体,其内部的真空区可以是气泡。对于特殊水平的物质结构,低水平的结构可能会在真空区呈现(参见注释 5-60)。例如,分解的分子可以当作是晶体结构的真空区;原子可当作是分子的真空区,等等。

比如,在天线保护的例子中,稀薄的空气可认为是空气和真空区的混合物,物理学认为减少气体压力会降低放电所需电压。

(5) 使用派生资源

考虑使用派生资源、派生资源与真空区的混合体来解决问题。

注释 5-59:派生资源可以通过物质资源的相变来获得。比如,如果物质资源是液体,我们可以考虑将冰或水蒸汽当作资源。破坏物质资源所获得的产品也可当作是派生资源,例如,氧和氢就是水的派生资源,组分是多组分物质的派生资源。物质分解或燃烧获得的物质也是派生资源。

规则 5-7:如果要求物质粒子是离子,但是无法依据问题描述来直接获得,它们可以通过分解物质的高一级结构(如:分子)来获得。

规则 5-8:如果要求物质粒子是分子,但是无法依据问题描述来直接获得或使用规则 5-8 来获得,它们可以通过构造或集成低一级的结构(如:离子)来获得。

规则 5-9:应用规则 5-8 的最简单的方法是破坏靠近的更高的"完整"或"多余"层次(如:负离子);应用规则 10-9 的最容易的方法是通过完整靠近低级的"不完整"。

注释 5-60:可将一种物质看成是多层次的分级系统。具备能充分满足实际应用的准确度,思考以下层次会有所帮助:

① 加工到最少的物质(某种简单的材料,比如电线);
② "超分子",比如晶体结构、聚合体、分子结合等;
③ 复杂分子;
④ 分子;
⑤ 分子组分,原子群;
⑥ 原子;
⑦ 原子的成分;
⑧ 本粒子;
⑨ 场。

规则 5-8 陈述了新物质可以通过间接途径获得:破坏可引入系统的物质资源或物质的大结构来获得;规则 5-9 陈述了还有另外一条路径:使较小的结构"完整"起来;规则 5-10 推荐了完整粒子的破坏(比如分

子或原子),因为不完整的粒子(比如阳离子)已经部分地进行了分离,所以会抵抗进一步的分离。反之则建议建立"不完整"粒子,因为这粒子更易恢复。

规则5-10说明了从现存的或易实现物质"核心"来获得派生资源的有效途径。这些规则将导致问题解决者走向需要的自然现象。

(6) 使用电场

考虑是否通过引入一个电场或两个交互作用的电场比引入物质更能解决问题。

注释5-61:根据问题描述,如果无法获取可以利用的派生资源,可以使用电子(电流)。电子可被认为是存在于任何物体中的物质。此外,电子与高度可控的场相关联。

(7) 使用场和场敏物质

考虑使用场和物质,与场有响应的物质添加剂来解决问题。典型的是磁场和铁磁材料、紫外线和发光体、热与形状记忆合金等等。

注释5-62:在步骤2的(3)中我们探索了可利用SFR,在步骤4的(3)~(5)中我们考虑了派生资源。步骤4中的(6)讨论的是引入"外来"场,因此放弃了部分现有资源和派生资源。所耗费的资源越少,越有可能获得更理想的解决方案。但是,并非总是只消耗少量资源就能解决问题。有时,我们必须回到之前的步骤并考虑引入"外来"物质和场,但只能在绝对必要的情况下(无法使用SLP)这么做。

步骤5:应用知识库

很多情况下步骤4可帮助我们找到解法方案并直接进入步骤7,如果没有找到解法,推荐使用步骤5。步骤5的目的是动用TRIZ知识库里积累的所有经验。手上的问题在此步骤引人注目地清楚,所以,导向知识库的应用是极可能获得成功的。步骤5的四个子步骤如表5-16所示。

表5-16 步骤5的四个子步骤

序 号	子步骤名称	简要说明
1	考虑应用标准解法来解决物理问题	考虑引入附加物
2	考虑应用哪些用ARIZ已经解决的非标准问题的解决方案来解决问题	寻找有类似矛盾的解决方案来模拟
3	考虑利用分离原理来解决物理矛盾	四大分离原理
4	考虑利用自然知识和现象库来解决物理矛盾	物理、化学、几何效应

(1) 考虑应用标准解法来解决物理矛盾

制定为IFR-2,牢记步骤4中所考虑到的可用SFR。

注释5-63:实际上,我们在步骤4中的(6)、(7)已经返回到标准解法系统,在这些步骤之前,主要注意力集中在应用可用SFR,避免新物质和场的引入上。如果我们单单应用现有资源和派生资源可能会错失问题的解决机会,所以需要引入物质或场。大部分标准解法都涉及到了引入附加物的方法。

(2) 考虑应用已有解决方案

如IFR-2表达的,牢记步骤4中所考虑到的可用SFR。

注释5-64:虽然存在无数的发明问题,但与这些问题相关的物理矛盾相对较少,所以,从含有一个类似矛盾的问题中抽出一种模拟就能解决许多问题。这些问题可能看起来并不相同,因此,只有在物理矛盾的层次上进行分析,才能发现合适的模拟。

(3) 考虑利用分离原理来解决物理矛盾

规则5-11:只有完全匹配(或接近)IFR的解决方案是可以接受的。

(4) 考虑利用自然知识和现象库来解决物理矛盾

步骤 6：转换或替代问题

简单问题可通过物理矛盾的克服得到解决,比如,通过相矛盾的需求在时间上或空间上的分离。解决难缠的问题时,常常需要与问题的状态转化相联系,也就是消除那些由惯性思维所产生的、从一开始就非常明显的初始限制,比如,观察水产生紊流的模型,模型上覆盖着可以在水中移动时进行染色的特殊染料,由于使用了电解法,所产生的气泡替代了染料,气泡本身就提供了足够明显的标记。

正确地理解并解决问题,发明问题不可能在一开始就能得到精确地表述,问题解决过程本身也伴随着修改问题陈述的过程。

1) 如果问题得到解决,要将理论解决方案转化为实际方案:阐述作用原理,并绘制一个实现此方案的装置原理图。

2) 如果问题没有获得解决,检查步骤1的描述所陈述的是否是几个问题的联合体,然后,遵照步骤1中(1)再重新进行描述、分解问题,必须立刻解决这些问题。通常,这足以正确解决主要的问题。

3) 如果问题仍然不能得到解决,通过选择步骤1中(4)的另外一对技术矛盾来转换问题。比如,如果要解决一个测量或检测的问题,选择另外一对技术矛盾经常意味着抛弃测量零件的改进而尝试改变整个系统以使不再存在测量的需求。

4) 如果问题依然不能得到解决,回到步骤1,重新定义关于超系统的"迷你"问题。如果必要,与下面几个连续的超系统一起来重复进行再描述的过程。

步骤 7：分析解决物理矛盾的方法

该步骤的主要目标是检查解决方案的质量。物理矛盾需要最理想而又"无花费地"进行解决。再花费额外的二三个小时来获得一个新的、强有力的解决方案,而不是浪费半辈子去研究一个弱的、难以实现的想法。步骤7的4个子步骤如下:

(1) 检查解决方案

仔细考虑每种引入的物质和场,是否可以用可利用现成资源或派生资源来替代要引入的物质和场,是否可应用自我控制的物质,从而修正解决方案。

注释 5-65：自我控制物质是指当环境条件改变时,会以特定方式变换自身状态的物质,比如,加热到居里点以上磁粉失去了磁性。应用自我控制物质允许不依靠外加设备来进行系统的改变或状态的更改。

(2) 解决方案的初步评估

对方案的初步评估包括:

① 解决方案是否满足 IFR-1 的主要需求?

② 解决方案解决了哪一个物理矛盾?

③ 新系统是否包含了至少一个易控元素,是哪一个元素,是如何控制的?

④ 用于"单周期"问题模型的解决方案是否符合现实生活中的"多周期"情况?如果解决方案不能遵从以上所有各点,则返回步骤1。

(3) 通过专利搜索来检查解决方案的新颖性

(4) 子问题预测

预测哪一个子问题会在新的技术系统的发展中出现,注意这些子问题可能要求创新、设计、计算并克服组织挑战等。

步骤8：利用解法概念

一个创新的概念不单单用于特定问题的解决，而且也为其他类似问题的解决提供了一把万能钥匙。步骤8的目的就是将由你所发现的解决方案除去面纱，获得资源的最大化应用。

（1）定义改变

定义包含已变化系统的超系统该如何进行改变。

（2）检查应用

检查被改变的系统或超系统，看是否能以另一种方式来进行应用。

（3）应用解决方案解决其他问题

① 简洁陈述一个通用解法原理。

② 考虑该解法原理对其他问题的直接应用。

③ 考虑使用相反的解法原理来解决其他问题。

④ 创建一个包含了解决方案所有可能的更改的形态矩阵，并仔细考虑从矩阵所产生的每一种组合。比如，"放置零件"对"工件的相态"；"应用场"对"环境的相态"等。

⑤ 仔细考虑解法方案的更改将导致由系统尺寸或主要零件引起的变化，想象如果尺寸趋于零或伸展到无穷大的可能结果。

注释5-66：如果你的目标不仅仅是解决特定的生产问题，那么准确按照步骤8中（3）可以发起基于此解法方案的广义理论的发展。

步骤9：分析问题解决的过程

使用ARIZ解决每一个问题都能很好地增长使用者的创新潜能，然而要想获得这些，要求对解法过程进行透彻地分析，这就是步骤9的主要目的。

1）将问题解决的实际过程与理论进行比较（更确切地说，依照ARIZ），记下所有偏离的地方。

2）将建立的解法方案与TRIZ知识库（标准解法，分离原理，效应和现象知识库等等）的信息进行比较，如果知识库中没有包括解决问题所使用的原理，则记录这个原理，以便在ARIZ修订时被考虑纳入。

注意：ARIZ-85已经在很多问题上进行了检验，在几乎每个发现的可用问题上，并用来进行TRIZ理论的研究、讲授，一些使用者似乎不记得这些，在基于解决了一个问题的经验上就建议改进ARIZ，甚至傲慢地将只适用于特殊问题的特定建议当作规则，来改进一个问题的解决却导致其他问题的解决更加困难。基于此因，所有建议需要先在ARIZ以外当作案例来进行检验，比如，和SLP仿真一起进行检验，然后，再纳入ARIZ，任何的改变都必须经过至少20～25件相当具有挑战性问题的解决来检验。

5.5.3 发明Meta-算法

基于Meta-算法的"发明Meta-算法"简称"Meta-ARIZ"，该算法由著名TRIZ理论专家米哈依尔·奥尔洛夫提出，可以认为是ARIZ的简化版本，但绝不是简单的简化。其形式促使对高素质的专家、大学生甚至中小学生进行TRIZ理论知识教育显得更容易些。

任何设计师和研究人员、发明者和创新者都需要一个简单高效的"思路引导图"，Meta-ARIZ就是这样的一个"引导图"。Meta-ARIZ在结构上最接近于阿奇舒勒在1956年和1961年早期提出的"最明了"ARIZ，可以这样认为：ARIZ-85是往更"专业化"方向发展的结构，而Meta-ARIZ则是走了"最便捷工具"的路线。Meta-ARIZ的结构如图5-41所示。

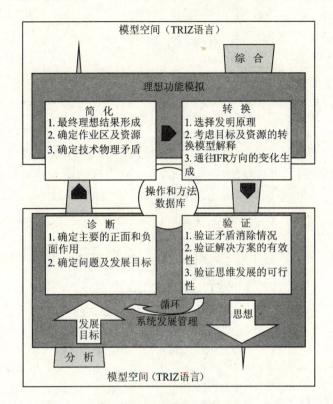

图 5-41 发明 Meta-算法综合图表(Meta-ARIZ)

图 5-42 是一个更简单的 ARIZ 模型,该模型被称为小型 ARIZ 或转换的小型算法。在图中,小型 ARIZ 的两个主要步骤:1 号步骤和 3 号步骤,分别属于简化阶段和转换阶段,并且直接与具体矛盾的解决思路有关。2 号反映简化阶段和转化之间的过渡,4 号的箭头表明可能返回简化阶段,例如,用于补充确认模型或寻找新资源。

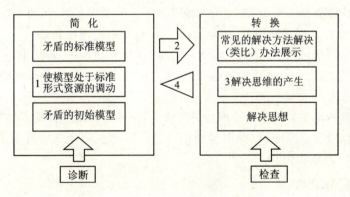

图 5-42 小型 ARIZ(转换的小型算法)

5.6 创新案例

案例一：汽车的 ABS 刹车系统

1. ABS 系统原理

ABS(Anti Lock Braking System 或 Anti-skid Braking System)最早出现在铁路机车上，1908 年 J. E. Francis 设计了第一套 ABS 并安装在铁路机车上，获得成功。20 世纪 90 年代 ABS 系统进一步简化结构、提高性能、降低成本，并以此为基础作为必备的安全装备在各种不同车型上广泛采用。ABS 系统的组成示意图如图 5-43 所示。

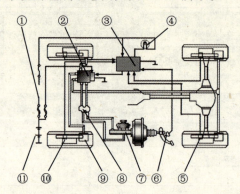

1—点火开关；2—制动压力调节装置；3—ABS 电控单元；4—ABS 警告灯；
5—后轮速度传感器；6—停车灯开关；7—制动主缸；8—比例分配阀；
9—制动轮缸；10—前轮速度传感器；11—蓄电池

图 5-43 ABS 系统的组成(分置式)

制动过程中，ABS 电控单元(ECU)3 不断地从传感器 1 和 5 获取车轮速度信号，并加以处理，分析是否有车轮即将抱死拖滑。

如果没有车轮即将抱死拖滑，制动压力调节装置 2 不参与工作，制动主缸 7 和各制动轮缸 9 相通，制动轮缸中的压力继续增大，此即 ABS 制动过程中的增压状态。

如果电控单元判断出某个车轮(假设为左前)即将抱死拖滑，它即向制动压力调节装置发出命令，关闭制动主缸与左前制动轮缸的通道，使左前制动轮缸的压力不再增大，此即 ABS 制动过程中的保压状态。

若电控单元判断出左前轮仍趋于抱死拖滑状态，它即向制动压力调节装置发出命令，打开左前制动轮缸与储液室或储能器(图中未画出)的通道，使左前制动轮缸中的油压降低，此即 ABS 制动过程中的减压状态。

2. 现有系统不足之处

① 安全性：有两个原因产生，一是刹车打滑，由刹车装置和轮胎所致；二是汽车碰撞，由汽车翻车或撞车引起的驾驶员受伤，可以通过安全带和安全气囊来解决。

② 环境污染：汽车尾气造成环境污染。目前的解决办法是采用氢气代替原有燃料，这样排出的尾气是水蒸气。

③ 轮胎磨损：可以通过增加轮胎纹路、选择填充多孔聚合物颗粒和凝胶材料的轮胎来解决。

④ 驾驶疲劳：因为在高速公路上，驾驶员长期处于一种姿势或路况下易产生疲劳感。这种情况可以通过设置车内提醒或路面变化弯道增加来解决。

在此限于篇幅，我们只举这四个主要缺点。分析上述的几种情况，汽车本身的安全性是至关重要的，选取刹车打滑问题作为主要矛盾，因为在北方冬季，路面滑，常常发生大大小小的交通事故。

3. 刹车系统的矛盾分析

管理矛盾：如何在刹车时防止轮胎打滑，提高汽车运行的安全性。

技术矛盾：提高刹车安全性，却不降低刹车性能。

矛盾参数：安全性—可靠性，对应 39 矩阵的 27 行；刹车性能—刹车力，车运行速度，轮胎对地面的压力，分别对应 39 矩阵的第 10,9,11 列。相应的矛盾矩阵查找结果如表 5-17 所列。

表 5-17 矛盾矩阵查找结果

	10	9	11
27	(8),(28),(10),(3)	(21),(35),(11),(28)	(10),(24),(35),(19)

涉及的 40 个法则：(8)巧提重物法；(28)系统替代法；(10)预先作用法；(3)局部质量改善法；(21)快速法；(35)性能转换法；(11)预置防范法；(24)中介法；(19)离散法

根据系统特点，可用原理为(28),(3)。其中的(3)可通过轮胎的材料和重量来改变轮胎对地面的摩擦力，起到防止打滑的作用，但是，当车速过快时，该方法失去作用，必须利用系统替代法来代替或辅助现有的刹车系统，所以目前防止打滑、提高安全性的最有效的方法是辅加一个 ABS 系统。

案例二：防火报警信号装置缺陷的改进

一种防火报警信号装置，由压缩气罐和以弹簧为动力的气罐阀门控制装置组成。其工作原理是：用易熔物封住压缩的弹簧。当火灾发生时，易熔物熔化，弹簧带动连杆，推开压缩气罐阀门，吹动气哨报警。如图 5-44 所示。但时间长了弹簧会失去弹性，易熔物可能变质，所以影响系统的可靠性，如何改进？

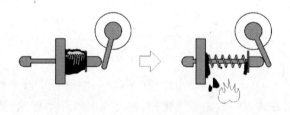

图 5-44 防火装置工作原理图

这种防火报警信号装置进一步改进的关键是压缩气罐阀门打开装置。为使问题最小化，我们将该装置的阀门控制子系统作为当前系统来分析。

系统名称：阀门热控制装置。

主要有用功能：打开阀门。

系统特性：变形。

作用客体:阀门。

工作原理:火灾发生时,易熔物熔化,弹簧势能释放,推动弹簧连杆,连杆顶端推动压缩气罐阀门打开。

操作区域:压紧的弹簧与易熔物体。

操作时间:火灾发生时。

资源分析:如表5-18所示。其中:易熔物是有益资源,但随着时间推移会老化,变得有害;易熔物产生的粘结力是有益资源,随着温度变化而变化,但随着易熔物的老化板结,可能在操作时间内不能有效降低以释放弹簧,因而变得有害;弹簧的弹性势能是有益的,但随着时间推移可能会不足;火灾发生时的热能对环境有害,但对系统的释放是有益资源;时间间隔是有害资源,因为其越长,越容易使易熔物老化和弹性势能降低。

表 5-18 资源分析表

名 称	类 型	位 置	价 值	质 量	数 量	可用性
弹簧	物质资源	操作区	廉价	有益	足够	成品
连杆	物质资源	系统内	廉价	有益	足够	成品
易熔物	物质资源	操作区	廉价	有益/有害	足够	成品
粘结力	场资源	操作区	免费	有益/有害	足够	成品
弹性势能	能量资源	操作区	免费	有益	足够/不足	成品
热能	场资源	超系统	免费	有益	足够	成品
时间间隔	时间资源		免费	有害	足够	成品

系统分析:应用完备性法则分析当前系统。如图5-45所示。

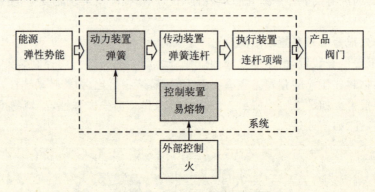

图 5-45 应用完备性法则

问题集中于控制装置(易熔物)和动力装置(弹簧)两个部分。对于控制装置,我们应该寻找廉价可靠的其他控制方式,或者,能否简化掉,改由直接的外部控制(见图5-46(a))。对于动力装置,弹簧必须压缩以获得足够的弹性势能。但长时间处于压缩状态会减弱或失去弹性,这是弹簧的固有性质。系统特性是"变形",考虑到"弹簧"是术语,我们改由"变形物"来描述之。该变形物应该在任何时候都能保持足够的变形能力。或者干脆,该变形物自身即具有随温度变化而变形的特性,因为触发系统工作的条件是"热",所以,如果变形物本身具有"热变形"属性无疑更具意义(见图5-46(b))(事实上,到这里问题的答案已经呼之欲出了)。

最终理想解:设有X资源,不增加系统的成本和复杂性,可永久保持变形物的特性,并在火灾热场的作用下产生有效的位移变形。

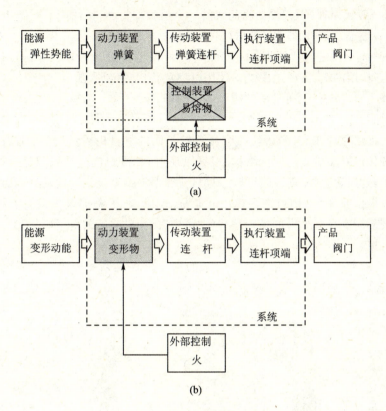

图 5-46 系统完备性分析

技术矛盾 1：由于弹簧会减弱弹性，我们可以尝试将弹簧做得更粗，装置可以保持更长时间的有效推力，但此时需要更多的易熔物来固封，粗的弹簧和更多的易熔物导致了系统体积的增大。

改善的参数：参数 10 力；恶化的参数：参数 8 静止物体的体积。

查找阿奇舒勒矛盾矩阵，获得原理序号如图 5-47 所示。

技术矛盾 2：由于易熔物可能老化，所以影响系统的可靠性，这是必须要改进的，但同时该装置应该设计简单，控制装置不宜过于复杂。

改善的参数：参数 27 可靠性；恶化的参数：参数 37 控制复杂性。

查找阿奇舒勒矛盾矩阵，获得原理序号如图 5-48 所示。

图 5-47　技术矛盾 1 矩阵查询结果　　　图 5-48　技术矛盾 2 矩阵查询结果

原理 2——抽取原理（不适用）。

原理 36——相变原理（易熔物本身就是应用这个原理，不适用）。

原理 18——机械振动原理（不适用）。

原理 37——热膨胀原理：① 利用热胀冷缩的性质。② 利用热膨胀系数不同的材料。

原理27——替代原理:用廉价的物品代替一个昂贵的物品,在性能上稍作让步。

原理40——复合材料原理:用复合材料替代单一材料。

原理28——机械系统替代原理:①用光学、声学、味学等设计原理代替力学设计原理。②采用与物体相互作用的电、磁或电磁场。③用可变场替代恒定场,随时间变化的可动场替代固定场,随机场替代恒定场。④利用铁磁颗粒组成的场。

解决方案如图5-49所示。

解决方案:根据原理37,X资源由热膨胀系数不同的材料构成;根据原理27,X资源是一种变形物,可替代需要预压缩的弹簧结构;根据原理40,X资源应该是采用复合材料制成的变形物。延伸"复合"的含意,X资源既可以通过自身变形提供系统工作的动力,又可以利用火灾热场实现变形;根据原理28,用可变场替代恒定场,即:在动力方面,X资源具有可随温度变化的场(随温度变形产生具有推力的场),来替代"恒定"的弹性势能的场,同时可以取代不可靠的易熔物进行"自控"。

查找上述资源列表,没有符合X资源要求的资源。通过对X资源应具属性分析和类比,如双金属片温控器,最后确定:采用双金属片动力(控制)结构替代弹簧/易熔物结构。

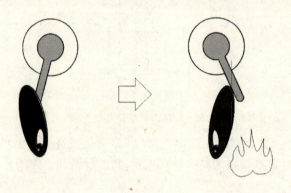

图5-49 解决方案图示

案例三:基于TRIZ理论的采煤机的设计

案例背景:随着我国煤炭需求量的增加,矿山企业对采煤机的生产率要求提高,这导致了对采煤机牵引机构提出更高的要求。目前,矿井煤炭开采所使用的电牵引采煤机主要存在能耗大和相对于装机功率的增加牵引力低两个方面问题。由相关资料可知,与这两个方面相关的分功能是采煤机的截煤运动和进给运动,映射于采煤机的结构为螺旋截割滚筒和牵引机构传动系统及其牵引机构。本案例将通过TRIZ理论的功能分析找出解决问题的途径。

1. 对技术系统进行初步分析

(1) 系统定义、系统属性、有效功能及作业客体

系统定义:电牵引采煤机针对不同的煤层厚度,通过截割滚筒,使煤层松动,实现在煤壁上截煤;

执行机构:截割滚筒;

作用客体:煤层(含岩石);

系统特性:使固体(煤)破碎;

有益功能:截割。

(2) 系统的黑箱图

根据采煤机械的功能设计要求,电牵引采煤机械的黑箱图如图 5-50 所示。

系统的总功能是电牵引采煤机工作时,将煤壁上的煤剥离下来并移位。其工艺过程是:当电牵引采煤机工作时,采煤机自动适应载荷的情况,保证不超载的情况下,剥离煤炭并移位。

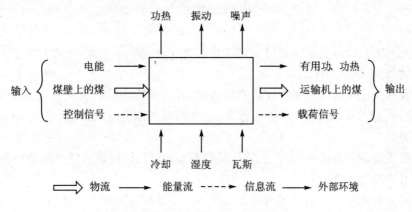

图 5-50 采煤机系统黑箱图

(3) 系统的九屏图

九屏图可以反映出三种形式的系统即当前系统、过去系统和未来系统,以及这三种形式各自的子系统和超系统。这样便于从子系统和超系统上寻求当前系统的改进和完善。系统的九屏图如图 5-51 所示。

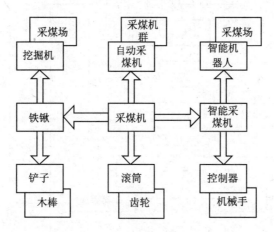

图 5-51 采煤机的九屏图

系统"采煤机"的过去是铁锹。为什么是铁锹呢?在采煤机出现之前,人们挖掘的工具根据从近及远的顺序可能是:铁锹、磨制的金属材料、磨制的石料、木材等。因此离现在最近的系统可能是铁锹。

铁锹的子系统包括:前端的铲子、后端的木柄;超系统是能够连续作业的挖掘机械、采煤场等。

系统"采煤机"的未来是智能采煤机。为什么是智能采煤机呢?我们确定,系统要根据客观规律发展。根据动态程度提高法则和提高理想度法则,系统的要素应该能够越来越灵活,系统的资源消耗越来越少,功能越来越俱全。因此,伴随计算机、人工智能的发展,传统采煤机将逐渐转化为人工参与少，智能化程度高的安全、高效的智能采煤机。

智能采煤机的子系统包括：控制器、机械手、导线、传感器等；超系统是智能化程度更高的智能机器人等。

(4) 系统的功能分解

机器一般都是由5部分组成：原动机、传动部分、工作机构、控制和支撑。其技术过程通常是：原动机→传动→控制→工作机构，而这四部分都安装在支撑部件上。

执行装置的工艺动作是在接收到系统给出的落煤和进给信号时，由驱动元件给出落煤运动和进给运动，将煤壁上的煤剥离并移位。

检测装置的工艺动作是收集采煤机的运行状态，采煤机可检测到的运行状态主要有落煤载荷、进给载荷、进给运动速度，环境的瓦斯、湿度以及能源装置的温度、过流、过频、失速、欠压、漏电、压力等。

信号处理装置即控制装置，其工艺动作是根据收集到的检测信号进行推理计算，并得出相应的控制信号传递给执行装置。

根据功能分解建立电牵引采煤机物理关系的功能结构如图 5-52 所示。

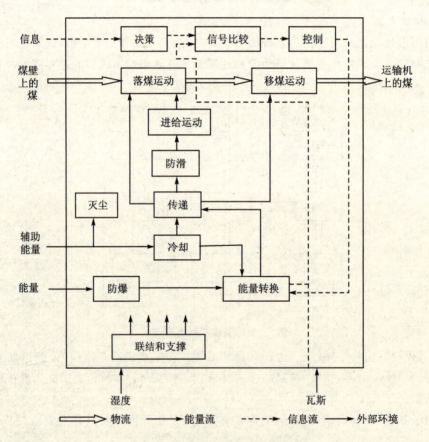

图 5-52 采煤机械的功能结构图

(5) 系统的工作原理

电牵引采煤机系统的工作原理图如图 5-53 所示，它的工作原理是：电牵引采煤机工作时一般骑在刮板输送机上（爬底板的薄煤层采煤机除外），通过导向滑架9可沿着刮板输送机的导向管运行，支撑滚轮在导向划架的另一侧起支撑采煤机机重的作用。动力来自于牵引部箱4中的两台水冷防爆电动机（也有一台情况）。电动机驱动机械传动系统拖动无链牵引机构沿着刮板输送机的轨道前进或后退运行，实现采煤机的截割进给。电牵引采煤机的左右2个截割部（包括截割电动机1、摇臂减速器2和滚筒3）分别由两台电动机驱动。水冷防爆电动机驱动机械传动系统拖动滚筒转动，实现采煤机在煤壁上截煤。采煤机截煤运动实际上是截割运动和进给运动的复合运动。为了使采煤机能够把煤截落并把煤装入刮板输送机，滚筒具有截齿和螺旋叶片，同时安装有喷雾灭尘喷嘴以扑灭采煤过程中的粉尘。

采煤机沿着采煤工作面工作过程中，煤层的厚度往往是变化的。截割部与牵引部是通过销轴铰接在一起，调高油缸8可以调整左右两个截割部的摆动角度以适应这种变化。挡煤板可以拾浮煤和降低粉尘，它的位置可以调整至采煤机运行方向滚筒的后侧。

电控箱7一般由高压控制箱和牵引控制箱组成，采用变频调速器对牵引部电动机进行控制，以适应煤层截割状况变化而引起的载荷变化。通过微电脑控制调高电磁阀和挡煤板翻转电磁阀，并为截割电动机监测任务提供数字采集、处理、显示、监控、故障诊断及发出指令等服务。

采煤机的运行和操作均可通过装在机身两端的遥控器来进行控制，可以采用有线式和无线式两种方式，主要操作内容为两端摇臂的升降，两个弧形挡煤板的翻转，牵引方向及速度的调整、迅速停机和全机紧急停车、开停冷却喷雾水和开启消防灭火水。

底托架6可以把电控箱、牵引部和调高油缸及其液压泵站5安装在一起。

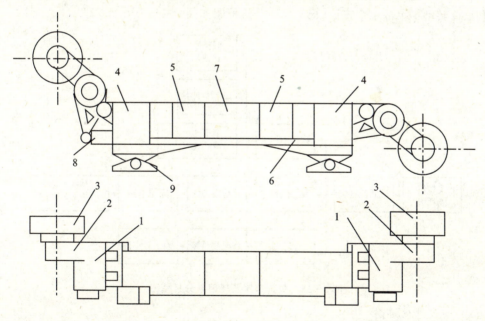

1—截割电动机 2—摇臂减速器 3—滚筒 4—行走部箱 5—调高泵站
6—底托架 7—电控箱 8—调高油缸 9—导向滑架

图 5-53　系统的工作原理

2. 按照技术系统进化法则分析系统的进化

(1) 提高理想度法则

在该系统中,对于有益功能而言,是能进行有效率的截割煤层。

截割煤层的参数是刀具(截割滚筒)的质量。

刀具质量参数包括:滚筒的尺寸,形状(截齿的布置),刀具的强度,刀具的运转速度(由牵引机构决定)。

有害功能:能耗大,能耗大则成本高。

提高理想度最理想的途径是降低有害功能,即降低成本,在采煤机中,就是降低采煤能耗。

采煤机工作过程中,装机功率的 80%~90% 功率消耗在截割滚筒上。根据能量消耗所占的比例可知,截割滚筒节能是问题的关键,分析截割滚筒的能量流才能了解该技术系统的哪些组件参与能量消耗,最终消耗在哪个组件。由采煤机滚筒的功能关联模型可知,截割滚筒的能量流如图 5-54 所示。

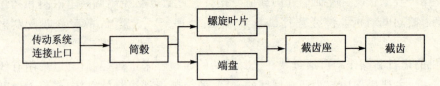

图 5-54 截割滚筒能量流

采煤机截割煤炭能耗主要决定于截割滚筒的能耗,其主要原因有截齿耗能大、滚筒装煤能耗大和滚筒转动不灵活三个方面,根本原因分析框图如图 5-55 所示。

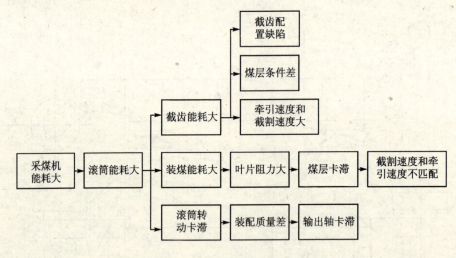

图 5-55 截割滚筒能耗因果分析框图

(2) S 曲线进化法则

通过对大量专利的分析,Altshuller 发现产品的进化规律满足 S 曲线。而且产品的进化过程主要是依靠设计者推动的,当前产品如果没有设计者引入新技术,产品将停留在当前的水平上,新技术的引入使产品不断沿某个方向进化。TRIZ 中的 S 曲线简化为分段线性曲线,如图 5-56 所示。Altshuller 通过研究发现,任何系统或产品都按生物进化的模式进化,同一代产品进化分为婴儿期、成长期、成熟期、退出期四个阶段,这四个阶段可用生物进化中的 S 曲线表示。

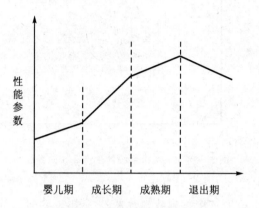

图 5-56　TRIZ 分段线性 S 曲线

在第一阶段,即技术系统的婴儿期,主要指标增长非常缓慢,这主要是由于各种原因还不能满足社会的需求,因此不能在实际中应用;在第二阶段的成长期,系统在相对降低支出的同时,其主要指标快速增长,通常表现为产量的增长;在第三阶段的成熟期,其各主要指标增长速度放缓;在第四阶段的退出期,技术系统已达到极限,不会有新的突破,该系统因不再有需求的支撑而面临市场的淘汰。结合该采煤机系统,图 5-57 给出了从生产率、稳定性、可靠性三个主要性能参数和经济利润共四个方面对系统进行的描述。

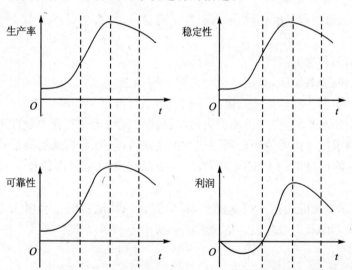

图 5-57　采煤机系统各阶段生产率、稳定性、可靠性和利润的发展趋势

S 曲线上的拐点具有十分重要的意义。第一阶段的拐点确定之后,产品由原理发明阶段的研究转入商品化开发阶段。出现第二个拐点时,产品的技术已进入成熟期,需研究高于该产品工作性能的更高一级的核心技术,以便在合适的时候替代现有的产品。因此,随着一条 S 曲线的结束,另一条 S 曲线逐渐形成,意味着技术系统的核心技术不断发展,推动产品的不断创新,同时该过程可由 S 曲线族来表示。以采煤机的生产率为例,如图 5-58 所示。

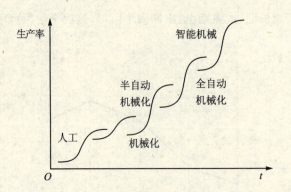

图 5-58 采煤机系统的生产率 S 曲线族

(3) 协调—失调法则

电牵引采煤机的牵引速度直接影响截割效果，常常出现的问题是系统参数的不协调，牵引力产生的牵引速度与刀具的截割速度不协调。

① 牵引力不足

牵引速度参数，牵引力不足，制造精度差，啮合性不好。

截割速度参数，截割滚筒的参数。

牵引力不足，牵引机构强度低，托架和机身强度。

技术矛盾：如果提高牵引机构的强度，那么牵引速度会增加，但是采煤机能耗将会增大，占空间也会增大；

如果降低牵引机构的强度，那么采煤机能耗将会降低，占用空间会缩小，但是牵引速度会降低。

物理矛盾：牵引机构的强度既要高，又要低。

解决方式：空间分离原理，采用双牵引机构（子系统超系统）。根据空间分离原理，把截割部与机身部分分离，不让其承受推进阻力和截割阻力。改进型产品概念设计是找出其可利用资源，提高其理想化水平的方法，由冲突表达中提到的底托架可能存在强度不足的问题，对其进行改造，增加其强度的同时利用创新原理一维变多维，进行底托架的变形设计，让它承受采煤机工作过程中的推进阻力和截割阻力，同时去除机身与截割部的铰点，把铰接点设于底托架。

随着客户对采煤机的生产率要求的提高，采煤机的装机功率也会增大，滚筒直径也会增大，使同时参与截割的截齿数增多。滚筒的综合切削力和采煤机推进阻力也会增大。其能量流如图 5-59 所示。

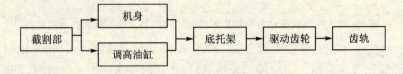

图 5-59 牵引机构能量流

相对于装机功率的增加，电牵引采煤机的牵引力小的主要原因有构件的强度和驱动系统能力的限制。根据图 5-59 所示能量流，得到根本原因分析框图如图 5-60 所示。

第5章 问题的解决方法

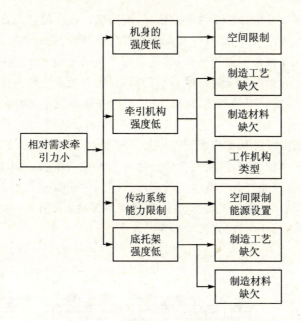

图 5-60 牵引机构力的因果分析框图

② 截齿配置

密集,能耗大截割力小;

稀疏,能耗小截割力大。

螺旋滚筒在截割煤岩之后,在围岩的作用下,煤层深处受到三向挤压(见图 5-61),而裸露表层则产生沿 x 轴方向的拉伸应变,称为压张。在压张区内煤层的节理裂纹增加,截割阻抗降低,使得截割机构的截割力和截煤比能耗也降低。螺旋滚筒设计的截深就是为了让其充分利用煤的压张效应。

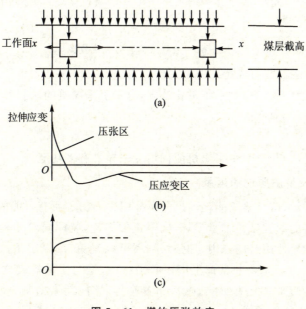

图 5-61 煤的压张效应

为了照顾到远离煤壁处的截割条件差的情况，滚筒端盘截齿配置布置数量多，而且按照压张效应的强弱配置截齿逐渐减少；螺旋叶片截齿布置得少，而且是沿着叶片螺旋线排列。截齿螺旋滚筒上的配置情况用截齿配置图来表示，是截齿齿尖所在圆柱面的展开图。典型截齿配置图如图5-62所示。圆圈表示安装角度为0°的截齿，黑点表示安装角度不等于0°。

截齿配置的原则是：保证煤的截落；块度大、煤尘少和比能耗小；滚筒载荷均匀、动载小；采煤机运行平稳。

根据压张效应引起的煤层从工作面到煤层某一深度处其节理情况不同，截齿由疏到密的布置方法。端盘截齿配置较合理，需要完善的是叶片上的截齿配置。由于滚筒螺旋叶片的截距按照最佳截距布置，所以通过改变截线上的截齿数达到适应煤层压张效应变化情况。对于煤壁处的截齿在截割煤岩时，由于此处煤层的节理特别发达，采用很小的力就会截落大的煤块，截煤不是按照严格的月牙形，所以去除多余的截齿。

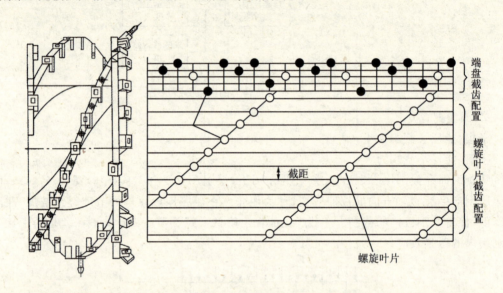

图5-62　截割滚筒和截齿配置图

（4）提高动态性法则和向微观级进化法则

按照提高动态性法则、向微观系统进化法则，电牵引采煤机的截割刀具采用气体或液体进行截煤。

（5）超系统进化法则

根据超系统进化法则，电牵引采煤机能像坦克一样具有多功能。

3. 系统的矛盾及解决原理的运用

根据图5-62所示，截割滚筒能耗因果分析框图中列出了所有可能的原因。其中，①输出轴卡滞出现的最直接的原因就是轴承损坏，属于正常损耗，装配质量差是管理矛盾；②截割速度和牵引速度不匹配是使用者的原因，加强培训就可以避免；③煤层条件差，但牵引速度及截割速度大是矿山企业为了提高采煤机生产率必须做的，这与滚筒能耗之间形成了技术矛盾；④截齿配置的密疏程度对能耗有影响，截齿布置密集，比能耗大截割力小，截齿布置稀疏，比能耗小截割力大，构成物理矛盾。

综上分析:
① 技术矛盾用 TRIZ 中 39 个通用工程特性描述如下:
希望改进的特性:采煤机生产率;
特性改善会产生负面影响的特性:采煤机滚筒能耗。
② 物理矛盾描述如下:

截齿配置 $\begin{cases} 密集,比能耗大截割力小 \\ 稀疏,比能耗小截割力大 \end{cases}$

将上述希望改进的特性及其可产生的负面影响的特性带入 TRIZ 矛盾矩阵表,得到截割滚筒的矛盾矩阵,如表 5-19 所列。表中给出的数字就是 40 条发明创新原理中的方法排序号,如"10"就是指 10 号发明原理:预先作用。

表 5-19 矛盾矩阵表

		产生负面影响的特性			
		…	18 照度	19 运动物体能量消耗	20 静止物体能量消耗	…
希望改进的特性	…				
	38 自动化程度		8,32,19	2,32,13	
	39 生成率		26,17,19,1	35,10,38,19	

希望改进的特性(Ⅰ)"采煤机生产率"与产生负面影响的特性(A)"采煤机滚筒能耗"可以从矛盾矩阵中查到以下四个发明方法,序号是 10,19,35,38;对应的四个发明方法为:预先作用,周期性作用,性能转换变化,加速强氧化。

各创新方法及其相应解决技术矛盾的原理和内容见表。

从上述各创新原理中选择创新方法 10 预先作用作为截割滚筒技术冲突的解决原理。

4. 物—场分析

根据表 5-20 所列的创新方法,依据该方法解决技术冲突的原理和内容,可建立截割滚筒创新设计方案。截齿在截割煤岩时,其坚硬度和脆性是影响截割过程能耗的主要因素,故选用预先作用方法建立电牵引采煤机螺旋滚筒的创新方案。采煤机螺旋滚筒"有用"的结构设计创新方案为:采用水射流辅助截割煤岩,即在采煤机滚筒上截齿截煤之前预先由水射流预破碎煤岩,使煤岩局部或全部产生松动可解决"采煤机生产率"与"采煤机滚筒能耗"之间的冲突。根据改进型产品概念设计是找出概念产品的可利用资源,提高其理想化水平的方法,利用改变喷嘴的位置、改进喷嘴的结构和提高喷雾水的压力三种方法实现该方案。

该创新方案可以通过物—场分析的方法得到。如图 5-63 所示的加 1 种物质表示的新物—场模型,采用双物—场模型。螺旋滚筒的截齿对煤层的作用不充分,通过水射流的冲击力辅助预先作用于煤层,完善螺旋滚筒的截割性能。

这种技术矛盾解决方案有一个负面效果即水射流也会消耗能量,但采用水射流辅助截割的截割滚筒远比没有采用的节能,水射流喷嘴所引起的能量消耗相比之下是微小的。水射流辅助截齿座的示意图,如图 5-64 所示。

表 5-20 解决技术矛盾的原理和内容

序 号	创新原理	解决技术矛盾的原理和内容
10	预先作用	(1)在操作开始前,使物体局部或全部产生所需的变化; (2)预先对物体进行特殊安排,使其在时间上有准备,或已处于易操作的位置。
19	周期性作用	(1)用周期性运动或脉动代替连续运动; (2)对周期性运动改变其运动频率; (3)在两个无脉动的运动之间增加脉动。
35	性能转换	(1)改变物体的物理状态,即使物体在气态、液态、固态之间变化; (2)改变物体的浓度或粘度; (3)改变物体的柔性; (4)改变温度。
38	加速强氧化	使氧化从一个级别转变到另一个级别,如从环境气体到充满氧气,从充满氧气到纯氧气,从纯氧气到离子态氧。

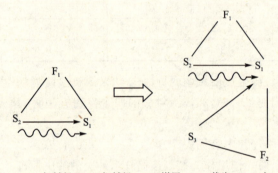

F_1—机械场;F_2—机械场;S_1—煤层;S_2—截齿;S_3—水

图 5-63 物-场模型

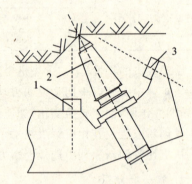

1—前喷嘴;2—截齿;3—后喷嘴

图 5-64 水射流辅助截齿座

该案例遵循了技术系统进化中提高理想度的法则,针对改进型产品概念的设计,主要是通过找出产品概念中的可利用资源来提高产品的理想化水平,解决了适应市场需求所引起的电牵引采煤机设计中的典型工程问题。由根本原因分析的结果定义技术矛盾和物理矛盾,应用 TRIZ 理论的 40 条发明创造方法和物—场分析方法提出了电牵引采煤机创新概念设计模型。该过程为改进型产品概念设计提供有效的解决工程需要思路,具有十分重要的意义。

案例四:真空吸放机械手问题的解决

为了抓住较薄的脆性零件(如玻璃),使用真空吸放机械手(见图 5-65)。小型真空泵 1 置于吸盘 2 的壳体上,吸盘边缘有弹性密封 3,能够紧紧与玻璃 4 接触。在吸盘下建立真空,抓住玻璃并将其放到下一个工位。如果玻璃上有缺陷 5,那么由于真空密封被破坏,机械手就不能很好地工作。尝试用更大功率的泵,真空机械手的重量和尺寸都会增大,后来又将更大的真空泵从壳体上

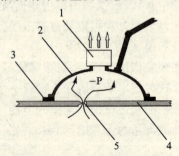

图 5-65 真空吸放机械手问题

拆下,放到另外一个地方,这样机械手的重量和尺寸就不会增加但连接真空的管又会损耗一定的真空,所以真空泵的功率还要增大。大功率真空泵增加了系统的复杂度、功耗和设备成本,且大功率真空泵很难买到。那么在不改变真空有序放机械手现有工作方式情况下,如何解决所遇到的问题呢?

下面主要应用 ARIZ-85 来解决此问题。

第一阶段:构建与分析原有问题

步骤一:分析问题

1. 描述最小问题

真空吸放机械手系统包括:真空泵、吸盘壳体、弹性密封。

TC1:必须加强真空效果,以保证玻璃(薄的脆性零件)有缺陷时机械手也能正常工作,但需要使用大功率真空泵,这样会增加系统的复杂性,且大功率真空泵很难买到。

TC2:不用加强真空效果,这样就不必采用大功率真空泵,但遇到有缺陷的玻璃时机械手不能正常工作。

必须对系统进行最小的改变,保证在任何情况下真空吸附的效果,同时不必采用大功率真空泵。

2. 产品-工具

产品:玻璃(A)　工具:真空(C)

3. 技术矛盾1与技术矛盾2示意图(见图 5-66)

4. 选择技术矛盾

TC1 有利于玻璃吸放工作的完成,选择 TC1。

5. 强化技术矛盾

需要产生非常强的真空,但需要功率非常大的真空泵,系统会变得很复杂。

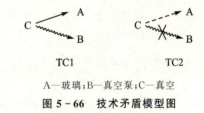

A—玻璃;B—真空泵;C—真空

图 5-66　技术矛盾模型图

6. 表述问题模型

需要产生非常强的真空效果,此时最有利于吸起玻璃,但需要大功率真泵,系统变得复杂,且大功率真空泵很难买到。必须找到 X-元素,它能够保证足够强的真空的形成,但不需要更换大功率真空泵。

7. 应用标准解系统

没有找到适用的标准解。

步骤二:分析问题模型

1. 查明操作区

真空机械手吸盘壳与玻璃围成的空间,如图 5-67 所示。

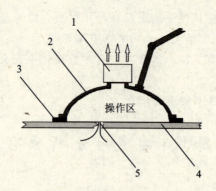

图 5-67 操作区

2. 操作时间

真空机械手吸附玻璃时。

3. 查明资源

物质资源:真空泵、吸盘壳体、弹性密封、空气;

能源资源:真空、真空泵抽取空气的机械能;

空间资源:吸盘壳与玻璃围成的空间。

步骤三:陈述 IFR 和物理矛盾

1. 最终理想解(IFR)1

X-元素存在于资源中,可以保证产生足够强的真空,且不需要大功率真空泵。

2. 加强 IFR1

X-元素是资源中有的,不用加以改变,不用引入新的物质和场。

在现有资源中,可用作 X-元素的资源有:弹性密封、空气、壳内空间、壳体。

3. 宏观水平上的物理矛盾

在操作时间的操作区内,能够产生足够强的真空,在玻璃有缺陷时也能很好地吸附玻璃;但同时不能产生足够强的真空,因为有缺陷的玻璃破坏了密封环境。

4. 微观水平上的物理矛盾

在操作时间的操作区内,为了保证吸附效果,应该有尽量少的空气分子;但同时操作区中不能保证有尽量少的空气分子,因为有缺陷的玻璃破坏了密封环境。

5. 最终理想解 2

在操作时间的操作区内,弹性密封能够自己保障密封环境,而不需要更换大功率真空泵。

6. 物—场分析

根据最终理想解 2,问题的关键集中在如何改善弹性密封的密封效果上。依据标准解法 S1.2.2:引入改进的 S_1 或(和)S_2 来消除有害作用。如果物—场模型中的 2 个物质间同时存在着有用和有害的作用,而且物质间的直接接触不是必需的,可是问题的描述中包含了对外部物质引入的限制,则可以通过引入 S_1 或 S_2 的变形体(S_1' 或 S_2')来解决问题。如图 5-68 所示。

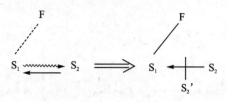

S_1—玻璃;S_2—弹性密封;S'_2—改进的弹性密封;F—真空场

图 5-68 物—场分析图

第二阶段:移除实体限制

步骤四:利用资源

小人模型

玻璃存在缺陷,空气小人通过缺陷处进入操作区,影响真空形成。如图 5-69 所示。

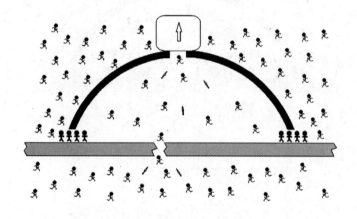

图 5-69 玻璃的缺陷

考虑向多系统发展,用多个小型的吸盘代替原来单一的大吸盘,问题得到改善,但需要多个微型真空泵。如图 5-70 所示。

进一步发展系统,弹性密封小人在操作区自动围成多个吸盘,真空泵工作时,操作区上部空间形成负压,使弹性密封小人围成的小吸盘向上移动,造成下部各个小空间扩大,形成真空状态,有缺陷的部分虽然未形成真空,但空气小人不能进入操作区上部空间,所以对真空泵工作未产生影响。如图 5-71。

至此,我们已经获得了本例的解决方案:向微观级和多系统发展。X-元素可能通过对现有物质资源"弹性密封"的改变获得。应用空间分离原理,将真空吸盘底部制成多个富有弹性的小吸盘,各个小吸盘与大吸盘之间形成一个封闭的空间,这个空间形成负压时就会下面的各个弹性小吸盘工作。

由于方案已经获得直接进入第三阶段。

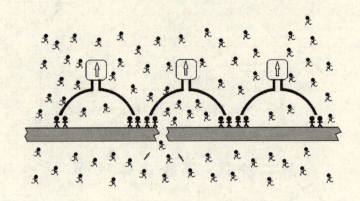

图5-70 小人自动解决缺陷

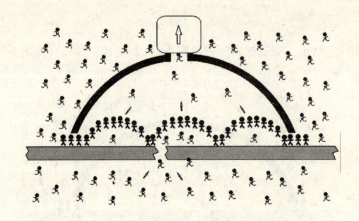

图5-71 弹性密封小人自动围成多个吸盘

第三阶段：分析问题答案

步骤七：分析解决物理矛盾的方法

1. 检查解决方案

本方案应用了操作区内已存在的物质资源——弹性密封的改进，没有引入其他物质和场。

2. 解决方案的初步评估

① 解决方案满足了IFR-1的主要需求，即：X-元素存在于资源中，可以保证产生足够强的真空，且不需要大功率真空泵。

② 解决方案解决的物理矛盾：在玻璃有缺陷时需要产生足够强的真空，但由于缺陷的存在不能产生足够强的真空。

③ 新系统因为弹性密封子系统向微观级的改进，可以"自动"弥补玻璃缺陷产生的问题，使系统的可控性大大加强。

④ 新系统可以适用于绝大多数情况下对较薄脆性零件的吸附操作。

3. 通过专利搜索来检查解决方案的新颖性(略)

4. 子问题预测

在新技术系统的开发过程中可能会增加弹性密封制作时工艺的复杂性,但通过分析可知,弹性密封由模具生产,这种改进对弹性密封制作工艺影响很小;新系统改变了吸盘壳体内空间的分配,可能产生空间不足问题,可以稍稍加大吸盘壳体予以弥补。

步骤八:利用解决方案

1. 定义改变

通过对真空吸附器件向微观级、多系统的转化,可以有效解决因被吸附体缺陷带来的吸附力不足问题。

2. 检查应用

新系统的解决方案可以应用于对绝大多数真空吸附器件的改进(如真空挂钩)。

3. 应用解决方案解决其他问题

① 简洁陈述通用解法原理:对于真空吸附问题,可以通过向微观级和多系统的转化,来改善吸附效果。

② 考虑直接将该解法原理应用于其他问题:如果工具和零件之间需要紧密接触,则可以将工具与零件接触的表面分割为多系统。该应用也符合动态化原理。

③ 考虑将相反的解法原理应用于其他问题:如果系统的子系统受作用客体影响发生位置的不良改变,则考虑加强子系统之间的联合程度(如赤壁之战曹操将战船连结起来以对抗风浪)。

④ 新系统对弹性密封的改变没有引起系统尺寸的太大变化,弹性密封子系统主要是向微观级进了转化,这种转化不能趋于"无限小",因为那样会使弹性密封变成一块"平板"而失去形成真空的能力。

步骤九:分析解决问题的过程(略)

习 题

5-1 针对每个发明原理,结合日常生活和所学专业举出自己的例子。

5-2 找出三个日常生活中遇到的技术矛盾,并尝试查找矛盾矩阵解决它。

5-3 物理矛盾的定义?解决物理矛盾的分离原理有哪些?

5-4 绘制下列系统的物—场模型:

系 统	物—场模型	系 统	物—场模型
剃须刀		订书器	
手电筒		放大镜	

5-5 描述下列物—场模型的意义：

物—场模型	意 义	物—场模型	意 义
$S_1 \xrightarrow{F} S_2$（波浪线）		$S_2 ----- S_1$，F	
$S_1 S_3 \xleftarrow{F} S_2$		$S_1 \rightleftarrows S_2$，F	

5-6 应用标准方法解和 ARIZ-85 的步骤分别是什么？

5-7 对洗衣机系统进行分析，并结合矛盾及解决原理的运用回答以下问题：
　　1) 详细分析系统需要改善的部位或者零部件的参数，列出原因；
　　2) 列出运行的技术系统的不足之处和有益之处；
　　3) 分析对系统进行改善时，系统存在问题的根本原因；
　　4) 对改善技术系统提出问题，增加有效功能的问题，缩减有害功能的问题；
　　5) 根据技术矛盾索引表，列出所有涉及到的创新原理；
　　6) 对涉及到的创新原理进行分析，确定最终解决矛盾的原理方案；
　　7) 描述排除矛盾后的技术系统。

5-8 结合题 5-7，进行物—场分析的运用。
　　按照题 5-7 中对洗衣机系统的分析步骤，对系统中需要改善的问题运用物—场分析方法进行分析，列出物—场分析的简图（最好给出没有改进前的物—场模型和系统改进后的物—场模型)。

参考文献

[1] Altshuller G S, Shapiro R V. About a technology of creativity[J]. Questions of Psychology. 1956,6:37-49.
[2] Altshuller G S Creativity as an exact science[M]. Moscow:Sovietskoe radio,1979.
[3] 张志远,何川. 发明创造方法学[M]. 成都:四川大学出版社,2003.
[4] 多洛托夫·鲍利斯·伊万诺维奇. 解决发明问题的理论与实践[M]. 俄罗斯共青城市:国立工业大学,2004.
[5] 徐起贺. 基于 TRIZ 理论的机械产品创新设计研究[J]. 机床与液压,2004,7:32-33.
[6] 胡家秀,陈锋. 机械创新设计概论[M]. 北京:机械工业出版社. 2005.
[7] 张美麟. 机械创新设计[M]. 北京:化学工业出版社,2005.
[8] 杨清亮. 发明是这样诞生的:TRIZ 理论全接触[M]. 北京:机械工业出版社,2006.
[9] 黑龙江省科学技术厅. 发明问题解决理论基础[M]. 哈尔滨:黑龙江科学技术出版社,2007.
[10] 根里奇·阿奇舒勒. 创新算法[M]. 武汉:华中科技大学出版社,2008.
[11] 维克多·德米特里耶维奇·贝尔多诺索夫. 发明问题解决理论(TRIZ)培训教材之一[M]. 黑龙江省 TRIZ 培训教材,2008.
[12] 维克多·德米特里耶维奇·贝尔多诺索夫. 发明问题解决理论(TRIZ)培训教材之二[M]. 黑龙江省 TRIZ 培训教材,2008.
[13] 维克多·德米特里耶维奇·贝尔多诺索夫. 发明问题解决理论(TRIZ)培训教材之三[M]. 黑龙江省 TRIZ 培训教材,2008.
[14] 姜台林. TRIZ 创新问题解决实践[M]. 桂林:广西师范大学出版社,2008.
[15] 黑龙江省科技厅. TRIZ 理论应用与实践[M]. 哈尔滨:黑龙江科学技术出版社,2008.
[16] 曹福全. 创新思维与方法概论:TRIZ 理论与应用[M]. 黑龙江教育出版社,2009.
[17] 檀润华. 面向制造业的创新设计案例[M]. 北京:科学技术出版社,2009.
[18] 迈克尔 A·奥尔洛夫. 用 TRIZ 进行创造性思考使用指南,北京:科学出版社,2010.
[19] 赵峰. TRIZ 理论及应用教程[M]. 西安:西北工业大学出版社,2010.
[20] 王传友. TRIZ 新编创新 40 法及技术矛盾与物理矛盾[M]. 西安:西北工业大学出版社,2010.
[21] 颜惠庚,李耀中. 技术创新方法入门:TRIZ 基础[M]. 北京:化学工业出版社,2011.
[22] 阿纳托利亚·亚历山大洛维奇·金. TRIZ 发明问题解决理论一级教材[M]. 哈尔滨:黑龙江科学技术出版社,2011.
[23] 沈萌红. TRIZ 理论及机械创新实践[M]. 北京:机械工业出版社,2012.

第三篇

设计方法篇

第 6 章 优化设计方法

6.1 优化设计的基本知识

6.1.1 优化设计发展概述

对于每一个产品设计来讲，都存在很多的潜在设计方案，这就需要设计者结合产品需求从这些众多的潜在设计方案中找到一个最符合设计目标的方案，优化设计便是基于这样一种思想产生和发展起来的。优化的思想普遍存在于人们的日常实践活动中，对于任何一件事情，人们总是希望能用最简单、最有效的方式去完成。在工程设计领域，使设计效果达到最佳更是每个设计师一直追求的目标。传统的结构设计更多地是凭经验和直观判断去创造一种设计方案，随后再对其进行力学方面的可行性分析，在整个设计过程中并没有包含优化的具体思想。随着科学技术的发展以及材料资源的越发稀缺，工程上对结构的"品味"越来越高，结构设计过程中要考虑的因素也更加多样化，以"经验判断"和"试错"为主的传统设计方法已很难满足要求，现代优化设计理论与方法便应运而生。

现代优化设计，是指从一定的设计目标出发，综合考虑多方面的约束条件，来主动寻找一种具有最佳性能的设计方案。与传统设计方法不同，现代的优化方法更多地强调以数学分析为基础，它是一门多学科技术，有机结合了力学、数学、计算机科学等，以便于从众多的可行性设计方案中找出尽可能好的设计方案。随着有限元方法的发展以及一系列数学算法的提出，优化设计已成为现代设计方法的重要研究方向，其应用已涉及船舶、汽车、机械、航空航天、土木、桥梁、水利等诸多领域。优化设计能够节省材料、提高结构总体性能、加快产品设计步伐，因而具有很大的理论研究价值和良好的工程应用前景。

经过半个多世纪的发展，优化设计已经成为现代设计方法中的一个重要学科。最早期的结构优化设计理论是由 Maxwell 和 Michell 提出的，他们分别在 1869 年和 1904 年阐述了有关桁架结构的优化布局理论，他们的研究工作虽然在当时的实际应用中价值不大，却具有很强的理论指导意义。此后，有关结构优化设计的工作便逐步展开，虽然在相当长的一个时期内研究都很局限，但是这一时期的工作引出了现代优化设计的雏形，为现代优化设计理论与方法的研究奠定了基础。

现代优化设计理论研究始于 1960 年，Schmit 通过研究一种在多载荷情况下弹性结构的设计问题，将数学规划法（Mathematical Programming，MP）和有限元分析法引入到了结构优化中。Schmit 强调了不等式约束在结构优化设计中的重要性，并将结构优化设计问题归结为在一系列性能指标约束下 n 维设计变量空间中寻求目标函数的数学极值问题，这种以数学概念描述结构优化设计的方式对优化设计的发展和应用起到了巨大的促进作用。

数学规划法以严格的数学理论和精心研究的计算方法为基础，具有广泛的适用性，但是，随着研究越来越深入，研究对象的规模以及计算工作量也越来越大，数学规划法中较高的迭代次数使整个优化求解效率急剧下降，在这种背景下便出现了结构优化设计的另一个分支——

优化准则法(Optimality Criteria,OC)。优化准则法更多地是凭借人们的直觉和经验去创造一种准则,使结构设计问题达到最优解,其中比较著名的便是满应力准则法。优化准则法的特点是收敛快,其迭代次数与设计变量的个数基本无关,但是由于缺乏严格的数学理论支撑,使用起来显得难以令人信服。

由于数学规划法和优化准则法各自都存在优缺点,人们便尝试着将两种方法进行统一。对于优化准则法,人们利用数学规划法中严格的数学推导来产生可用的准则;另一方面,对于数学规划法,人们针对所研究问题的特点将其中的一些复杂问题进行近似转换以提高整个方法的求解效率。其中,比较著名的是Fleury在20世纪80年代前后研究出的对偶法,该方法以Kuhn-Tucker条件为理论基础,并将原问题进行对偶化,使计算规模大大降低。随后,Fleury和Schmit一起合作提出了结构优化的近似概念,将力学概念和各种近似手段相结合,把高度非线性的问题转化为一系列近似显式约束问题,然后用数学规划法求解。其中的关键技术就是结构的灵敏度分析,即分析每个局部变量对结构整体性能的影响,从数学角度看,就是利用一阶导数寻优。后来又相继出现了著名的序列二次规划法和移动渐进线方法,这两种方法至今依然被广泛应用。

进入20世纪90年代以后,计算机技术有了迅猛发展,计算机容量和计算速度不断扩大和提高,大规模的并行处理技术也不断产生,人们又开始探索一些新的算法,群智能优化算法开始兴起。群智能优化算法是人们从一些生物的进化机理、生物活动现象以及一些物理现象中启发而来的,其中比较著名的有遗传算法、粒子群算法、蚁群算法以及模拟退火法等。这些群智能优化方法比较灵活、适用性广,但是这些方法的计算工作量一般都很大。

不同的设计问题有不同的特点,在实际的优化问题中要根据这些特点选择合适的算法,本书将在后续的内容中对一些经典的算法流程及其适用性进行进一步的介绍。

6.1.2 优化设计的数学基础

优化设计问题在本质上其实是数学问题,求解优化设计问题实际上是在求解一系列的数学方程,以得到一些最优的参数,然后用于结构设计。本节将对优化设计问题中的一些基本概念进行详细地概括,并对其数学描述方式以及特点进行一些必要地介绍,以为后续优化问题的讨论做一定的准备。

1. 目标函数

在设计中,设计者总是希望所设计的产品或者结构能够达到最优,而这种最优往往是由某个或多个性能指标来确定的,这些性能指标其实就是优化设计的目标,在数学上用函数$f(x)$的形式来表达,称为目标函数。

目标函数用于度量设计所追求的指标的优劣程度。这种度量往往是以函数的极小值或极大值来实现的,形如 $\min f(x)$ 或 $\max f(x)$,由于 $\max f(x)$ 等价于 $\min(-f(x))$,因此优化问题的数学表达式一般统一采用目标函数极小化形式。

2. 设计变量

在优化设计过程中,为了使结构设计尽可能最优,设计者们需要适当地调整一些设计参数,例如构件长度、截面尺寸、某些关键点的坐标等。这些在优化过程中需要调整的参数称为设计变量,而目标函数正是这些设计变量的函数。在具体的结构优化问题中,还有一些参数是不允许修改的,比如高层建筑的层高、层数和使用面积都是由用户决定的,这些参数称为指定参数,与设计变量相对。

在数学上,一般用一组 n 维的向量来表示设计变量,即 $x = [x_1, x_2, \cdots, x_n]^T$。

由 n 个设计变量的坐标所组成的实空间称为设计空间。一旦规定了这样一种向量的组成,则其中任意一个特定的向量对于一个结构来讲就可以说是一个设计方案,而设计空间就是所有设计方案的集合。按照设计变量的取值形式,可以将设计变量分为离散设计变量和连续设计变量。离散设计变量只能在有限个数值中进行选择,形如 $x \in \{a, b, c, \cdots\}$,而连续设计变量则可以选择一个数值区间内的任意值,形如 $x \in (d, f)$。

3. 约束条件

如上所述,设计空间是所有设计方案的集合,但不是所有的设计方案都是工程上可以接受的,比如一些结构尺寸为负值等。如果一个设计满足所有对它提出的要求,就称为可行设计,反之称为不可行设计。

在优化设计中,一个可行设计所必须满足的限制条件就称为约束条件。按照数学表达式的形式不同,约束条件可以分成不等式约束和等式约束两种类型,分别表示为

$$g_u(x) = g_u(x_1, x_2, \cdots, x_n) \leqslant 0 \quad u = 1, 2, \cdots, m \tag{6-1}$$

$$h_v(x) = h_v(x_1, x_2, \cdots, x_n) = 0 \quad v = 1, 2, \cdots, k \tag{6-2}$$

上述两式中,$g_u(x)$ 和 $h_v(x)$ 都是设计变量的函数;m 和 k 分别为不等式约束方程和等式约束方程的个数。对于不等式约束而言,由于 $g_u(x) \geqslant 0$ 等价于 $-g_u(x) \leqslant 0$,因此将不等式约束统一表示成 $g_u(x) \leqslant 0$。对于等式约束,当约束方程的数目与设计变量的数目相等即 $k=n$,且 k 个等式约束方程线性无关时,优化设计问题此时只有一个唯一解,便无优化可言,因此,对于优化设计的等式约束,要求 $k<n$。在一个 n 维设计空间中,由等式约束函数和不等式约束函数所围成的区域称为优化设计的可行域,目标函数的最优解只能存在于该可行域中。

按照约束条件的意义或性质,约束条件又可分为几何约束和性能约束两种类型。几何约束一般是直接对设计变量的上下限进行限制,如某一块板的厚度要在一个固定的区间内。由于这类约束是直接加在设计变量上的,所以又通常被称为显式约束。性能约束是加在结构形态变量上的,比如结构节点位移、应力、结构自振频率等,这些形态变量往往跟设计变量是有直接关系的。由于这类约束不直接加在设计变量上,通常被称为隐式约束。

4. 优化设计的数学模型

目标函数、设计变量和约束条件合称为优化设计三要素。对于一般的结构优化设计问题,在有了这三个要素之后,便可以用数学的形式描述为

$$\begin{cases} \min\limits_{x} f(x) \\ \text{s. t. } g_u(x) \leqslant 0, u = 1, 2, \cdots, m \\ h_v(x) = 0, v = 1, 2, \cdots, k \end{cases} \tag{6-3}$$

对上述数学模型求解,就是求取能使目标函数值达到最小时的一组设计变量 $x^* = [x_1^*, x_2^*, \cdots, x_n^*]^T$。该组设计变量就是优化问题的最优点,相对应的目标函数值 $f(x^*)$ 称为最优值,两者结合就是优化设计问题的最优解。

从数学规划论的角度看,当目标函数和约束函数均为设计变量的线性函数时,则称该优化问题为线性规划问题,否则为非线性规划问题。实际的工程结构优化问题大都属于非线性规

划问题。

下面通过一个例子来具体说明优化设计的概念。

【例 6-1】 有一个金属板制成的立方体装物箱子,如图 6-1 所示。体积为 5 m³,长度 x_1 不得小于 4 m,要求合理的选择长 x_1、宽 x_2 和高 x_3 以使制造时耗材最少。

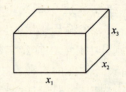

图 6-1 立方体装物箱

依题意可以将该问题归结为:在满足长度 $x_1 \geqslant 4$ m,体积等于 5 m³ 的前提下,合理选择 x_1、x_2 和 x_3 的值以使装物箱子的表面积最小,这就是一个比较简单的优化问题,即从无穷种 x_1、x_2、x_3 的组合方案中选出满足限制条件又能使箱子的表面积达到最小的设计方案。

用数学函数将装物箱子的表面积表示为

$$f(x_1,x_2,x_3) = 2(x_1 x_2 + x_2 x_3 + x_3 x_1) \tag{6-4}$$

$f(x_1,x_2,x_3)$ 就是该优化设计的目标函数,x_1、x_2 和 x_3 为设计变量。x_1、x_2 和 x_3 又要分别满足 $x_1 \geqslant 4, x_2 > 0, x_3 > 0, x_1 x_2 x_3 = 5$ 这些限制条件,这些限制条件就是该优化设计的约束条件。

综合以上分析建立该优化设计问题的数学模型为

$$\left. \begin{array}{l} \min\limits_{x} f(x_1,x_2,x_3) = 2(x_1 x_2 + x_2 x_3 + x_3 x_1) \\ \text{s.t.} \quad x_1 \geqslant 4, x_2 > 0, x_3 > 0 \\ \quad\quad x_1 x_2 x_3 = 5 \end{array} \right\} \tag{6-5}$$

选用适当的优化方法求解上述数学模型,得:当 $x_1 = 4$、$x_2 = 1.12$、$x_3 = 1.12$ 时,函数 $f(x_1,x_2,x_3) = 20.43$ 为本设计的最优值。

5. 局部最优解及全局最优解

在对优化问题进行求解的过程中,一般只要达到目标函数的极值点就会停止运算,并将此极值点作为最优解输出。由于目标函数的复杂性,这些极值点在全局来讲并不一定是最优解,而只是在一个局部的范围内达到了最优,这些解被称为局部最优解。用数学方式来说,局部最优解被定义为:如果存在一个足够小的正数 ε,使得对于满足 $|x - x^*| \leqslant \varepsilon$ 和所有约束条件的任意一个 x,都有 $f(x) \leqslant f(x^*)$,则称 x^* 是一个局部最优解。例如,图 6-2 中的 B 点就属于一个局部最优解,图中平行线表示的是目标函数的等值面。

如果在可行域中 x^* 的目标值比其他目标值都小(至少不大于),则称 x^* 是一个全局最优解。图 6-2 中 C 点就是一个全局最优解。显然,全局最优解也一定是局部最优解,而局部最优解则并不一定是全局最优的。优化设计的任务当然是希望能找到全局最优解,对于一个算法来讲,其全局的寻优能力也是评价该算法优劣的重要指标。遗憾的是,只有对凸规划等比较特殊的问题才比较容易找到全局最优解,一般情况下,很多优化算法只能给出局部最优解。但是在工程实际中,如果能把现有的设计改进一大步已实属不易,因此设计者们往往不太关心是否全局最优。在理论层面上,一些算法一直在提高自身的全局搜索能力,但是往往会附加很大的计算量。

6. 凸域、凸函数及其性质

在 n 维空间中的区域 S 中,如果连接其中任意两个点 x_1 和 x_2 的线段全部包含在该区域中,则称该区域为凸域,否则为非凸域。凸域的概念可以用数学的方式简练地表示为:如果对一切 $x_1 \in S$,$x_2 \in S$ 及一切满足 $0 \leqslant \alpha \leqslant 1$ 的实数 α,点 $\alpha x_1 + (1-\alpha) x_2 = x \in S$,则称区域 S 为凸域。如图 6-3 所示便是凸域与非凸域的一个例子。

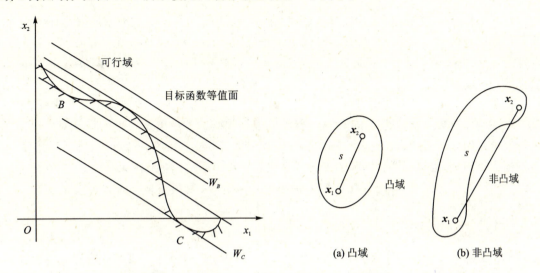

图 6-2 局部最优解与全局最优解　　　　图 6-3 凸域与非凸域

如果函数 $f(x)$ 定义在 n 维空间的凸域 S 上,且对 S 中的任意两点 x_1、x_2 和任意满足 $0 \leqslant \alpha \leqslant 1$ 的实数 α,有

$$f[\alpha x_1 + (1-\alpha)x_2] \leqslant \alpha f(x_1) + (1-\alpha)f(x_2) \tag{6-6}$$

则称 $f(x)$ 为 S 上的凸函数,如果将上式中的等号去掉并且 $0 < \alpha < 1$,则 $f(x)$ 为严格凸函数。显然,如果 $f(x)$ 是凸函数,则 $-f(x)$ 是凹函数。如图 6-4 所示给出了凸函数、凹函数和非凸非凹函数的例子。

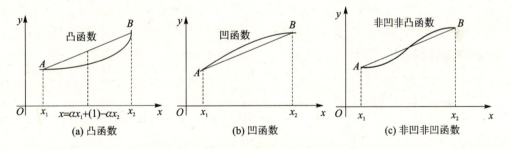

图 6-4 凸函数、凹函数及非凹非凸函数

对于一个形如式(6-3)的优化问题,如果可行域是凸域,目标函数是凸函数,则称该问题为凸规划问题。对于凸规划问题,其局部最优解也就是全局最优解。

6.1.3 优化设计的关键技术

优化设计的本质是求极值问题,它是以力学理论和数学规划理论为基础,以计算机技术为工具,对设计变量进行寻优的一种先进设计方法。因此,优化设计的发展与结构分析方法、数学优化算法以及计算机技术的发展息息相关。归结起来,优化设计的关键技术主要有以下几个方面。

1. 优化数学模型的建立

在解决任何一个实际的优化设计问题时，首先必须抽象出该问题的数学模型，因此建立正确合理的优化数学模型是结构优化设计的关键步骤，只有基于正确的优化数学模型才能得到合理的优化结果。例如，在优化模型中，等式约束个数必须小于设计变量的个数，这时才能有最优解。

在实际的优化设计问题中，优化的对象往往非常复杂，需要考虑的因素也多种多样，但是为了保证所建立数学模型的可求解性，一般需要根据优化的对象以及要求的指标对实际问题进行大量的简化。例如，对于一个实际问题，可以根据其复杂程度选择建立单目标优化问题或多目标优化问题，也可根据其实际的工况选择建立单约束条件或多约束条件。总之，在建立优化设计问题的数学模型时，既要保证数学模型的可解性，又要尽量地贴近该问题的实际工作情况。

2. 结构分析方法

由于实际的工程结构优化问题往往比较复杂，绝大多数的结构优化设计问题难以采用解析法求解，而是采用数值解的方法。数值解的寻优实际上是一个优化循环的迭代过程，而每一次迭代优化都需要结构分析。对于一些复杂的结构和问题，结构分析要占据大量的计算时间。因此，寻求高效的结构分析方法至关重要，否则每一步的迭代计算都会花费很多时间，导致该优化问题效率低、成本高。

目前，有限元法是结构优化设计中常用的结构分析方法。近些年，计算机技术和有限元方法都取得了迅猛的发展，一些复杂的结构分析问题都得到了逐步的解决，很多商用软件也相继开始将有限元法应用于结构优化设计问题中，大大提高了结构优化设计在实际应用中的能力。但是，如果问题涉及动力学性能、几何非线性、物理非线性、接触、断裂以及多场耦合，数值分析的工作量会更大，对于这些问题，结构性能对设计变量的灵敏度只能用有限差分法求得，计算工作量非常大。因此，如何减少所需的结构分析次数对于提高优化效率显得至关重要。

3. 灵敏度计算及其处理

一个结构优化设计问题总是有许多对结构性能的约束条件。例如，在静力荷载下的节点位移、杆件的应力和失稳临界荷载，在动力分析时的自振频率、强迫振动振幅等。这些量值往往受到约束，因此需要建立这些量值与设计变量的关系，往往将这些响应量对设计变量的导数称为灵敏度。

灵敏度计算可以采用不同的方法，而不同的灵敏度计算方法所需要的计算时间差别往往很大，并且得到的灵敏度精度也各不相同。灵敏度精度高，可以给出正确的搜索方向，会加快收敛速度，从而使结构分析次数减少，提高优化效率；否则会减缓收敛速度，使结构分析次数增加，降低优化效率。另外，由于灵敏度信息是优化设计变量更新的指针，在实际的优化设计问题中，为了保证整个优化过程的收敛性，往往需要对现有的灵敏度信息进行再处理。总之，灵敏度计算及其处理方式直接关系到优化迭代的收敛性及收敛速度，所以是结构优化设计的关键技术之一。

4. 优化数学算法

对于建立的优化数学模型，有很多优化数学算法可以进行求解，例如优化准则法、数学规划法以及智能优化算法等。但是采用不同的优化算法所得到的优化结果和所花费的时间会有差别,这就需要设计者针对建立的优化数学模型,在众多的优化算法中找到一种快速收敛的高效优化方法,这对于提高整个优化设计的效率至关重要。

6.1.4 优化设计的基本过程

在结构优化设计中,设计者需要确定在给定条件下的结构响应(如变形、应力等)和响应量对设计变量的灵敏度。求解结构响应就是常说的结构分析,求得响应量用以判断设计是否满足设计要求,并为进一步优化设计提供初始条件。在求得相应的灵敏度后,便可以形成优化的数学模型并利用相关优化算法对该模型进行求解以更新设计变量。然后判断该组设计变量是否为最优解,如果不是最优解,可以再作进一步的优化,以获得更优的解,这样循环往复直到求得最优解。

有限元法是一种能有效地进行结构分析和灵敏度求解的数值计算方法,当前大多数结构优化软件都采用有限元法,对于基于有限元法的结构优化设计,其基本的求解过程如图6-5所示,主要步骤是:

第1步:定义初始设计区域,并建立结构的初始有限元模型;
第2步:定义设计变量、目标函数、约束条件和收敛准则;

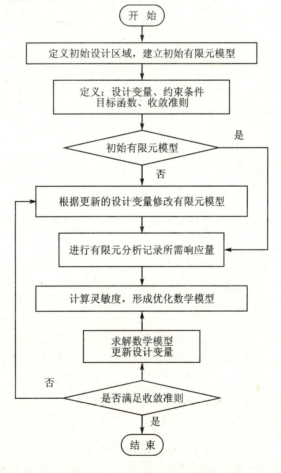

图6-5 优化设计的基本流程

第 3 步：判断是否为根据初始设计变量建立的有限元模型，如果是则直接跳到第 5 步，否则，执行第 4 步；

第 4 步：根据更新的设计变量修改有限元模型；

第 5 步：执行有限元分析，并记录所需的响应量；

第 6 步：求解相关的灵敏度信息，形成优化数学模型；

第 7 步：利用相关优化算法求解优化数学模型，获得更新的设计变量；

第 8 步：判断是否满足收敛准则，若满足则停止迭代，优化结束，否则执行第 4 步。

在优化结束后，还应该对选定设计变量下的有限元模型进行一次有限元分析，以验证其是否满足设计要求。

6.2 优化设计问题分类

优化设计可以涉及很广的领域，问题的种类和性质也多种多样。根据优化设计所要解决问题的特点，可以分为函数优化问题和组合优化问题两大类。由于函数优化问题更为普遍，本书将着重对此类问题进行讨论。至于组合优化问题，有兴趣的读者可参阅相关文献。

函数优化问题通常可以描述为：令 X 为 R^n 连续变量 x 的一个有界子集，$f(x):x \in R^n$ 为 n 维实值函数，所谓 $f(x)$ 在 X 域上的全域最优点就是所求的点 $x^* \in X$、使 $f(x^*)$ 为在 X 域上的最小值，即 $\forall x \in X, f(x^*) \leqslant f(x)$。

函数优化问题的设计三要素为：目标函数、设计变量和约束条件。按照目标函数不同，函数优化问题可以分为单目标优化和多目标优化；按照设计变量的类型不同，函数优化问题可以分为拓扑优化、形状优化和尺寸优化；按照约束条件的不同，函数优化问题可以分为无约束优化和约束优化。

6.2.1 按照目标函数分类

1. 单目标优化问题

顾名思义，单目标优化问题就是目标函数只有一个，是优化设计中最普遍也最简单的问题。工程实际中有很多单目标优化问题，例如求结构重量最小化、结构某阶固有频率最小化、最小化结构柔顺度等。单目标函数优化问题就是要使唯一的目标函数在满足约束条件的作用下值尽可能地小，在数学上可以描述为

$$\left. \begin{aligned} &\min_{x} f(x) \\ &\text{s.t.} \quad g_u(x) \leqslant 0, u=1,2,\cdots,m \\ &\qquad h_v(x) = 0, v=1,2,\cdots,k \end{aligned} \right\} \quad (6-7)$$

由于单目标函数优化问题的普遍性，数学上的一般算法多数都是针对单目标优化问题。下面主要通过介绍多目标优化问题来说明两者的不同。

2. 多目标优化问题

在实际的工程应用领域中，普遍存在着对多个目标的方案、计划以及设计的决策问题，如生产过程的控制优化、软硬件系统的优化设计等。这些优化问题的目标函数性能改善往往可能是相互矛盾的，一个目标的性能最优往往都是以另外目标性能最差为代价的，而且不同的目

标函数量纲也可能不一致。所以,在解决这类问题时,往往需要综合考虑各种因素的制约,以便可以找到满足多个目标的最佳设计方案,这就是所谓的多目标优化问题(Multi-Objective Optimization,MO)。

(1) 多目标优化问题的数学模型

一般地,多目标优化问题就是要求所有目标函数在满足约束的条件下越小越好,在数学上可以描述为

$$\left.\begin{aligned}&\min_{X\in S} F(\boldsymbol{X})\\ &F(\boldsymbol{X})=(f_1(\boldsymbol{X}),f_2(\boldsymbol{X}),\cdots f_q(\boldsymbol{X}))\quad \boldsymbol{X}=(x_1,x_2,\cdots,x_n)^{\mathrm{T}},\boldsymbol{X}\in S\subset R^n\\ &\text{s. t.}\quad g_u(\boldsymbol{X})\leqslant 0, u=1,2,\cdots,m\\ &\quad\quad h_v(\boldsymbol{X})=0, v=1,2,\cdots,k\end{aligned}\right\} \quad (6-8)$$

式中,$F(\boldsymbol{X})$ 为目标函数向量,也称为目标向量;$x_1,x_2,\cdots,x_n$ 表示决策变量;由决策变量构成的向量 $\boldsymbol{X}=(x_1,x_2,\cdots,x_n)^{\mathrm{T}}$ 称为决策向量;S 为约束域;$g_u(\boldsymbol{X})$ 和 $h_v(\boldsymbol{X})$ 分别表示不等式约束和等式约束条件,以确定决策变量可行的取值范围。

(2) 多目标优化问题的解

由于多目标优化问题的多个目标往往是相互冲突的,通常不可能找到一个设计方案,使所有分目标函数都达到最优值而不考虑其他分目标函数的状况。所以对于多目标优化问题而言,往往不存在最优解。多目标优化问题的"最优解"只是满意解,在多目标优化中这样的解又称为有效解或 Pareto 解。有效解还可以分成全局有效解和局部有效解。局部有效解的最优性只和其邻域内的其他解比较。

假设多目标优化问题的最优解集为 $\boldsymbol{P}^*$,则所有的 Pareto 最优解所对应的目标向量构成了问题的 Pareto 前沿(Pareto front,也称为 Pareto 矩阵)。多目标优化问题的 Pareto 前沿或为凸集,或为凹集,在某些复杂的情况下,还可能为半凸、半凹或者是不连续的。Pareto 前沿的复杂性也增加了多目标优化问题的求解难度。

对于单目标优化问题,只要比较任意两个解对应的目标函数值就可以区分它们的优劣;而对于多目标优化问题,由于各个目标函数值并不是呈同样的变化趋势,故很难通过简单的比较来确定其优劣。著名的 Pareto 最优理论提出了一种 Pareto 支配(Pareto Dominance)原则,作为判断多目标优化问题解优劣的根据,并在此基础上定义了 Pareto 最优解(Pareto-optimal)的概念。

如果存在两个目标向量 $f(\boldsymbol{u})$ 和 $f(\boldsymbol{v})$,其中决策变量 $\boldsymbol{u}=(u_1,u_2,\cdots,u_n)^{\mathrm{T}}$,$\boldsymbol{v}=(v_1,v_2,\cdots,v_n)^{\mathrm{T}}$,使得 $f(\boldsymbol{u})\leqslant f(\boldsymbol{v})$,则定义决策向量 $\boldsymbol{u}\prec\boldsymbol{v}$,称为 $\boldsymbol{u}$ 严格支配 $\boldsymbol{v}$。

Pareto 最优解的定义为:假设存在任意两个目标向量 $f(\boldsymbol{u})$ 和 $f(\boldsymbol{v})$,如果 $\boldsymbol{u}$ 是 Pareto 最优解,则当且仅当问题的可行域内不存在自变量 $\boldsymbol{v}$,使得 $\boldsymbol{u}\prec\boldsymbol{v}$,则所有这些解的集合就构成了 Pareto 解集,Pareto 最优解集中的解向量构成 Pareto 最优解前沿。Pareto 最优解和最优解前沿示意图如图 6-6 所示。

图 6-6 中,B、C、D、E 点是可行域内的解,空心点为求得的 Pareto 最优解,可以看到,在可行解区域的范围内再也无法找到可以支配这些点的解。所以,多目标优化问题的最优解往往不是一个单一的解,而是一组解。

(3) 多目标优化问题的传统解法

由于多目标优化问题的应用范围日益广泛,因此它的解决方法已经成为了众多学者的研

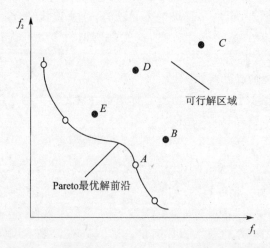

图6-6 二维目标空间的Pareto最优解和最优解前沿

究热点。传统上,求解多目标优化问题的最简单的方法就是通过选取一组合理的加权系数将多个目标函数按照某种准则进行线性聚合,然后利用单目标优化算法进行求解。具有代表性的传统解法主要包括目标加权法、目标规划法、功效系数法、层次优化法等。它们的优点在于继承了成熟单目标优化算法的一些机理,具有简单高效的特点。

下面主要介绍一下目标加权法。

目标加权法是由Zadeh和Geoffrion提出的,该方法使用不同的加权系数将所有的目标函数聚合成为一个新的目标函数,也就是通过加权和的方式将多目标优化问题转换为单目标优化问题进行求解,其形式如下:

$$F(\boldsymbol{X}) = \sum_{i=1}^{k} \omega_i f_i(\boldsymbol{X}), \boldsymbol{X} = (x_1, x_2, \cdots, x_n)^{\mathrm{T}} \tag{6-9}$$

式中:加权系数 $\omega_i \geqslant 0$,同时为了不失一般性,需要满足 $\sum_{i=1}^{k} \omega_i = 1$。每一个目标函数自身都有一个最优解,如果选取不同系列的权值组合,那么求解这个线性组合的单目标优化问题就可以得到一系列不同的解,这些解又组成一个解集,即所谓的Pareto最优解集。

目标加权法的难处在于如何找到合理的加权系数,以反映各个单目标对整个多目标问题的重要程度。使原多目标优化问题较合理地转化为单目标优化问题,且此单目标优化问题的解又是原多目标优化问题的好的非劣解。加权系数的选取反映了对各分目标的不同估价、折中,故应根据具体情况作具体处理,有时凭经验、凭估计或统计计算并经试算得到。下面介绍一种确定加权系数的方法,如下式表示

$$\left.\begin{array}{l} \omega_i = 1/f_i^* \\ f_i^* = \min f_i(\boldsymbol{X}) \quad i = 1,2,\cdots,k \end{array}\right\} \tag{6-10}$$

即将各单目标函数最优值的倒数取作加权系数。从式(6-10)中可以看出,此种方式反映了各个单目标函数值离开各自最优值的程度。在确定加权系数时,只需预先求得各个单目标函数的最优值,而无需其他信息,使用方便。此方法适用于需同时考虑所有目标或各目标在整个问题中具有同等重要性的场合。

这种传统解法可以说是最简单有效的求解方法,但是也有几个明显的缺点。

① 加权系数的先验知识并不充分，所以各个目标所占加权系数比就难以很准确地确定下来。
② 对加权系数比较敏感，加权系数的微小改变就能够引起所求目标向量较显著地变化。
③ 同加权系数的显著改变有可能导致得到相似的解向量。
④ 求得的 Pareto 最优解不一定均匀分布。

(4) 多目标优化问题的智能求解方法

进化计算技术、群智能方法和仿生学出现后，与工程科学的相互交叉和渗透，在科研实践中得到广泛应用，多目标优化技术的发展也随之变得更为迅猛。由此，基于群智能的优化理论也应运而生。这些方法具有高度的并行机制，可以对多个目标同时进行优化，从而节省搜索时间，因此多目标优化问题的求解方法也开始由目标组合方式逐步向基于 Pareto 解的向量优化方法发展。

在基于 Pareto 方法的多目标优化算法中，带精英策略的非支配排序遗传算法 NSGA－Ⅱ (Elitist Nondominated Sorting Genetic Algorithm)是最为有效的。它是在第一代非支配遗传算法 NSGA 的基础上改进而来的，是一个比较有代表性的多目标进化算法。另外，粒子群优化算法在求解多目标优化问题上也有一定的适用性，一般而言，可以分为无约束的多目标粒子群优化算法和有约束的多目标粒子群优化算法两种。关于遗传算法和粒子群算法的基本原理将在后续的内容中介绍。

6.2.2 按照设计变量分类

根据设计变量的类型不同，优化设计可以分为尺寸优化、形状优化和拓扑优化，三者分别对应概念设计阶段、基本设计阶段和详细设计阶段。

1. 尺寸优化

尺寸优化是在保持结构的形状和拓扑结构不变的情况下，寻求结构组件的最佳截面尺寸以及最佳材料性能组合关系。尺寸优化的设计变量一般是结构的尺寸，比如构件长度、截面面积、厚度、坐标值等，由于在进行尺寸优化时，结构的拓扑形式以及初始区域已经固定，因此尺寸优化属于比较简单的设计类型。如图 6-7 所示为尺寸优化的示意图，经过尺寸优化后，下面支撑杆的尺寸发生了变化。

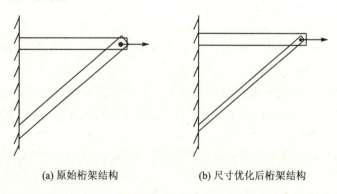

(a) 原始桁架结构　　(b) 尺寸优化后桁架结构

图 6-7　尺寸优化示意图

尺寸优化技术的应用非常广泛，特别是对于很多成熟的产品，或者已经进入详细设计阶段的产品,通过概念设计实现创新的难度比较大,而进行尺寸或参数方面的调整则可以起到立竿见影的效果,如提升产品力学性能或减轻产品重量等。

2. 形状优化

形状优化是指优化结构的结构拓扑关系保持不变,而设计域的形状和边界发生变化,以寻求结构最理想的边界和几何形状。如图 6-8 所示为形状优化的简单示意图,经过形状优化后,孔的形状发生了变化。

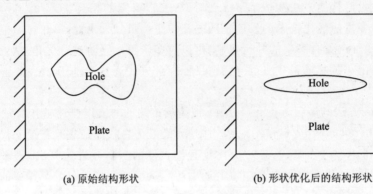

(a) 原始结构形状　　　　　　(b) 形状优化后的结构形状

图 6-8　形状优化示意图

由于形状优化过程中结构外观几何形状持续变动,需要不断地对模型进行重新离散,因此其较尺寸优化要困难许多。形状优化设计采用适当的方法描述待优化形状的边界、敏度分析以及有限元网格重划分等关键技术。形状优化技术是一种用于产品基本设计阶段的技术,只能对产品结构进行有限的变动,主要用于改进局部结构,减小应力集中、改变零件位置提高刚度等。

目前,在尺寸优化和形状优化领域已经取得了较多的研究成果,但是两者有很大的局限性:结构最初的拓扑形式已经确定。在结构最优拓扑形式未知的情况下就进行优化设计不免有很大的盲目性,因此在尺寸优化和形状优化之前要进行结构拓扑优化,以获得最优的结构拓扑形式。

近二十年来,拓扑优化一直是一个研究热点,下面将对拓扑优化的一些发展和常用方法进行着重介绍。

3. 拓扑优化

拓扑优化是指在给定的设计空间内、约束条件下,确定结构构件的连接方式、结构内有无孔洞、孔洞的数量和位置等拓扑形式,使结构的某种性态指标达到最优。用材料分布的概念来解释,拓扑优化就是指在给定的设计空间内寻求材料的最优分布。图 6-9 所示就是对悬臂梁的一种拓扑优化,从图中可以看出,在经过拓扑优化后,悬臂梁的拓扑几何发生了很大的变化。

与另外两种优化类型相比,拓扑优化处在一个更高的层次上,它能够在概念设计阶段就提供一种合理而又富有启发性的结构形式。因此,研究拓扑优化方法并拓展其应用范围,具有很大的理论意义和实际应用价值。

按照研究对象的不同,拓扑优化可以分为离散体结构拓扑优化和连续体结构拓扑优化。拓扑优化的研究最早也是从桁架离散体结构开始的。1869 年,Maxwell 通过研究桁架结构的最优布局问题首先在理论上提出了结构优化设计的概念,拉开了优化设计研究的序幕。1904

第6章 优化设计方法

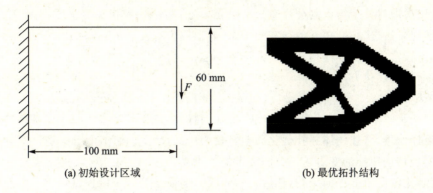

(a) 初始设计区域　　　　　　　　(b) 最优拓扑结构

图 6-9　悬臂梁的拓扑优化

年,Michell 首先对桁架结构的拓扑优化问题进行了研究,他得到了一个在荷载作用和应力约束下的结构要达到质量最轻所应具备的条件,后来被称为 Michell 准则,并把满足该准则的桁架称为 Michell 桁架。自 Michell 准则提出以来,各国学者围绕它展开了丰富的理论研究。Cox 首先证明了 Michell 桁架的最小柔顺度设计;Gallagher 证明了 Michell 桁架具有最小的柔顺度与体积的乘积;Hegeminer 等人将 Michell 准则进行了推广,分别就刚度、动力参数设置及非线弹性等问题进行了讨论;Hemp 求解了不同载荷作用下 Michell 桁架所应具备的形式;Rozvany 对 Miehell 桁架的唯一性以及杆件正交性问题进行了讨论,并求解了不同边界条件下 Michell 桁架应具备的形式。周克民等采用有限元方法计算出了 Michell 桁架。上述的研究成果被称为广义的 Michell 桁架准则,Michell 桁架理论的形成在拓扑优化领域有着里程碑式的意义,它揭示了拓扑优化的本质特性,是验证其他优化方法可行性的标准之一。

1960 年,Schmit 首先将数学规划法和有限元法应用到结构分析中,大大促进了结构优化设计的发展。1964 年,Dorn、Gomory 等人提出了基结构法(Ground Structure Approach,GSA),他们将数值方法应用到拓扑优化领域,从此拓扑优化领域的研究开始活跃。Bendsoe 等对桁架结构在质量约束下的最大刚度优化设计以及相关的对偶问题进行了深入研究,通过将结构的位移、应力等状态变量表达为极大值或者极小值问题,设计出了一套优化算法,该算法在求解非光滑优化问题有着很高的效率。张卫红等结合有限元分析方法,提出了基于单元特性改变的灵敏度计算方法,该算法针对一些膜单元、杆单元、壳单元等的灵敏度分析有着很高的适用性。石连栓、孙焕纯等提出了离散变量拓扑优化的序列二重二级优化方法,建立了包含截面和拓扑两个离散变量的结构拓扑优化数学模型。另外,一些学者通过采用智能优化方法展开了对拓扑优化的研究,并取得了一定的成果。其中,Grierson、Pak、许素强和夏人伟等人采用了遗传算法(GA);Svanberg 等人采用了移动渐进(MMA)算法;May、Balling、蔡文学和程耿东等人采用了模拟退火算法(SA)。这些智能算法的设计变量均为离散变量,对于一些简单结构,由于设计变量不多,具有较好的全局收敛性,但由于算法的复杂程度,收敛速度较慢;如果结构比较复杂,此时设计变量较多,整个求解空间会呈"爆炸式"的增大,优化效率将明显下降。因此,智能优化算法在拓扑优化领域的应用还相当有限。

连续体拓扑优化的研究对象是连续体结构,由于工程中结构大多为连续体,因此连续体结构拓扑优化方法一直是各国学者研究的重点。不同于离散体,连续体在每一个结构处都存在材料,这也就意味着在对连续体进行拓扑优化时,每一处材料的有无情况都要被描述出来。因此,连续体拓扑优化的设计变量为无穷多个。学者在处理连续体拓扑优化问题时,一般结合有限元法的思想,即将整个结构划分为有限个单元,然后利用一些相关算法或准则(比如优化准则法和数学规划法)来判断单元的存在与否,最后形成带有孔洞的拓扑结构。

目前,比较常用的连续体拓扑优化方法主要包括:变厚度法、均匀化法和变密度法、独立连续映射法、渐进性优化方法。

(1) 变厚度法

变厚度法是较早采用的拓扑优化方法,属几何描述方式,其基本思想是以基结构中单元厚度为拓扑设计变量,将连续体拓扑优化问题转化为广义尺寸优化问题,通过删除厚度为尺寸下限的单元实现结构拓扑的变更。该方法突出的特点是简单,避免了均匀化方法构造微结构的麻烦,适用于比较简单的平面结构(如膜、板、壳等),然而推广到三维模型却有一定的难度。另外,由于把拓扑变量挂靠在单元厚度上,拓扑变量失去了独立的层次,导致连续体拓扑优化问题转化为广义尺寸优化问题,从而受到尺寸优化层次的制约,优化效率难以得到提高。

变厚度法研究的代表性工作有:Tenek 和 Hagiwara 对薄壳结构的研究;程耿东和张东旭对平面膜结构的研究;程耿东和王健对平面弹性体结构的研究;周克民和胡云昌等用变厚度单元法对连续体结构进行的拓扑优化,随后又将此方法与拓扑分析相结合。

(2) 均匀化法和变密度法

1988 年,Bendsoe 和 Kikuchi 首先在连续体拓扑优化领域提出均匀化法(Homogenization Method)。随后,Gudedes 等又对该方法进行了详细研究,并将其应用到了二维和三维结构的拓扑优化中。Suzuki 和 Diaz 等研究了其在多载荷或组合载荷情况下的求解问题。Lazarus 则利用数学规划法研究了一些简单的动力学问题。Hassani 与 Hinton 在前人的基础上对均匀化理论与相关算法进行了系统的研究与总结。均匀化法的思想是将单胞微结构引入到整体结构的材料中来,这些微结构模型中有很多方形孔洞,如图 6-10 所示,方形孔洞周围为实体材料区域,优化过程中通过控制这些微结构的尺寸大小及方位来实现材料的增删。均匀化法实际上是将复杂的拓扑优化问题转化成了相对简单的尺寸优化问题。

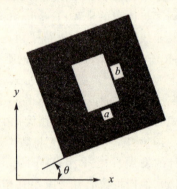

图 6-10 含矩形孔的微结构

均匀化法是一种经典的拓扑优化方法,它有着严密的数学和力学理论基础,是拓扑优化领域理论研究方面的重要方法。但是,该方法设计变量过多,灵敏度计算复杂,最后拓扑优化出的结构包含许多小的孔洞,很难进行二次重构,另外,数值不稳定的现象使得拓扑结构对于载荷的变化过于灵敏。

变密度法是从均匀化法的基础上演变出来的拓扑优化方法。变密度法的主要思想是假设结构中材料的密度可变,并以密度为设计变量,人为建立材料密度与材料弹性模量之间的关系,通过改变密度来决定材料的增删问题。1999 年 Bendsoe 和 Sigmund 证明了变密度法在物理意义上的存在性和正确性,并由此出版了第一本关于拓扑优化理论的专著。随后,Mlejnek、Yang、王健、程耿东等学者完善了变密度法的相关理论,并拓展了其应用范围。

变密度法中有两种经典的插值模型:固体各向同性惩罚模型(Solid Isotropic Microstructures with penalization,SIMP)和材料属性的合理近似模型(Rational Approximation of Materials Properties,RAMP)。两种插值模型,通过设定惩罚因子的大小来使材料密度向 0 和 1 逼

第 6 章 优化设计方法

近。变密度法是目前应用最广泛的方法,绝大多数商业软件采用了变密度法来解决拓扑优化问题。但是,由于变密度法人为密度的假设,即使采用了惩罚因子,一些中间密度依然很难处理,另外数值的不稳定现象以及计算的复杂性也是变密度法的显著缺点。

(3) 独立连续映射法

独立连续映射法(Independent Continuous Mapping,ICM)是由隋允康在 1996 年提出来的。ICM 法引入了一种独立的参数变量来表征单元的有无,这种变量独立于单元的形状及尺寸,通过构造过滤函数、磨光函数及光滑映射变换,建立了 0-1 离散设计变量和[0,1]连续设计变量的一一映射关系。

该方法吸收了变密度法不再构造微结构的优点,拓扑结果中不会出现数量众多的微孔洞。同时 ICM 法又引入了对偶规划方法,大大减少了设计变量,提高了求解效率和数值稳定性。ICM 法以重量为优化目标,有效地解决了在应力、位移和频率约束下的连续体拓扑优化问题。但是,该方法仅对简单的二维和三维拓扑优化问题进行了处理,在复杂结构方面的应用还有待进一步研究。

(4) 渐进性优化法

1992 年,澳大利亚皇家墨尔本理工大学学者 Xie 和悉尼大学学者 Steven 首次提出渐进性结构优化方法(Evolutionary Structure Optimization,ESO),并在随后的几年里不断拓展了 ESO 方法处理结构拓扑优化问题的能力。1997 年,Xie 和 Steven 出版了第一本关于 ESO 方法的专著。ESO 方法是基于一种简单的思想,即通过逐渐删除结构中低效的材料区域,以使结构逐渐向最佳的拓扑结构进化。理论上讲,并不能保证 ESO 方法的最终结构就是最佳的拓扑结构,但是 ESO 方法为设计者和工程师在概念设计阶段提供了一种获得高效结构的思想方法。随后,Yang 等人以刚度为目标函数,首次提出了双向渐进性优化方法(Bi-directional Evolutionary Structure Optimization,BESO),Querin 等人又基于"满应力"设计的思想,采用 Von Mises 应力准则,提出了基于应力的 BESO 方法。BESO 方法的主要原理是在删除低效单元的同时在高效区域周围添加单元。BESO 方法的提出是对渐进性结构优化方法的巨大补充。

除了以上几个方法外,还有一些其他有意义的方法,比如水平集法、Brackbill 和 Saltzman 提出的自适应网格法等。近几十年来,上述各方法都在各自领域取得了一定的进展,但由于其各自都存在优缺点,目前并没有哪种方法占据绝对优势。

4. 结构布局优化

除了尺寸优化、形状优化和拓扑优化外,还存在一种结构布局优化。结构布局优化同时包含了前三种优化的主要内容,综合考虑结构构件的尺寸、形状和拓扑的优化,同时也考虑外力的最佳作用位置及分布形式、结构的支撑条件等。对一些结构(板或壳)进行加肋设计便是结构布局优化中的一个典型应用。

如图 6-11 所示为一四边固支的方板,板中间受到简谐激励 F,要求对该方板进行布肋设计,以增加该方板的整体力学性能。

传统的布肋方式一般多凭经验,对板结构按照正交、等间距、垂直排列等规则进行布肋,如图 6-12 所示便是一种传统的布肋形式。另外,还有一种加强筋仿叶脉分布优化方法,该方法利用仿生技术,通过模仿植物叶脉脉序的生长特点来对板结构进行布肋。如图 6-13(a)与(b)所示分别为按照加强筋仿叶脉分布优化方法进行布肋的原始结果和化简结果,从图中可以看出,加强筋的分布规则与植物叶脉的脉序分布形式非常相似。

可以看出,无论是传统的正交的布肋形式还是利用优化算法得出的脉序布肋形式,板的整个结构外貌与原始相比都发生了很大的变化,这就是结构布局优化的特点,综合了整个结构的尺寸、形状以及拓扑等因素,是前几种优化技术的综合。相比于前三种优化技术,结构布局优化的数学模型描述更为复杂,求解也更加困难,目前还处于较低的研究水平,国内外见诸于文献的研究也比较少,属于一个比较困难的研究领域。

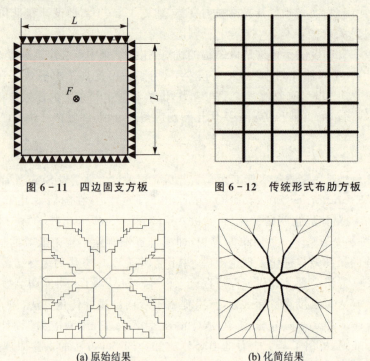

图 6-11 四边固支方板　　图 6-12 传统形式布肋方板

(a) 原始结果　　(b) 化简结果

图 6-13 仿叶脉分布优化结果

6.2.3 按照约束条件分类

1. 无约束优化问题

无约束优化问题是优化设计中最基本的问题,其一般形式为

$$\min f(x) \quad x \in R^n \tag{6-11}$$

在整个优化过程中,对设计变量 x 没有任何限制。在工程实际中,尽管所有问题都是有约束的,但是很多约束优化问题都可以转化为无约束优化问题来求解。因此,无约束优化问题的解法是优化设计的基本组成部分,研究无约束优化问题可以为研究约束优化问题打下良好的基础。

求解无约束优化问题的方法称为无约束计算方法。这种方法主要分为两大类:一类是仅要求计算目标函数值,而不必去求函数的偏导数的方法,即所谓非梯度算法,如随机搜索法、坐标轮换法、Powell 法、单纯形法等;另一类是要计算目标函数的一阶导数、甚至二阶导数的方法,即所谓梯度算法,如最速下降法、牛顿型方法、共轭梯度法等。一般情况下,梯度算法要比非梯度算法计算效率高,求解问题的维数亦可以更高一些。但是这两类算法从计算性质上都是迭代性质的,它们都要求:①从某一初始点 x^0 开始迭代计算;②各种方法都以 x^k 为基础来产生新点 x^{k+1};③检验点 x^{k+1} 是否满足最优条件。

本书将在后续内容中对无约束优化计算方法中的最速下降法、牛顿型方法、共轭方向法以及单纯形法进行具体介绍。

2. 约束优化问题

在优化设计问题中,大多数都是属于有约束的问题,其数学模型的一般形式为

$$\left.\begin{aligned}&\min_x f(x)\\&\text{s.t.}\quad g_u(x)\leqslant 0, u=1,2,\cdots,m\\&\qquad h_v(x)=0, v=1,2,\cdots,k\end{aligned}\right\} \quad (6-12)$$

求解约束优化问题的方法称为约束优化问题计算方法。根据求解方式的不同,该类方法可以分为间接法和直接法两大类。

间接解法是将约束优化问题转化为一系列无约束优化问题来求解的一种方法。由于这类方法可以选用有效的无约束优化方法,且易于处理同时具有不等式约束和等式约束的问题,因而在工程优化中得到了广泛的应用,其中最有代表性的是惩罚函数法。

直接解法是在满足不等式约束的可行设计域内直接搜索问题的约束最优解 x^* 和 $f(x^*)$。属于这类方法的有随机试验法、随机方向搜索法、复合形法、可行方向、梯度投影法等。其中,随机方向搜索法和复合形法比较简单,对于多维问题其计算量比较大。可行方向法程序比较复杂,一般用于大型优化设计问题。至于梯度投影法由于它对约束函数有一定的要求,所以应用较少。

在求解约束优化设计问题时,必须注意它的特点,由于目标函数和约束函数的非线性,致使约束优化问题是一个多解问题,如果处理不善,很有可能导致优化陷入局部最优解。有的问题最优点在约束区域内,有的问题在约束区域的边界上,后者是一种比较正常的情况。

由于约束优化问题计算方法比较多,本书将在后续部分只对间接解法中的惩罚函数法和直接解法中的随机方向搜索法进行具体介绍。

6.3 优化设计问题的一般求解方法

利用最优化的理论和方法求解工程中的实际问题时,大体上一般分为两个步骤:首先是根据实际问题建立优化数学模型,确定设计变量、目标函数、约束条件以及收敛准则,然后利用一定的数学优化算法对所建立的数学模型进行求解。

本节将简单介绍一些优化设计数学模型的一般求解方法,主要包括:优化准则法中的满应力法;无约束优化方法中的最速下降法、牛顿法以及共轭方向法;约束优化方法中的惩罚函数法、随机方向搜索法;线性规划法中的单纯形法;非线性规划中的二次规划法。除此之外,还有一些其他的算法,比如动态规划、随机规划等,本书就不再赘述,感兴趣的读者可以参考一些相关的其他文献。

6.3.1 满应力法

工程中的结构在工作状态下的应力分布往往很不均匀,有一些区域比较大,有一些区域比

较小。为了提高材料的利用率,设计者就希望在满足应力约束的情况下,使整个结构的应力分布比较均匀,并尽可能的接近应力约束的上限,这就是满应力法的基本思想。满应力设计是结构优化算法中较简单也较易为工程技术人员接受的一种算法,适用于受到应力约束的结构。本书将以受到应力约束的桁架重量最小化问题为例来介绍满应力法。

桁架重量最小化问题在数学上可以描述为:

求最优的桁架杆件断面积 $A_i(i=1,2,\cdots,n)$,使得桁架的重量

$$W = \sum_{i=1}^{n} \rho_i A_i l_i \tag{6-13}$$

最小,而且桁架的各杆应力满足应力约束:

$$\underline{\sigma}_i \leqslant \sigma_{ij} \leqslant \bar{\sigma}_i (i=1,2,\cdots,n; j=1,2,\cdots,m) \tag{6-14}$$

其中,ρ_i,A_i,l_i——第 i 号杆的密度、断面积和杆长;

σ_{ij}——第 i 号杆在工况 j 下的应力;

$\underline{\sigma}_i$——第 i 号杆的压缩许用应力;

$\bar{\sigma}_i$——第 i 号杆的拉伸许用应力。

桁架结构节点的几何位置、材料性质以及外载荷均已给定,共有 m 个不同工况的外载荷。

设计者们解决这个问题的传统方法是将上述优化问题的求解归结为寻求一个满应力设计。所谓满应力设计是指:桁架中的每一根杆件至少在一种工况下应力达到其许用应力。如果用数学语言来描述,则可说成满应力设计是这样一组 A_i,在外载荷作用下,对每一个 i 都有

$$\xi_i = \max_{j \in M} \{\sigma_{ij}/\sigma_i^a\} = 1 \tag{6-15}$$

式中,σ_i^a 定义为

$$\sigma_i^a = \begin{cases} \bar{\sigma}_i, & \sigma_{ij} \geqslant 0 \\ \underline{\sigma}_i, & \sigma_{ij} < 0 \end{cases} \tag{6-16}$$

集合 M 定义为 $M = \{1,2\cdots,m\}$,记号 $j \in M$ 表示工况 j 是给定的工况 M 中的某一个。

式(6-15)的意义是对 i 号杆依次计算各个工况 j 下的实际应力与许用应力的比值,再从中挑选出比值最大值,而这个最大值应当为 1。式(6-16)的意义是如果 σ_{ij} 是压应力,则 σ_i^a 是压缩许用应力;如果 σ_{ij} 是拉应力,则 σ_i^a 是拉伸许用应力。值得注意的是在满应力设计的问题提法中,目标函数并不出现,这种寻求一个满足某种准则的设计而暂且不管目标函数的做法是准则设计法的一个特点。

满应力法的流程如图 6-14 所示。首先利用结构分析求出在各个外载荷作用下桁架各杆的应力。然后,对每一根杆件,求出不同工况下的应力和该杆许用应力的比值,从中求出最大值 ξ_i,如果该值大于1,则说明该杆现有断面积太小,应该放大 ξ_i 倍;反之,如果该值小于1,则说明该杆现有断面积太大,应该按 ξ_i 比例缩小。这样,就得到了一个改进的、比较合理的设计。新设计的杆件断面积不同于原来的设计,需要进行重分析,如果得到的新的应力依然没有达到满应力,则可以重复上面的算法,直到前后两次的断面积变化很小就可结束整个迭代。

对于静定桁架,各杆的内力可以仅仅利用节点的平衡方程来决定,与杆件的断面积无关。因此,断面积改变不会引起内力的重分布,第 i 号杆的断面积改变只引起第 i 号杆的应力发生变化,因此上述迭代方法运用于静定结构时只要一次计算便可收敛。对超静定结构,断面积变化一般会引起内力重分布,这时,满应力设计就不能只进行一次迭代而求得,需要反复迭代

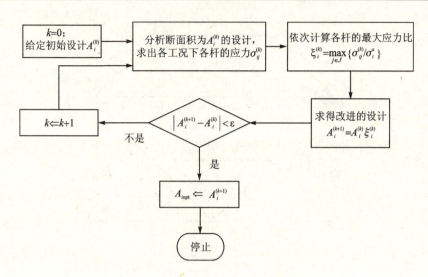

图 6-14 满应力法程序流程图

多次才能求得。

下面分别给出一个静定桁架和超静定桁架的例子来具体说明满应力法。

【例 6-2】 如图 6-15 所示的七杆静定桁架,各杆均由相同材料制成,密度 $\rho = 0.0027$ kg/cm³,长度 $l = 100$ cm,拉伸许用应力为 $\bar{\sigma}_i = 2\,000$ kg/cm²,压缩许用应力为 $\sigma_i = -1\,400$ kg/cm²。结构受到两种工况的作用,第一种工况是在 A 点受到垂直向下的载荷 $P_1 = 10\,000$ kgf,第二种工况是在 B 点受到水平向右的拉力 $P_2 = 15\,000$ kgf。试进行满应力设计。

解 由于是静定桁架,断面内力和断面积无关,各杆的内力均已在图 6-15(b)和(c)中给出,具体数值见表 6-1。

由于断面内力和断面积无关,因此不妨假定所有杆的断面积 A_i 均为 1 cm²。这时的应力值在数值上就和表 6-1 中的内力值一致。由表 6-2 可知,5 号杆、6 号杆和 7 号杆的断面积都应由工况 1 决定,4 号杆则应由工况 2 决定。但是,由于拉压应力的许用值不同,例如 3 号杆就不能光依靠内力来决定,而要求应力比,表 6-2 中给出了各杆的应力比 $\xi_{ij} = \sigma_{ij}/\sigma_i^a$。

表 6-1 各杆的内力

kgf

工况	杆 号						
	1	2	3	4	5	6	7
1	−7 071	−10 000	7 071	5 000	7 071	5 000	−7 071
2	5 303	7 500	−5 303	11 250	5 303	3 750	−5 303

表 6-2 各杆的应力比

工况	杆 号						
	1	2	3	4	5	6	7
1	5.051*	7.143*	3.536	2.5	3.536*	2.5*	5.051*
2	2.651 5	3.75	3.789*	5.625*	2.651 5	1.875	3.788

注:*表示起控制作用的应力比。

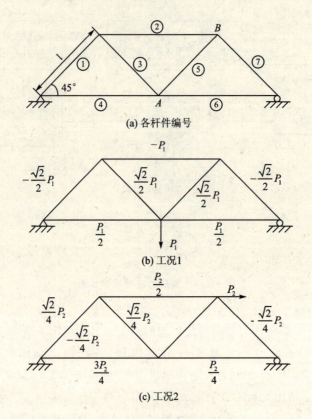

图 6-15 七杆静定桁架示意图

由于各杆的初始面积都为 $1\ \text{cm}^2$，因此改进的设计为：

$$A_1 = 5.051\ \text{cm}^2, A_2 = 7.143\ \text{cm}^2, A_3 = 3.789\ \text{cm}^2$$
$$A_4 = 5.625\ \text{cm}^2, A_5 = 3.536\ \text{cm}^2, A_6 = 2.5\ \text{cm}^2, A_7 = 5.051\ \text{cm}^2$$

由于内力是不随断面积变化而变化的，所以上列设计便是满应力设计。其相应的重量为

$$W = 0.002\ 7 \times 100 \times (5.051 + 7.143\sqrt{2} + 3.789 +$$
$$5.625\sqrt{2} + 3.536 + 2.5\sqrt{2} + 5.051) = 10.535\ \text{kg}$$

【例 6-3】 三杆超静定桁架，其几何尺寸如图 6-16 所示。密度 $\rho = 0.1\ \text{kg}/\text{cm}^3$，拉伸许用应力为 $\bar{\sigma}_i = 2\ 000\ \text{kg}/\text{cm}^2$，压缩许用应力为 $\underline{\sigma}_i = -1\ 500\ \text{kg}/\text{cm}^2$。结构受到的三种工况下的载荷：

工况 1：$P_1 = 2\ 000\ \text{kgf}, P_2 = 0, P_3 = 0$

工况 2：$P_1 = 0, P_2 = 2\ 000\ \text{kgf}, P_3 = 0$

工况 3：$P_1 = 0, P_2 = 0, P_3 = 2\ 000\ \text{kgf}$

注意工况 1 和工况 2 是对称的，且工况 3 作用在结构的对称线上，这样整个结构以及所受载荷都是对称的，所以最优设计也是对称的，1 号杆和 3 号杆的断面积满足 $A_1 = A_3$。因此，该问题的数学模型可以描述为：

求最优的 A_1 和 A_2，达到

$$\min W = 10(2\sqrt{2}A_1 + A_2)$$

第 6 章 优化设计方法

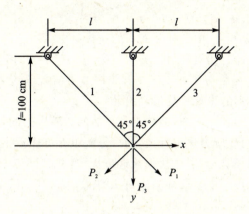

图 6-16 三杆超静定桁架示意图

s.t. 1 号杆在工况 1 下的应力

$$\sigma_{11} = \frac{P_1(A_2 + \sqrt{2}A_1)}{\sqrt{2}A_2^2 + 2A_1A_2} \leqslant 2\,000 \text{ kg/cm}^2$$

2 号杆在工况 1 下的应力

$$\sigma_{21} = \frac{P_1\sqrt{2}A_1}{\sqrt{2}A_2^2 + 2A_1A_2} \leqslant 2\,000 \text{ kg/cm}^2$$

3 号杆在工况 1 下的应力

$$\sigma_{31} = \frac{-P_1 A_2}{\sqrt{2}A_2^2 + 2A_1A_2} \geqslant -1\,500 \text{ kg/cm}^2$$

1 号杆在工况 3 下的应力

$$\sigma_{13} = \frac{P_3}{\sqrt{2}A_1 + 2A_2} \leqslant 2\,000 \text{ kg/cm}^2$$

2 号杆在工况 3 下的应力

$$\sigma_{23} = \frac{2P_3}{\sqrt{2}A_1 + 2A_2} \leqslant 2\,000 \text{ kg/cm}^2$$

由对称性可知

$$\sigma_{33} = \sigma_{13}, \sigma_{11} = \sigma_{32}, \sigma_{21} = \sigma_{22}, \sigma_{31} = \sigma_{12}$$

除以上应力约束外,还有断面积非负约束:

$$A_1 \geqslant 0, A_2 \geqslant 0$$

选取初始设计 $A_1 = A_2 = 1.0$,按照图 6-14 中流程进行迭代。下面给出第一次迭代的计算过程。

第一次迭代时,$A_1^0 = A_2^0 = 1.0$,可以求出各杆在各工况下的应力:

$$\sigma_{11} = 1\,414 \text{ kg/cm}^2, \sigma_{21} = 828.4 \text{ kg/cm}^2, \sigma_{31} = -585.8 \text{ kg/cm}^2$$

$$\sigma_{12} = -585.8 \text{ kg/cm}^2, \sigma_{22} = 828.4 \text{ kg/cm}^2, \sigma_{32} = 1\,414 \text{ kg/cm}^2$$

$$\sigma_{13} = 585.8 \text{ kg/cm}^2, \sigma_{23} = 1\,172 \text{ kg/cm}^2, \sigma_{33} = 585.8 \text{ kg/cm}^2$$

由此可得,1 号杆的最大应力比为 0.707,2 号杆的最大应力比为 0.586,由于对称性,3 号杆的最大应力比与 1 号杆相同。根据各杆的应力比对断面积进行修改进行下一次迭代:

$$A_1^1 = \xi_1^0 A_1^0 = 0.707 \text{ cm}^2, A_2^1 = \xi_2^0 A_2^0 = 0.586 \text{ cm}^2$$

经过反复迭代,便可得到表 6-3 中各杆断面积的迭代历史。

最终得到的满应力设计为始设计 $A_1^* = 0.773 \text{ cm}^2, A_2^* = 0.453 \text{ cm}^2$,最轻重量为 26.39。对于这个设计,1 号杆和 3 号杆分别在工况 1 和工况 2 下实现满应力,2 号杆在工况 3 下实现满应力,可以验证,这样得到的设计就是最轻设计。

满应力法能解决一定的实际问题,但缺点是显然的。满应力的解有可能不存在,即使存在也不一定是最优解,在运用满应力法进行迭代时,算法也有可能不收敛,产生数值振荡。但是,对于大多数工程实际结构,满应力解往往很接近最优解,并且满应力法的算法简单,很容易嵌套在现行的通用结构分析程序中。权衡满应力法的优缺点,对于只受到应力约束的结构来讲,满应力法还是能达到实际的应用效果的。

表 6-3 断面积的迭代历史

迭代次数 k	$A_1^{(k)}$	$A_2^{(k)}$	$\xi_1^{(k)}$	$\xi_2^{(k)}$	$W^{(k)}$
0	1.0	1.0	0.707	0.586	38.28
1	0.707	0.586	1.033	0.921	25.86
2	0.730	0.540	1.02	0.947	26.05
3	0.745	0.511	1.012	0.965	26.18
4	0.754	0.493	1.008	0.975	26.26
5	0.760	0.481	1.005	0.981	26.31
6	0.764	0.472	1.004	0.988	26.33
⋮	⋮	⋮	⋮	⋮	⋮
k	0.773	0.453	1.000	1.000	26.39

6.3.2 最速下降法

优化设计是追求目标函数值 $f(x)$ 最小,因此,一个很自然的想法便是从某点 x 出发,其搜索方向 d 取该点的负梯度方向 $-\nabla f(x)$(最速下降方向),使函数值在该点附近的范围内下降最快。按此规律不断走步,形成了以下的迭代算法:

$$x^{k+1} = x^k - \alpha_k \nabla f(x^k) \quad k = 0, 1, 2 \cdots, n \tag{6-17}$$

由于最速下降法是以负梯度方向作为搜索方向,所以最速下降法又称为梯度法。为了使目标函数值沿搜索方向 $-\nabla f(x^k)$ 能获得最大的下降值,其步长因子 α_k 应取一维搜索的最佳步长,即有:

$$f(x^{k+1}) = f[x^k - \alpha_k \nabla f(x^k)] = \min_\alpha f[x^k - \alpha \nabla f(x^k)] = \min_\alpha \varphi(\alpha) \tag{6-18}$$

根据一元函数极值的必要条件和多元复合函数求导公式,得

$$\varphi'(\alpha) = -\{\nabla f[x^k - \alpha_k \nabla f(x^k)]\}^T \nabla f(x^k) = 0 \tag{6-19}$$

亦即

$$[\nabla f(x^{k+1})]^T \nabla f(x^k) = 0 \tag{6-20}$$

或者写成

$$(\boldsymbol{d}^{k+1})^T \boldsymbol{d}^k = 0 \tag{6-21}$$

由此可知,在最速下降法中,相邻两个迭代点上的函数梯度相互垂直。而搜索方向就是负梯度

方向,因此相邻两个搜索方向互相垂直。这就是说在最速下降法中,迭代点向函数极小点靠近的过程,走的是曲折的路线。这一次的搜索方向与之前一次的搜索方向互相垂直,形成"之"字形的锯齿现象,如图 6-17 所示。从图中可以直观看出,在远离极小点的位置,每次迭代可使函数值有较多的下降,可是在极小点附近的位置,由于锯齿现象使每次迭代行进的距离缩短,因此收敛速度减慢。这种情况似乎与"最速下降"的名称相矛盾,其实不然,这是因为梯度是函数的局部性质。从局部上看,在一点附近函数的下降是快的,但从整体上看整个寻优则走了很多弯路,因此函数的下降并不算快。

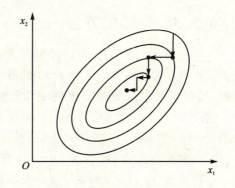

图 6-17 最速下降法的搜索路径

最速下降法的优点是迭代过程简单,要求的存储量少,而且在远离极小点时,函数下降比较快。因此,常将它与其他方法结合,在计算的前期使用负梯度方向,当接近极小点时,再改用其他方向。利用最速下降法进行优化计算的程序流程图如图 6-18 所示。

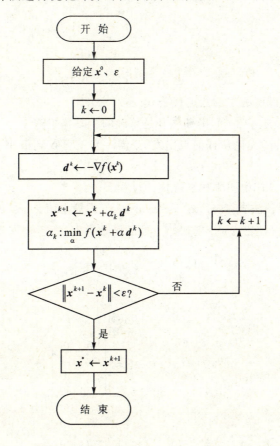

图 6-18 最速下降法的程序流程图

6.3.3 牛顿型方法

牛顿法的基本思想为:根据已知点 x^k,构造一条过 $(x^k,f(x^k))$ 点的二次曲线,求出该曲线的极小点。若这一极小点与 $f(x)$ 的最小点相差较大,则以该极小点替换上述的 x^k,重复以上步骤。这样,就可不断地用构造的二次曲线的极小点去逼近 $f(x)$ 的最小点,如图 6-19 所示。

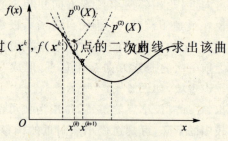

图 6-19 牛顿法的搜索路线

对于多元函数 $f(x)$,设 x^k 为 $f(x)$ 极小点 x^* 的一个近似点,在 x^k 处对 $f(x)$ 进行泰勒展开,保留二次项,得

$$f(x) \approx \varphi(x) = f(x^k) + \nabla f(x^k)^T (x - x^k) + \frac{1}{2}(x - x^k)^T \nabla^2 f(x^k)(x - x^k) \tag{6-22}$$

式中,$\nabla^2 f(x^k)$ 为 $f(x)$ 在 x^k 处的海赛矩阵。

设 x^{k+1} 为 $\varphi(x)$ 的极小点,它作为 $f(x)$ 极小点 x^* 的下一个近似点,根据极值必要条件

$$\nabla \varphi(x^{k+1}) = 0 \tag{6-23}$$

即

$$\nabla f(x^k) + \nabla^2 f(x^k)(x^{k+1} - x^k) = 0 \tag{6-24}$$

得

$$x^{k+1} = x^k - (\nabla^2 f(x^k))^{-1} \nabla f(x^k) \tag{6-25}$$

上式即为多元函数求极值的牛顿法迭代公式。

对于二次函数,上述 $f(x)$ 的泰勒展开是精确的。海赛矩阵 $\nabla^2 f(x^k)$ 是一个常矩阵,其中各元素均为常数。因此,无论从任何点出发,只需一步就可找到极小点,因此牛顿法是二次收敛的。

下面用一个例子具体说明牛顿法寻优的过程。

【例 6-4】 用牛顿法求 $f(x_1,x_2) = x_1^2 + 25x_2^2$ 的极小值。

解 取初始点 $x^0 = (2,2)^T$,则初始点处的函数梯度、海赛矩阵及其逆阵分别为

$$\nabla f(x^0) = \begin{pmatrix} 2x_1 \\ 50x_2 \end{pmatrix}_{x^0} = \begin{pmatrix} 4 \\ 100 \end{pmatrix}$$

$$\nabla^2 f(x^0) = \begin{pmatrix} 2 & 0 \\ 0 & 50 \end{pmatrix}$$

$$(\nabla^2 f(x^0))^{-1} = \begin{pmatrix} \frac{1}{2} & 0 \\ 0 & \frac{1}{50} \end{pmatrix}$$

代入牛顿法迭代公式,得

$$x^1 = x^0 - (\nabla^2 f(x^0))^{-1} \nabla f(x^0) = \begin{pmatrix} 0 \\ 0 \end{pmatrix}$$

从而经过一次迭代即求得极小点 $x^* = (0,0)^T$ 及函数极小值 $f(x^*) = 0$。

从牛顿法迭代公式的推演中可以看出,迭代点的位置是按照极值条件确定的,其中并未含

有沿下降方向搜寻的概念。因此对于非二次函数,如果采用上述牛顿法迭代公式,有时会使函数值上升,即出现 $f(x^{k+1}) > f(x^k)$ 的现象。为此,需要对上述牛顿法进行改进,引入数学规划法的搜寻概念,提出所谓"阻尼牛顿法"。如果把

$$d^k = -(\nabla^2 f(x^k))^{-1} \nabla f(x^k) \tag{6-26}$$

看作一个搜索方向,可称为牛顿方向,则阻尼牛顿法采用的迭代公式为

$$x^{k+1} = x^k + \alpha_k d^k = x^k - \alpha_k (\nabla^2 f(x^k))^{-1} \nabla f(x^k) \tag{6-27}$$

式中,α_k 代表沿牛顿方向进行一维搜索的最佳步长,可称为阻尼因子。α_k 可通过如下极小化求得,即

$$f(x^{k+1}) = f(x^k + \alpha_k d^k) = \min_\alpha f(x^k + \alpha d^k) \tag{6-28}$$

这样,原来的牛顿法就相当于阻尼牛顿法的步长因子 α_k 取固定值 1 的情况。由于阻尼牛顿法每次迭代都在牛顿方向上进行一维搜索,这就避免了迭代后函数值上升的现象,从而保持了牛顿法二次收敛的特性,而对初始点的选取又没有苛刻的要求。

阻尼牛顿法的程序流程图如图 6-20 所示,具体计算步骤如下:

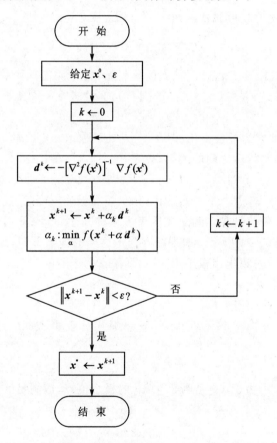

图 6-20 阻尼牛顿法程序流程图

第 1 步:给定初始点 x^0 以及收敛精度 ε;
第 2 步:计算 $\nabla f(x^k)$、$\nabla^2 f(x^k)$、$(\nabla^2 f(x^k))^{-1}$ 和 d^k;
第 3 步:求 $x^{k+1} = x^k + \alpha_k d^k$,$\alpha_k$ 为沿 d^k 进行一维搜索的最佳步长;

第4步：检查收敛精度，若满足收敛准则，则停止迭代，否则 $k=k+1$，返回值第2步，继续进行迭代。

牛顿法和阻尼牛顿法统称为牛顿型方法。这类方法的主要缺点是每次迭代都要计算函数的二阶导数矩阵，并对该矩阵求逆。这样工作量较大，特别是矩阵求逆，当矩阵维数较高时，计算量会进一步增大。另外，从计算机存储方面考虑，牛顿型方法所需的存储量也很大。针对这些缺点，人们研究了很多改进的算法，如针对最速下降法提出只用梯度信息，但比最速下降法收敛速度快的共轭方向法，针对牛顿法提出的变尺度法等。

6.3.4 共轭方向法

最速下降法虽然简单，但由于其搜索方向的效能差，导致优化收敛较慢，基于此，便发展了共轭方向法。由于这类方法的搜索方向取的是共轭方向，因此首先介绍共轭方向的概念和性质。

1. 共轭方向的概念

共轭方向的概念是在研究二次函数

$$f(\boldsymbol{x}) = \frac{1}{2}\boldsymbol{x}^\mathrm{T}\boldsymbol{G}\boldsymbol{x} + \boldsymbol{b}^\mathrm{T}\boldsymbol{x} + c \tag{6-29}$$

时提出的，其中 $\boldsymbol{G}$ 为对称正定矩阵。为了直观起见，以二元二次函数为例。二元二次函数的等值线为一簇椭圆，任选初始点 x^0 沿某个下降方向 $\boldsymbol{d}^0$ 进行一维搜索，得

$$\boldsymbol{x}^1 = \boldsymbol{x}^0 + \alpha_0 \boldsymbol{d}^0 \tag{6-30}$$

因为 α_0 是沿 $\boldsymbol{d}^0$ 方向搜索的最佳步长，即在 x^1 点处函数 $f(x)$ 沿 $\boldsymbol{d}^0$ 方向的方向导数为零。考虑到 x^1 点处方向导数与梯度之间的关系，故有

$$(\nabla f(\boldsymbol{x}^1))^\mathrm{T} \boldsymbol{d}^0 = 0 \tag{6-31}$$

$\boldsymbol{d}^0$ 与某一等值线相切于 x^1 点。下一次迭代，如果按照最速下降法，选择负梯度 $-\nabla f(x^1)$ 方向为搜索方向，则将发生锯齿现象。为避免锯齿现象的发生，可取下一次的迭代搜索方向 $\boldsymbol{d}^1$ 直指极小值点 x^*，如图 6-21 所示。如果能够选定这样的搜索方向，那么对于二元二次函数只需进行两次直线搜索就可以求出极小点 x^*，即有

$$\boldsymbol{x}^* = \boldsymbol{x}^1 + \alpha_1 \boldsymbol{d}^1 \tag{6-32}$$

式中，α_1 为 $\boldsymbol{d}^1$ 方向上的最佳步长。

那么，这样的 $\boldsymbol{d}^1$ 方向应该满足什么条件呢？对于由式（6-29）所表示的二次函数 $f(x)$，有

$$\nabla f(\boldsymbol{x}^1) = \boldsymbol{G}\boldsymbol{x}^1 + \boldsymbol{b} \tag{6-33}$$

当 $\boldsymbol{x}^1 \neq \boldsymbol{x}^*$ 时，$\alpha_1 \neq 0$，由于 $\boldsymbol{x}^*$ 是函数 $f(x)$ 的极小值点，应满足极值必要条件，故有

$$\nabla f(\boldsymbol{x}^*) = \boldsymbol{G}\boldsymbol{x}^* + \boldsymbol{b} = 0 \tag{6-34}$$

即

$$\nabla f(\boldsymbol{x}^*) = \boldsymbol{G}(\boldsymbol{x}^1 + \alpha_1 \boldsymbol{d}^1) + \boldsymbol{b} = \nabla f(\boldsymbol{x}^*) + \alpha_1 \boldsymbol{G}\boldsymbol{d}^1 = 0 \tag{6-35}$$

将等式两边同时左乘 $(\boldsymbol{d}^0)^\mathrm{T}$，并结合式（6-31）以及 $\alpha_1 \neq 0$，则有

$$(\boldsymbol{d}^0)^\mathrm{T} \boldsymbol{G} \boldsymbol{d}^1 = 0 \tag{6-36}$$

这就是为使 $\boldsymbol{d}^1$ 直指极小值点 x^* 所必须满足的条件。满足式（6-36）的两个矢量 $\boldsymbol{d}^0$ 和 $\boldsymbol{d}^1$ 称为 $\boldsymbol{G}$ 的共轭矢量，或称 $\boldsymbol{d}^0$ 和 $\boldsymbol{d}^1$ 对 $\boldsymbol{G}$ 是共轭方向。

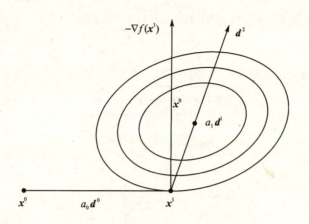

图 6-21 负梯度方向和共轭方向

2. 共轭方向的性质

设 G 为 $n \times n$ 对称正定矩阵，若 n 维空间中有 m 个非零矢量 $d^0, d^1, \cdots, d^{m-1}$ 满足

$$(d^i)^T G d^j = 0 \quad (i,j = 0,1,2\cdots,m-1) \quad (i \neq j) \tag{6-37}$$

则称 $d^0, d^1, \cdots, d^{m-1}$ 对 G 共轭，或称它们是 G 的共轭方向。

当 G 为单位矩阵时，式(6-37)变为

$$(d^i)^T d^j = 0 \quad (i,j = 0,1,2\cdots,m-1) \quad (i \neq j) \tag{6-38}$$

即矢量 $d^0, d^1, \cdots, d^{m-1}$ 互相正交。由此可见，共轭概念是正交概念的推广，正交是共轭的特例。

总结下来，共轭方向主要有以下几个性质：

性质1：若非零矢量系 $d^0, d^1, \cdots, d^{m-1}$ 对 G 共轭，则这 m 个矢量线性无关。

性质2：在 n 维空间中，互相共轭的非零矢量的个数不超过 n。

性质3：从任意初始点 x^0 出发，顺次沿 m 个 G 的共轭方向 $d^0, d^1, \cdots, d^{m-1}$ 进行一维搜索，最多经过 m 次迭代就可以找到由式(6-29)所表示的二次函数 $f(x)$ 的极小值点 x^*。

3. 共轭方向法

共轭方向法就是建立在共轭方向性质3的基础上的，它提供了求二次函数极小点的原则方法，其程序流程图如图 6-22 所示，主要步骤为：

第1步：给定初始点 x^0，下降方向 d^0 以及收敛精度 ε；

第2步：沿 d^k 进行一维搜索，得 $x^{k+1} = x^k + \alpha_k d^k$；

第3步：判断是否满足 $\|\nabla f(x^{k+1})\| < \varepsilon$，若满足则输出 x^{k+1}，停止迭代，若不满足，则转至第4步；

第4步：提供新的共轭方向 d^{k+1}，使 $(d^j)^T G d^{k+1} = 0 \quad (j = 0,1,2\cdots,k)$；

第5步：置 $k = k+1$，转至步骤2。

根据提供共轭矢量系方法的不同，共轭方向法又可分为很多种，比如共轭梯度法、鲍威尔(Powell)法等，感兴趣的读者可以参考其他相关文献。

共轭方向法的特点是：根据共轭向量的基本性质，在搜索过程中逐渐构造共轭向量作为新的搜索方向，从而可在有限步数的一维搜索中，找到目标函数的极小点。理论上，对于正定二次 n 元函数，从任一点出发，沿 n 个共轭方向进行一维搜索，就可达到极小值点。而对于一般的 n 维目标函数，沿相互共轭的方向进行优化搜索，也能很快搜索到极小值点。因此，对于非

二次型的目标函数求极值问题,共轭方向法也有较好的效果。

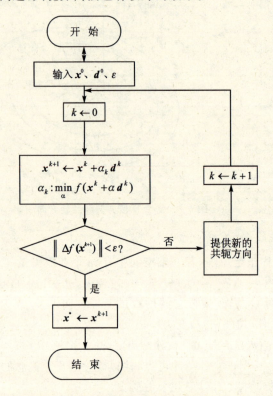

图 6-22 共轭方向法的程序流程图

6.3.5 惩罚函数法

求解约束优化问题的方法有很多,一般分为直接法和间接法,本节介绍一种比较常用的间接解法——惩罚函数法。该方法的基本思想是:构造一个新的目标函数,将约束问题化为无约束问题,然后利用无约束优化方法进行求解。

惩罚函数法又称为无约束极小化技术(Sequential Unconstrained Minimization Technique,SUMT),简称 SUMT 方法。求一般约束优化设计问题

$$\left.\begin{array}{l} \min\limits_{x} f(x) \\ \text{s.t.} \quad g_u(x) \leqslant 0, u = 1,2,\cdots,m \\ \quad\quad h_v(x) = 0, v = 1,2,\cdots,k \end{array}\right\} \quad (6-39)$$

先将它转化为无约束问题,为此引入一个新的目标函数

$$\min \varphi(x,r_1,r_2) = \min\{f(x) + r_1 \sum_{u=1}^{m} G[g_u(x)] + r_2 \sum_{v=1}^{k} H[h_v(x)]\} \quad (6-40)$$

式中,$\varphi(x,r_1,r_2)$ 是约束问题转化后的新目标函数,r_1、r_2 分别是两个不同的惩罚因子,$G[g_u(x)]$、$H[h_v(x)]$ 分别是由约束函数 $g_u(x)$、$h_v(x)$ 所定义的某种形式的泛函。$r_1 \sum_{u=1}^{m} G[g_u(x)]$ 和 $r_2 \sum_{v=1}^{k} H[h_v(x)]$ 称为加权转化项。根据它们在惩罚函数中的作用,又分别称为障碍项和惩罚项。障碍项的作用是当迭代点在可行域内时,在迭代过程中阻止迭代点越

出可行域;惩罚项的作用是当迭代点在非可行域内或不满足等式约束条件时,在迭代过程中将迫使迭代点逼近约束边界或等式约束曲面。

根据迭代过程中,迭代点是否在可行域内,惩罚函数法可分为内点法、外点法和混合法。

1. 内点法

内点法将新目标函数定义在可行域内,因而要求它的初始点必须严格执行,且其产生的迭代点序列也都在可行域内,而且不论原约束问题的最优解在可行域内还是在可行域边界上,其整个搜索过程都在约束区域内进行。内点法只能用来求解具有不等式约束的优化问题。

对于只有不等式约束的优化问题

$$\begin{matrix} \min_x f(x) \\ \text{s.t.} \quad g_u(x) \leqslant 0, u=1,2,\cdots,m \end{matrix} \tag{6-41}$$

转化为惩罚函数的形式

$$\varphi(x,r) = f(x) - r\sum_{u=1}^{m}\frac{1}{g_u(x)} \tag{6-42}$$

式中,由障碍项的函数形式可知,当迭代点靠近某一约束边界时,障碍项的值陡然增加,并趋于无穷大,好像在可行域的边界上筑起了一个很高的障碍,从而保证了迭代点在可行域内。

使用内点法,初始点 x^0 应选择一个离约束边界较远的可行点。若初始点太靠近某一约束边界,则构造的惩罚函数可能由于障碍项的值很大而变得畸形,使求解无约束优化问题变得困难。

在选取惩罚因子初值 r^0 时,也应适当,否则会影响迭代计算的正常进行。一般来说,r^0 太大将增加迭代次数,r^0 太小会使惩罚函数的性态变坏,甚至难以收敛到极值点。对于 r^0 的取值,目前尚无一定的方法,对于不同的问题,都要经过多次试算才能确定一个适当的 r^0。惩罚因子是一个逐次递减到 0 的数列,相邻两次迭代的惩罚因子应满足以下关系

$$r^k = cr^{k-1} \quad (k=1,2,\cdots) \tag{6-43}$$

式中,c 为惩罚因子的缩减系数,是一个小于 1 的正数。一般来说,c 值的大小在迭代过程中不起决定性作用,通常的取值范围在 0.1~0.7 之间。

内点法的收敛条件为

$$\left|\frac{\varphi(x^*(r^k),r^k) - \varphi(x^*(r^{k-1}),r^{k-1})}{\varphi(x^*(r^{k-1}),r^{k-1})}\right| \leqslant \varepsilon_1 \tag{6-44}$$

$$\|x^*(r^{k-1}) - x^*(r^k)\| \leqslant \varepsilon_2 \tag{6-45}$$

式(6-44)说明相邻两次迭代的惩罚函数值的相对变化量充分小,式(6-45)说明相邻两次迭代的无约束极小点已充分接近。内点法的程序流程图如图 6-23 所示,主要步骤为:

第 1 步:给定合适的初始点 x^0、惩罚因子初值 r^0、缩减系数 c 以及收敛精度 ε_1 和 ε_2,置 k 为 0;

第 2 步:构造惩罚函数 $\varphi(x,r)$,选择合适的无约束优化方法,求惩罚函数的无约束极值,得点 $x^*(r^k)$;

第 3 步:判断是否满足收敛准则,若满足,则停止迭代,输出最优解 $x^* = x^*(r^k)$,$f(x^*) = f(x^*(r^k))$,若不满足,则置 $r^{k+1} = cr^k$,$x^0 = x^*(r^k)$,$k = k+1$,然后转至第 2 步。

2. 外点法

与内点法相反,外点法是将新目标函数定义在可行域的外部,初始点可以是内点也可以是

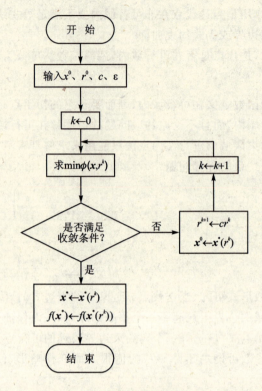

图 6-23 内点法程序流程图

外点,所产生的序列迭代点必定在可行域之外,整个搜索过程由可行域之外向约束边界上的最优点进行逼近。外点法可以用来求解含不等式和等式约束的优化问题。

对于约束优化问题

$$\left.\begin{aligned}&\min_x f(x)\\ &\text{s.t.}\quad g_u(x) \leqslant 0, u=1,2,\cdots,m\\ &\qquad h_v(x)=0, v=1,2,\cdots,k\end{aligned}\right\} \quad (6-46)$$

转化为惩罚函数的形式

$$\varphi(x,r) = f(x) + r\sum_{u=1}^{m}\max[0,g_u(x)]^2 + r\sum_{v=1}^{k}\max[0,h_v(x)]^2 \quad (6-47)$$

式中,r 为惩罚因子,它是由小到大,且趋近于正无穷大的数列。$\sum_{u=1}^{m}\max[0,g_u(x)]^2$ 和 $\sum_{v=1}^{k}\max[0,h_v(x)]^2$ 分别为不等式约束和等式约束函数的惩罚项。

由于外点法的迭代过程在可行域之外,惩罚项的作用是迫使迭代点逼近约束边界或等式约束曲面。由惩罚项的形式可知,当迭代点不可行时,惩罚项的值大于 0,这就使得惩罚函数大于原目标函数,这可看成是对迭代点不满足约束条件的一种惩罚。当迭代点离约束边界越远时,惩罚项的值越大,这种惩罚越重。当迭代点不断接近约束边界和等式约束曲面时,惩罚项的值减小,且趋近于 0,这时惩罚项的作用会越来越小,迭代点也就趋于最优点了。

外点法的惩罚因子不断递增,因此与内点法不同,递增系数 c 一般取 5~10。外点法在取惩罚因子初值时也比较严格,不能太大也不能太小,一般要经过大量的计算才能得到。

外点法的收敛条件以及计算步骤与内点法基本相同,不再赘述。

3. 混合法

混合法是将外点法与内点法相结合的一种惩罚法,可以同时处理具有等式约束和不等式约束的优化问题。其惩罚函数形式为

$$\varphi(x,r) = f(x) - r\sum_{u=1}^{m}\frac{1}{g_u(x)} + \frac{1}{\sqrt{r}}\sum_{v=1}^{k}[h_v(x)]^2 \qquad (6-48)$$

式中,$r\sum_{u=1}^{m}\frac{1}{g_u(x)}$ 为障碍项,惩罚因子按内点法选取。$\frac{1}{\sqrt{r}}\sum_{v=1}^{k}[h_v(x)]^2$ 为惩罚项,惩罚因子为 $\frac{1}{\sqrt{r}}$,满足外点法对惩罚因子的要求。

混合法具有内点法的求解特点,迭代过程在可行域内进行,因而初始点以及初始惩罚因子可以按照内点法选取,计算步骤也与内点法相近。

6.3.6 随机方向搜索法

随机方向搜索法是约束优化计算方法中一种原理相对简单的直接解法。其求解的约束优化设计类型为

$$\left.\begin{aligned}&\min_{x} f(x)\\&\text{s.t.}\quad g_u(x)\leqslant 0, u=1,2,\cdots,m\end{aligned}\right\} \qquad (6-49)$$

它的基本思路是在可行域内选择一个初始点,利用随机数的概率特性,产生若干个随机方向,并从中选择一个能使目标函数下降最快的随机方向作为可行搜索方向 d。在可行域内选择一个初始点 x^0 出发,沿 d 方向以一定的步长进行搜索,得到新点 x,新点 x 应满足约束条件:$g_u(x)\leqslant 0(u=1,2,\cdots,m)$,且 $f(x) < f(x^0)$,则完成一次迭代,并将起始点移至 x,重复以上过程,经过若干次迭代计算后,最终取得约束最优解,如图 6-24 所示。

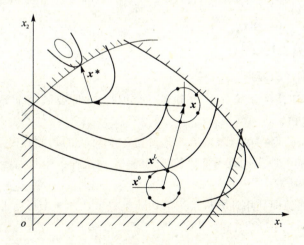

图 6-24 随机方向搜索法的原理

1. 随机搜索方向的确定

随机方向搜索法需要用到大量的[0,1]和[-1,1]区间内均匀分布的随机数。这些随机数要具有较好的概率统计特性,包括抽样的随机性、分布的均匀性、试验的独立性和前后的一致性等。产生随机数的方法很多,一般都采用数学模型产生随机数,这种随机数称为伪随机数。它的特点是产生速度快,内存占用少,并且有较好的概率统计特性。目前常用的是乘同余法,它以产生周期长、统计性质优而获得广泛应用。在一般计算机上都备有过程或子程序,调用它可得[0,1]区间内均匀分布的伪随机数 r,即

$$r = \text{random}(A) \tag{6-50}$$

将它变换到[-1,1]之间的均匀随机数为

$$r = 2r - 1 \tag{6-51}$$

其中,A 为任意给定的一个正奇数,开始第一次调用时赋值,以后赋零即可。

随机方向搜索法的迭代格式为

$$x^{k+1} = x^k + \Delta x^k \tag{6-52}$$

式中,Δx^k 为随机搜索方向向量,可以表示为步长因子 α 与随机方向单位向量 s^k 的乘积,即

$$\Delta x^k = \alpha s^k \tag{6-53}$$

对于 n 维设计问题,利用[-1,1]之间产生的 n 个随机数 $(r_1, r_2, \cdots, r_n)$,若这些随机数满足 $(r_1^2 + r_2^2 + \cdots + r_n^2)^{1/2} \leqslant 1$,则可按下式构造随机方向单位向量

$$s^k = \frac{1}{(r_1^2 + r_2^2 + \cdots + r_n^2)^{1/2}} \begin{Bmatrix} r_1 \\ r_2 \\ \vdots \\ r_n \end{Bmatrix} \tag{6-54}$$

若 $(r_1^2 + r_2^2 + \cdots + r_n^2)^{1/2} > 1$,则淘汰这组随机数,再重新产生一组。

步长因子 α 一般按加速步长法来确定。所谓加速步长法,是指依次迭代的步长按照一定的比例递增的方法。各次迭代步长的计算公式为

$$\alpha = \tau \alpha \tag{6-55}$$

式中,τ——步长加速系数,可取 $t = 1.3$;

α——步长,初始步长取 $\alpha = \alpha_0$。

2. 可行初始点的产生方法

约束随机方向搜索法的初始点 x^0 必须是一个可行点,即要满足全部约束条件,通常有以下两种方法可以确定初始点。

① 决定性的方法。即在可行域内人为地确定一个可行的初始点。当约束条件比较简单时,这种方法是可用的。但当约束条件比较复杂时,人为选择一个可行点就比较困难,因此建议选用下面的随机选择方法。

② 随机选择方法。即利用计算机产生的伪随机数来选择一个可行的初始点 x^0。此时需要输入对设计变量估计的上限值和下限值,即

$$a_i \leqslant x_i \leqslant b_i \quad i = 1, 2, \cdots, n \tag{6-56}$$

这样,所产生的随机点的各分量为

$$x_i^0 = a_i + r_i(b_i - a_i) \quad i = 1, 2, \cdots, n \tag{6-57}$$

式中，r_i 为[0,1]区间内均匀分布的伪随机数。

然后检验这样产生的随机点是否为可行点，若为可行点则将该点设为初始点 x^0，若不是可行点，则另取一组随机数来再产生一个随机点，直到产生一个可行的随机点为止。采用这种方法产生的初始点，对于中小规模的优化设计问题都比较适用。

3. 随机方向搜索法的步骤

随机方向搜索法的计算步骤如下：

第 1 步：选择一个可行的初始点 x^0，定义初始步长因子 α_0 以及收敛精度，置 k 为 0；

第 2 步：产生 n 个 $[-1,1]$ 之间的随机数，并按式(6-54)构造随机方向单位向量；

第 3 步：计算新点 $x' = x^k + \alpha s^k$，若 x' 不可行则转至第 2 步，否则计算新点的目标函数值 $f(x')$；

第 4 步：比较函数值 $f(x^k)$ 和 $f(x')$，若 $f(x') > f(x^k)$，则重复第 2 步和第 3 步。若 $f(x') < f(x^k)$，则令 $x^{k+1} = x'$，并置 $k = k+1$；

第 5 步：判断是否满足收敛精度，若满足则迭代终止，并取最优解 $x^* = x^k$，$f(x^*) = f(x^k)$。否则，转至第 2 步。

随机方向搜索法的优点是对目标函数的性态无特殊要求，程序结构简单，使用方便。另外，由于搜索方向是从许多方向中选择出目标函数值下降最快的方向，再加上随机变更步长，所以收敛速度比较快。若能选取一个好的初始点，则其迭代次数可以大大减少。它是求解小型优化设计问题的一种较为有效的方法，但是计算精度较低。

6.3.7 单纯形法

线性规划是由线性的目标函数和约束条件构成的一类优化问题，常用的求解线性规划问题的方法主要有单纯形法、对偶单纯形法和多项式算法，本节将介绍求解线性规划问题最常用的单纯形法。

对于线性规划问题，可以通过引入大于等于零的松弛变量或剩余变量，将具有不等式约束的线性规划问题写成如下的标准矩阵形式

$$\left.\begin{aligned} \min f(x) &= c_1 x_1 + c_2 x_2 + \cdots + c_n x_n \\ \text{s.t.} \begin{bmatrix} a_{11} & a_{12} & \cdots & a_{1n} \\ a_{21} & a_{22} & \cdots & a_{2n} \\ \vdots & \vdots & & \vdots \\ a_{m1} & a_{m2} & \cdots & a_{mn} \end{bmatrix} \begin{bmatrix} x_1 \\ x_2 \\ \vdots \\ x_n \end{bmatrix} &= \begin{bmatrix} b_1 \\ b_2 \\ \vdots \\ b_n \end{bmatrix} \\ x \geqslant 0, m < n & \end{aligned}\right\} \quad (6-58)$$

其中，a_{ij}，b_i，$c_j (i=1,2,\cdots,m, j=1,2,\cdots,n)$ 是给定的常数，且 $b_i \geqslant 0$。

在式(6-58)中，设计变量的个数 n 称为线性规划的维数，等式约束方程的个数 m 称为线性规划的约束数，满足约束条件的解称为可行解。线性规划问题就是从所有可行解中找到使目标函数达到最优的解。另外，根据线性代数的知识，线性约束方程组的系数矩阵必然有对应线性无关基底的解分量，以 0 填充其余变量得到的 x 称为约束方程组关于线性无关基底的基本解，那么，当一个可行解 x 是基本解时，称它为基本可行解。可以证明，基本可行解就是线性约束方程组的一个极点。单纯形法就是通过不断的寻找基本可行解来获得最终的最优解。

单纯形法的基本思想是利用矩阵的线性变换,使由线性规划问题的一个基本可行解转到另一个基本可行解时,目标函数是减小的,经过有限次迭代,即可得到最优解。在单纯形法中,对于可行解的变量 x 可区分为基本变量和非基本变量,从一个基本解转换到另一个基本解,就是把基本变量和非基本变量进行交换。在这种情况下,一般来说,所有基本变量的数值都要改变,其中有一个非零的基本变量变成零值的非基本变量。只有一个零值的非基本变量进入基中变成非零的基本变量。

对于单纯形法,主要有三个关键步骤。首先是如何实现从一个基本可行解向另一个转换;第二是原基本可行解中哪一个基本变量应在新的基本可行解中成为非基本变量,这个过程称为离基;第三步是原基本可行解中哪一个非基本变量应在新的基本可行解中成为基本变量,这个过程称为进基。

为了方便起见,将约束方程组化为如下的规范形式

$$\begin{bmatrix} 1 & 0 & \cdots & 0 & a_{1,m+1} & \cdots & a_{1,n} \\ 0 & 1 & \cdots & 0 & a_{2,m+1} & \cdots & a_{2,n} \\ \vdots & \vdots & & \vdots & \vdots & & \vdots \\ 0 & 0 & \cdots & 1 & a_{m,m+1} & \cdots & a_{m,n} \end{bmatrix} \begin{bmatrix} x_1 \\ x_2 \\ \vdots \\ x_n \end{bmatrix} = \begin{bmatrix} y_{10} \\ y_{20} \\ \vdots \\ y_{m0} \end{bmatrix} \quad (6-59)$$

式中,$y_{i0} \geqslant 0 (i=1,2,\cdots,m)$。很显然,$\boldsymbol{x}^* = [y_{10} \quad y_{20} \quad \cdots \quad y_{m0} \quad 0 \quad \cdots \quad 0]^T$ 为线性规划问题的一个基本可行解,其对应的目标函数值为

$$f_0 = \sum_{k=1}^{m} c_k y_{k0} \quad (6-60)$$

因此,任意的一个可行解所对应的目标函数值为

$$f = \sum_{k=1}^{n} c_k x_k = f_0 + \sum_{j=m+1}^{n} r_j x_j \quad (6-61)$$

可以看出,为了选择使目标函数值下降的进基矢量,检验数

$$r_j = c_j - \sum_{k=1}^{m} c_k y_{kj} \quad (j=m+1, m+2, \cdots, n) \quad (6-62)$$

必须小于零,即当 $r_j < 0$ 时,对应的任意列矢量可以选作进基矢量,它使目标函数值减小,通常选择 $\min\{r_j | r_j < 0\} = r_k$ 的列矢量 $\boldsymbol{a}_k$ 为进基矢量。

确定进基矢量后,要确定离基矢量。对所有的 $y_{ik} > 0$,通过计算 $\min\{y_{i0}/y_{ik}, y_{ik} > 0\} = y_{r0}/y_{rk}$ 来确定主元素 y_{rk} 和离基矢量 $\boldsymbol{a}_r$。

接着,以 y_{rk} 为主元素,进行高斯消元,从而得到一个新的基本可行解。这样,不断地重复上述步骤,直到所有的检验数都大于零,这时对应的基本可行解即为最优解。

下面以一个例题来具体说明单纯形法的求解过程。

【例 6-5】 求 x_1, x_2 使

$$\begin{cases} \min -10x_1 - 11x_2 \\ \text{s.t. } 3x_1 + 4x_2 \leqslant 9 \\ 5x_1 + 2x_2 \leqslant 8 \\ x_1 - 2x_2 \leqslant 1 \\ x_1 \geqslant 0, x_2 \geqslant 0 \end{cases}$$

解 引入非负松弛变量 x_3, x_4 和 x_5,化不等式约束为等式约束

$$3x_1 + 4x_2 + x_3 = 9$$
$$5x_1 + 2x_2 + x_4 = 8$$
$$x_1 - 2x_2 + x_5 = 1$$

然后构造单纯形表

基矢量	a_1	a_2	a_3	a_4	a_5	b
a_3	3	4*	1	0	0	9
a_4	5	2	0	1	0	8
a_5	1	−2	0	0	1	1
检验数	−10	−11	0	0	0	0

注意，与式(6-57)相比，该表中基本变量的相应的单位矩阵被排在了3,4,5列。由检验数行发现−11是负得最多的，因此，a_2要进基。再观察第二列，对$a_{i,2} > 0$计算$b_i/a_{i,2}$，得

$$i = 1, \frac{b_1}{a_{1,2}} = \frac{9}{4}$$

$$i = 2, \frac{b_2}{a_{2,2}} = \frac{8}{2} = 4$$

第一行最小，所以a_3要离基。以4为枢轴进行高斯消元，得到新表

基矢量	a_1	a_2	a_3	a_4	a_5	b
a_2	0.75	1	0.25	0	0	2.25
a_4	3.50*	0	−0.50	1	0	3.50
a_5	2.50	0	0.50	0	1	5.50
检验数	−1.75	0	2.75	0	0	24.75

从表中可以看出，得到了一个基本可行解$x_1 = 0, x_2 = 2.25, x_3 = 0, x_4 = 3.50, x_5 = 5.50$，目标值为−24.75。

第二轮迭代，由检验数行发现−1.75负得最多，因此a_1要进基，计算该列各行比值，得

$$i = 1, \frac{2.25}{0.75} = 3$$

$$i = 2, \frac{3.50}{3.50} = 1$$

$$i = 3, \frac{5.50}{2.50} = 2.2$$

第二行最小，因此a_4要离基，以3.50为枢轴进行高斯消元，得新表

基矢量	a_1	a_2	a_3	a_4	a_5	b
a_2	0	1	0.357	−0.214	0	1.5
a_4	1	0	−0.143	0.286	0	1
a_5	0	0	0.857	0.714	1	3
检验数	0	0	2.500	0.500	0	26.5

这一次迭代后，目标行中已经没有负数，所以得到了最优解$x_1 = 1, x_2 = 1.5, x_3 = 0, x_4 = 0, x_5 = 3$，目标值为26.5。

观察本例可以发现，由于所有的约束方程式都是小于等于号，所引进松弛变量x_3, x_4和x_5相应的列恰好形成一个单位阵，所以令x_3, x_4和x_5为基本变量，x_1和x_2为非基本变量，马上

可以求得它们的值,得到一个初始基本可行解。如果约束条件中包含大于等于约束及等式约束条件,则不容易得出一个初始基本可行解,必须引进其他剩余变量才能求得初始基本可行解。

6.3.8 二次规划法

和线性规划相比,二次规划虽然要求约束条件是设计变量的线性函数,但目标函数可以是更一般的二次型而不必是线性函数。二次规划的基本思想是将原问题转化为一系列二次规划的子问题。求解子问题,得到本次迭代的搜索方向,沿搜索方向寻优,最终逼近优化问题的最优点,因此这种方法又称为序列二次规划法。另外,算法是利用拟牛顿法(变尺度法)来近似构造海塞矩阵,以建立二次规划子问题,故又称约束变尺度法,该方法是目前比较常用的非线性规划计算方法。

对于只有等式约束的数学模型

$$\begin{cases} \min_{x} f(\boldsymbol{x}) \\ \text{s.t.} \quad h(\boldsymbol{x}) = 0 \end{cases} \tag{6-63}$$

相对应的拉格朗日函数为

$$L(\boldsymbol{x},\boldsymbol{\lambda}) = f(\boldsymbol{x}) + \boldsymbol{\lambda}^{\text{T}} h(\boldsymbol{x}) \tag{6-64}$$

在 $\boldsymbol{x}^k$ 点作泰勒展开,取二次近似表达式

$$L(\boldsymbol{x}^{k+1},\boldsymbol{\lambda}^{k+1}) = L(\boldsymbol{x}^k,\boldsymbol{\lambda}^k) + (\nabla L(\boldsymbol{x}^k,\boldsymbol{\lambda}^k))^{\text{T}}(\boldsymbol{x}^{k+1} - \boldsymbol{x}^k) + \frac{1}{2}(\boldsymbol{x}^{k+1} - \boldsymbol{x}^k)^{\text{T}} \boldsymbol{H}^k (\boldsymbol{x}^{k+1} - \boldsymbol{x}^k) \tag{6-65}$$

式中 H^k 为海塞矩阵, $\boldsymbol{H}^k = \nabla^2 L(\boldsymbol{x}^k,\boldsymbol{\lambda}^k)$。该矩阵一般用拟牛顿法中的变尺度矩阵 $\boldsymbol{B}^k$ 来代替。令 $\boldsymbol{d}^k = \boldsymbol{x}^{k+1} - \boldsymbol{x}^k$,拉格朗日函数的一阶导数为

$$\nabla L(\boldsymbol{x}^k,\boldsymbol{\lambda}^k) = \nabla f(\boldsymbol{x}^k) + (\nabla h(\boldsymbol{x}^k))^{\text{T}} \boldsymbol{\lambda}^k \tag{6-66}$$

将 $\boldsymbol{d}^k$ 和式(6-66)代入式(6-65),得

$$L(\boldsymbol{x}^{k+1},\boldsymbol{\lambda}^{k+1}) = f(\boldsymbol{x}^k) + (\boldsymbol{\lambda}^k)^{\text{T}} h(\boldsymbol{x}^k) + (\nabla f(\boldsymbol{x}^k) + (\nabla h(\boldsymbol{x}^k)\boldsymbol{\lambda}^k)^{\text{T}})\boldsymbol{d}^k + \frac{1}{2}(\boldsymbol{d}^k)^{\text{T}} \boldsymbol{B}^k \boldsymbol{d}^k$$

$$= f(\boldsymbol{x}^k) + (\boldsymbol{\lambda}^k)^{\text{T}}(h(\boldsymbol{x}^k) + \nabla h(\boldsymbol{x}^k)\boldsymbol{d}^k) + (\nabla f(\boldsymbol{x}^k))^{\text{T}} \boldsymbol{d}^k + \frac{1}{2}(\boldsymbol{d}^k)^{\text{T}} \boldsymbol{B}^k \boldsymbol{d}^k \tag{6-67}$$

将等式约束函数 $h(\boldsymbol{x}) = 0$ 在 $\boldsymbol{x}^k$ 处进行泰勒展开,取线性近似式

$$h(\boldsymbol{x}^{k+1}) = h(\boldsymbol{x}^k) + \nabla h(\boldsymbol{x}^k)^{\text{T}} \boldsymbol{d}^k = 0 \tag{6-68}$$

代入式(6-67),略去常数项,则构成二次规划子问题

$$\min QP(\boldsymbol{d}) = (\nabla f(\boldsymbol{x}))^{\text{T}} \boldsymbol{d} + \frac{1}{2} \boldsymbol{d}^{\text{T}} \boldsymbol{B} \boldsymbol{d}$$

$$\text{s.t.} \quad h(\boldsymbol{x}) + \nabla h(\boldsymbol{x})^{\text{T}} \boldsymbol{d} = 0 \tag{6-69}$$

求解上述二次规划子问题,得到的 $\boldsymbol{d}^k$ 就是搜索方向。沿搜索方向进行一维搜索,确定步长 α^k,然后按

$$\boldsymbol{x}^{k+1} = \boldsymbol{x}^k + \alpha_k \boldsymbol{d}^k \tag{6-70}$$

的格式进行迭代,最终得到原问题的最优解。

对于具有不等式约束的非线性规划问题

$$\begin{cases} \min_{x} f(x) \\ \text{s.t.} \quad h(x) = 0 \\ g(x) \leqslant 0 \end{cases} \quad (6-71)$$

仍可用同样的方法推导,得到相应的二次规划子问题

$$\min QP(d) = (\nabla f(x))^{\mathrm{T}} d + \frac{1}{2} d^{\mathrm{T}} B d$$
$$\text{s.t.} \quad h(x) + \nabla h(x)^{\mathrm{T}} d = 0 \quad (6-72)$$
$$g(x) + \nabla g(x)^{\mathrm{T}} d \leqslant 0$$

求解时,在每次迭代中应对不等式约束进行判断,保留其中的起作用约束,除掉不起作用的约束,将起作用的约束纳入等式约束中。这样,其中不等式约束的子问题和只具有等式约束的子问题保持了一致,当然,变尺度矩阵 B^k 也应包含起作用的不等式约束的信息。

二次规划法流程图如图 6-25 所示,迭代步骤如下:

第 1 步:给定初值 x^0、λ^0 以及收敛精度 ε,令 $B^0 = I$,置 k 为 0;

第 2 步:计算原问题的函数值、梯度值,构造二次规划子问题;

第 3 步:求解二次规划子问题,确定新的乘子矢量 λ^k 和搜索方向 d^k;

第 4 步:沿 d^k 进行一维搜索,利用监控技术确定步长因子 α^k,并令新的近似极小点 $x^{k+1} = x^k + \alpha_k d^k$;

第 5 步:若满足收敛精度

$$\left| \frac{f(x^{k+1}) - f(x^k)}{f(x^k)} \right| \leqslant \varepsilon \quad (6-73)$$

则停止迭代,否则,转至下一步;

第 6 步:采用拟牛顿公式(如 BFGS 公式)对 B^k 进行修正,得到 B^{k+1},置 $k=k+1$,返回第 2 步。

该算法由于采用了监控技术进行线性搜索,对近似海塞矩阵采用了强迫修正技术,因此算法收敛速度快、可靠性高、适应能力强,是目前约束非线性规划问题中应用最广的算法。

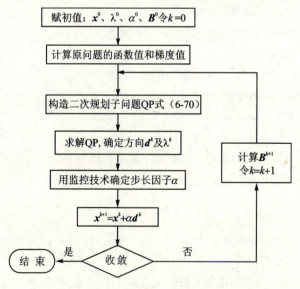

图 6-25 二次规划法程序流程图

6.4 优化设计问题的智能求解方法

智能优化算法是通过模拟或揭示某些自然现象或过程发展而来的,与普通的搜索算法一样都是一种迭代算法,对问题的数学描述不要求满足可微性、凸性等条件,是以一组解(种群)为迭代的初始值,将问题的参数进行编码,映射为可进行启发式操作的数据结构,仅用到优化的目标函数值的信息,不必用到目标函数的导数信息,搜索的策略是结构化和随机化的。智能优化算法的优点是全局寻优能力强、并行高效、鲁棒性和通用性强等。智能优化算法的适用范围非常广泛,特别适用大规模的并行计算。

智能优化算法可以分为两类:一类是模拟生物进化等的算法,如遗传算法、进化规划、模拟植物生长算法等;另一类是基于群体智能的算法,如蚁群算法、粒子群优化算法、禁忌搜索法、差异演化算法、人工鱼群算法、果蝇优化算法等。尽管它们的表现形式和原理各不相同,但它们都有一些共同的特征,即都是群体搜索、随机搜索,具有并行性和全局性。

本节将对智能优化算法中的遗传算法、粒子群优化算法、蚁群算法和禁忌搜索法进行简要介绍。

6.4.1 遗传算法

遗传算法(Genetic Algorithm,GA)起源于对生物系统所进行的计算机模拟研究,是由美国密西根大学的 J. Holland 教授及其学生们于 20 世纪 60 年代末到 70 年代初提出的。生物在自然界中的生存繁衍,显示了其对自然环境优异的自适应能力,遗传算法所借鉴的生物学基础就是生物的进化和遗传。

遗传算法的基本思想是:根据问题的目标函数构造一个适值函数(Fitness Function),对一个由多个解(每个解对应一个染色体)构成的种群进行评价、遗传运算、选择,经多代繁殖,获得适应值最好的个体作为问题的最优解。

1. 遗传算法的几个基本概念

在具体介绍遗传算法之前,首先介绍几个基本概念。

(1) 个体和个体空间

l-个体 X,是指长度为 l 的 0 和 1 的字符串,简称个体;l 称为个体的链长,l-个体的全体记作 $S = \{0,1\}^l$,称为个体空间。

个体在遗传学中也称为染色体,个体的分量称为基因。

(2) 种群和种群空间

N-种群是 N 个个体组成的集合(个体允许重复),简称种群。N 称为种群规模,称

$$S^N = \{X = (X_1, X_2, \cdots, X_N), X_i \in S (i \leqslant N)\} \qquad (6-74)$$

为 N-种群空间。

(3) 适值函数

在遗传算法中使用适值函数来表征种群中每个个体对其生存环境的适应能力,每个个体具有一个适应值。适应值是群体中个体生存机会的唯一确定性指标。适值函数的形式直接决定着群体的进化行为。适值函数基本上依据优化的目标函数来确定。为了能够直接将适值函数与群体的个体优劣相联系,在遗传算法中适应值规定为非负,并且在任何情况下总是希望越

大越好。

2. 遗传算法的构成要素

将遗传算法在技术实现上有几个构成要素,这里进行简要说明。

(1) 编码

利用遗传算法求解问题时,首先要确定问题的目标函数和变量,然后对变量进行编码。这样做主要是因为在遗传算法中,问题的解是用数字串来表示的,而且遗传算法也是直接对串进行操作。

(2) 初始种群的产生

由于遗传算法的群体操作需要,所以进化开始前必须准备一个由若干初始解组成的初始群体。一般来说,遗传算法种群的规模越大越好,但是种群规模的增大也将导致运算时间的增大,一般设为 100~1000。在一些特殊情况下,群体规模也可能采用与遗传代数相关的变量,以获取更好的优化效果。

(3) 适值函数的确定

适值函数是用来区分种群中个体好坏的标准,是进行选择的唯一根据。目前,主要通过目标函数映射成适值函数。

(4) 遗传操作

遗传操作是模拟生物基因的操作,它的任务是根据个体的适应值对其施加一定的操作,从而实现优胜劣汰的进化过程。从优化搜索的角度看,遗传操作可以使问题的解逐代地优化,以逼近最优解。遗传操作包括以下三个基本遗传算子(Genetic Operator):选择(selection)、交叉(crossover)、变异(mutation)。选择和交叉基本上完成了遗传算法的大部分搜索功能,变异增加了遗传算法找到接近最优解的能力。

① 选择运算:以一定的概率从种群中选择若干个体的操作。选择运算的目的是为了从当前的群体中选出优良的个体,使它们有机会作为父代繁殖子孙。判断个体优劣的准则是个体的适应值。选择运算模拟了达尔文适者生存、优胜劣汰原则,个体适应值越高,被选择的机会也就越多。目前常用的选择方法有轮赌盘法、最佳个体保留法、期望值法、排序选择法、竞争法、线性标准化方法等。

② 交叉运算:是指把两个父代个体的部分结构加以替换重组而生成新个体的操作。交叉的目的是为了能够在下一代产生新的个体,通过交叉运算,遗传算法的搜索能力得以飞跃性地提高。交叉是遗传算法获取新优良个体的最重要手段。交叉运算是按照一定的交叉概率 P_c 在配对库中随机地选取两个个体进行的,交叉的位置也是随机确定的。交叉概率 P_c 的值一般取得很大,为 0.6~0.9。

③ 变异运算:是指以很小的变异概率 P_m 随机地改变群体中个体的某些基因的值。变异操作本身是一种局部随机搜索,与选择、交叉算子结合在一起,能够避免由于选择和交叉而引起的某些信息的永久性丢失,保证了遗传算法的有效性,使遗传算法具有局部的随机搜索能力。变异运算是一种防止算法早熟的措施,变异概率不能取值太大,一般取 0.001~0.01。

(5) 终止条件

终止条件就是遗传进化结束的条件。终止条件可以是最大进化迭代次数或最优解所需满足的精度。

3. 遗传算法的数学基础

遗传算法在执行过程中包含了大量的随机性操作，J. Holland 教授提出的图式定理在一定程度上对此进行了解释，从而奠定了遗传算法的数学基础。

图式定理可以表述如下：阶数低、长度短且平均适应值高于群体平均适应度的模式，在遗传算法迭代过程中将以指数级增长。

在遗传算法的运算过程中，经过复制、交叉和变异操作后，在第 $t+1$ 代中所包含的图式 H 的数量为

$$m(H,t+1) \geqslant m(H,t) \cdot \frac{\overline{f}(H)}{\text{FAV}} \cdot \left[1 - P_c \cdot \frac{\delta(H)}{l-1} - O(H) \cdot P_m \right] \quad (6-75)$$

式中，$m(H,t+1)$、$m(H,t)$——图式 H 在第 $t+1$ 和 t 代种群中的数量；

$\overline{f}(H)$ 为包含图式 H 的个体的平均适应值；

FAV——种群中所有个体的平均适应值；

P_c——交叉概率；

P_m——变异概率；

$\delta(H)$——图式 H 的长度；

$O(H)$——图式 H 的确定参数，又称图式 H 的阶；

l——个体的长度。

图式定理是遗传算法的基础，式(6-75)表明高适应度、长度短、阶数低的图式在后代中至少以指数增长包含该图式 H 的串的数目。

4. 遗传算法的流程

遗传算法的流程图如图 6-26 所示，主要包括以下几个步骤：

第 1 步：根据优化问题的目标函数构造适值函数并给出随机产生的初始种群：$x(0) = \{x_1(0), x_2(0), \cdots, x_n(0)\}$，对种群中的个体进行编码，置 $k=0$；

第 2 步：计算种群 $x(k)$ 中每一个个体的适应值；

第 3 步：从种群 $x(k)$ 中选择 $n/2$ 对个体进入交配池；

第 4 步：对交配池中的每个个体进行交叉，产生两个新个体；

第 5 步：对每个新个体依变异概率 P_m 进行变异，并把变异后的个体作为下一代种群 $x(k+1)$ 的个体，置 $k=k+1$；

第 6 步：判断是否满足终止准则，若满足，则计算结束，否则，转至第 2 步。

从理论上讲，遗传算法能解决任意维函数的组合优化问题，但在具体应用时将受到超大规模优化问题的限制，主要原因是遗传算法在进化搜索过程中，每代必须维

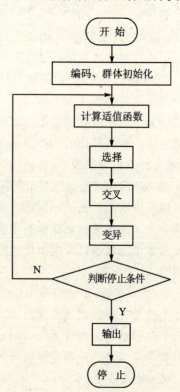

图 6-26 遗传算法流程图

持一定的种群规模。群体规模小,包含的信息就少,算法不能得到充分的发挥;群体规模太大,虽然包含的信息量多,但计算量的增加限制了算法的使用。

遗传算法的另一缺点是易"早熟",算法中交叉运算使群体中的染色体具有局部的相似性,父代染色体信息交换量小使搜索停滞不前,虽然引进了变异运算,但由于变异概率太小导致不能转向其他解空间进行。

5. 遗传算法的改进

前面介绍了标准遗传算法的基本原理和实现流程,在实际应用中,遗传算法有着很多不同的改进和变形。

对标准遗传算法的改进大都从编码方式、遗传操作方式、初始种群的产生模式以及一些高级基因操作等几个方面着手,比较常见的几个改进遗传算法有杰出选择遗传算法、稳定状态遗传算法、自适应遗传算法、小生境遗传算法和混合遗传算法等。

6.4.2 粒子群优化算法

粒子群优化算法(Particle Swarm Optimization,PSO)又称粒子群算法、微粒群算法或微粒群优化算法,是由美国的 Kennedy 和 Ederhar 于 1995 年受鸟群觅食行为的启发提出的。此外 Boyd 和 Richerson 在研究人类的决策过程中,提出了个体学习和文化传递的概念。他们认为,人们在决策过程中使用两类重要的信息:一类是自身的经验;另一类是他人的经验。也就是说人们通常根据自身的经验和别人的经验来进行自己的决策。这也是粒子群优化算法产生的启发之一。

一群鸟在空间随机地搜寻食物,在这个区域里只有一块食物,所有的鸟都不知道食物在哪里,但是它们知道当前自己的位置距离食物还有多远,那么找到食物的最简单有效的方法就是搜寻目前距离食物最近的鸟的位置。粒子群优化算法正是从这种鸟群觅食行为的模型中得到的启示,而用来解决优化问题。

1. 基本粒子群优化算法

在基本粒子群优化算法中,可以把每个优化问题的潜在解看作是 n 维搜索空间中的一个点,称为"粒子"或"微粒",并假定它是没有体积和重量的。所有的粒子都有一个被目标函数所决定的适应度值(Fitness Value)和一个决定它们位置和飞行方向的速度,然后粒子们就以该速度追寻当前的最优粒子在解空间中进行搜索,其中,粒子的飞行速度根据个体的飞行经验和群体的飞行经验进行动态的调整。

假设 $\boldsymbol{X}_i = (x_{i,1}, x_{i,2}, \cdots, x_{i,n})$ 是微粒 i 的当前位置,$\boldsymbol{V}_i = (v_{i,1}, v_{i,2}, \cdots, v_{i,n})$ 是微粒 i 当前的飞行速度,那么,基本粒子群优化算法的进化方程如下:

$$v_{i,j}(t+1) = v_{i,j}(t) + c_1 \text{rand}_1()(p_{i,j}(t) - x_{i,j}(t)) + c_2 \text{rand}_2()(p_{g,j}(t) - x_{i,j}(t)) \tag{6-76}$$

$$x_{i,j}(t+1) = x_{i,j}(t) + v_{i,j}(t+1) \tag{6-77}$$

$$p_i(t) = (p_{i,1}(t), p_{i,2}(t), \cdots, p_{i,n}(t)) \tag{6-78}$$

$$p_g(t) = (p_{g,1}(t), p_{g,2}(t), \cdots, p_{g,n}(t)) \tag{6-79}$$

式中:t——迭代次数;

$p_i(t)$——微粒 i 迄今为止经过的历史最好位置;

$p_g(t)$ ——当前粒子群搜索到的最好位置,也称为全局最好位置;

c_1、c_2 ——学习因子,分别称为认知学习因子和社会学习因子,通常在 0~2 之间取值。c_1 主要是为了调节微粒向自身最好位置飞行的步长,c_2 为调节微粒向全局最好位置飞行的步长。

$\text{rand}_1()$、$\text{rand}_2()$ ——在[0,1]区间的两个相互独立的随机参数。

一般认为,在上述的基本粒子群优化算法的进化方程中,第一部分 $v_{i,j}(t)$ 为微粒先前的速度;第二部分 $c_1 \text{rand}_1()(p_{i,j}(t) - x_{i,j}(t))$ 为"认知"部分,表示微粒本身的思考;第三部分 $c_2 \text{rand}_2()(p_{g,j}(t) - x_{i,j}(t))$ 为"社会"部分,表示微粒间的信息共享。如果进化方程中只有"认知"部分,即只考虑微粒自身的飞行经验,那么不同的微粒间就缺少了信息的交流,得到最优解的概率就非常小;如果进化方程中只有"社会"部分,那么微粒就失去了自身的认知能力,虽然收敛速度比较快,但是对于复杂问题,却容易陷入局部最优点。所以,基本粒子群优化算法的速度进化方程可以看成是由认知和社会两部分组成。

关于第三部分,还有另外一种解释,即将 $c_2 \text{rand}_2()(p_{g,j}(t) - x_{i,j}(t))$ 视为"群体精英"部分,反映了群体精英的引领作用,同时群体精英的产生是竞争的、动态的。群体精英可以使整个群体凝结在一起,向最优解前行。

基本粒子群优化算法的实现步骤可以描述如下:

第 1 步:在候选空间中初始化粒子群,并随机赋给每个粒子以位置和速度;

第 2 步:计算目标函数值,评估每个粒子的位置好坏;

第 3 步:对每个粒子更新它自己的最好位置 $p_i(t)$ 以及全局最好位置 $p_g(t)$;

第 4 步:利用式(6-76)和式(6-77)来计算下一步的速度和位置;

第 5 步:重复以上步骤,直到找到满意解。

2. 粒子群优化算法的参数设置

粒子群优化算法解决优化问题的过程中有两个重要的步骤:问题解的编码和适应度函数。粒子群优化算法不像遗传算法那样一般采用二进制编码,而是采用实数编码。例如,对于问题 $f(x) = x_1^2 + x_2^2 + x_3^2$ 求解,粒子可以直接编码为 (x_1, x_2, x_3),适应度函数就是 $f(x)$。

下面是粒子群优化算法中一些参数的经验设置:

粒子数:粒子群优化算法对种群大小不十分敏感,种群数目下降时性能下降不是很大。一般取 30~50,不过对于多模态函数优化问题,粒子数可以取 100~300。

粒子的长度:由优化问题本身决定,就是解的维数。

粒子的范围:由优化问题本身决定,每一维可根据要求设定不同的范围。

参数 c_1、c_2:合适的取值可以加快算法的收敛速度,减少陷入局部极小值的可能性,默认取 $c_1 = c_2 = 2.0$,如果令 $c = c_1 + c_2$,研究发现,当 $c > 4.0$ 时,粒子将不收敛。

参数 $\text{rand}_1()$、$\text{rand}_2()$:用于保证群体的多样性,是[0,1]之间均匀分布的随机数,且两者相互独立。

终止条件:最大循环次数或最小误差阀值,可以由具体问题而定。

3. 粒子群优化算法的特点

粒子群优化算法是基于群体智能理论的优化算法,它是通过群体中粒子间的合作与竞争产生的群体智能指导优化搜索。与进化算法比较,粒子群优化算法保留了基于种群的全局搜索策略,但是它又采用了一种相对简单的速度—位移模型,避免了复杂的遗传算子操作。同时它特有的记忆功能使其可以动态跟踪当前的搜索情况而调整其搜索策略。归纳起来,粒子群优化算法主要有一下几个特点:

① 粒子群优化算法搜索过程是从一组解迭代到另一组解,采用同时处理群体中多个个体的方法,具有本质的并行性。

② 粒子群优化算法采用实数进行编码,直接在问题上进行处理,无须转化,因此算法简单,易于实现。

③ 粒子群优化算法的各粒子的移动具有随机性,可搜索不确定的复杂区域。

④ 粒子群优化算法具备有效的全局和局部搜索的平衡能力,避免早熟。

⑤ 粒子群优化算法在优化过程中,每个粒子通过自身经验与群体经验进行更新,具有学习的功能。

⑥ 粒子群优化算法解的质量不依赖初始点的选取,保证了收敛性。

⑦ 粒子群优化算法可求解离散变量的优化问题,但是对离散变量的取整可能导致较大的误差。

4. 粒子群算法的改进

在粒子群优化算法中,微粒的飞行速度大小直接影响着算法的全局收敛性。当微粒的飞行速度过大时,各微粒初始将会以较快的速度飞向全局最优解邻近的区域,但是当逼近最优解时,由于微粒的飞行速度缺乏有效的控制与约束,微粒很容易飞越最优解,转而去探索其他区域,从而使算法很难收敛于全局最优解;当微粒的飞行速度太小时,粒子群优化算法达到最优解就需要很长的搜索时间。这一现象说明了该算法在速度缺乏有效的控制策略时,不具备较强的局部搜索能力或精细搜索能力。

针对上述缺点,经过多年的研究,粒子群优化算法已经发展出了多个版本,如带惯性权重因子 ω 的粒子群优化算法、采用模糊控制规则处理惯性因子 ω 的自适应粒子群优化算法(Adaptive Particle Swarm Optimization,APSO)、结合了遗传算法选择机制的混合粒子群优化算法(Hybrid Particle Swarm Optimization,HPSO)、采用不同寻优维度的协同粒子群优化算法(Cooperative Particle Swarm Optimization,CPSO)、离散二进制的粒子群优化算法(Discrete Particle Particle Swarm Optimization,DPSO)以及基于极坐标的粒子群优化算法。

6.4.3 蚁群算法

蚁群算法是由意大利学者 Dorigo、Maniezzo 等人在 20 世纪 90 年代初首先提出来,算法受自然界中真实蚁群的觅食行为启发而得到。蚁群算法的基本原理来自对昆虫的观察:生物界中的蚂蚁在寻找食物源时,能在其走过的路径上释放一种蚂蚁特有的分泌物——信息素,使得一定范围内的其他蚂蚁能够觉察并影响其行为。当某些路径上走过的蚂蚁越来越多时,留下的这种信息素也越多,以致后来蚂蚁选择该路径的概率也越高,从而更增加了该路径的吸引强度,蚂蚁群体就靠着这种内部的生物协同机制逐渐形成了一条它们自己事先并未意识到的最短路线。蚁群算法从这种模型中启发得来,并用于解决优化问题。

蚁群算法中每个优化问题的解都是搜索空间中的一只蚂蚁,蚂蚁都有一个由被优化函数决定的适应度值(与要释放的信息素成正比),蚂蚁就是根据它周围的信息素的多少决定它们移动的方向,同时蚂蚁也在走过的路上释放信息素,以便影响别的蚂蚁。

1. 蚁群算法的基本原理

通过引用 Dorigo 的例子来具体说明蚁群算法的基本原理。

如图 6-27 所示,设 A 是巢穴,E 是食物源,HC 为障碍物。由于障碍物的存在,蚂蚁只能经由 H 或 C 由 A 到达 E,或由 E 到达 A。各点之间的距离如图中所示。设每个时间单位有 30 只蚂蚁由 A 到达 B,有 30 只蚂蚁由 E 到达 D,蚂蚁过后留下的信息素量为 1,为方便起见,设该物质停留时间为 1。在初始时刻,由于路径 BH, BC, DH, DC 上均无信息存在,位于 B 和 D 的蚂蚁可随机选择路径。从统计的角度可以认为它们以相同的概率选择 BH, BC, DH, DC。经过一个时间单位后,在路径 BCD 上的信息量是路径 BHD 上信息量的二倍。在 $t=1$ 时刻,将有 20 只蚂蚁由 B 和 D 到达 C,有 10 只蚂蚁由 B 和 D 到达 H。随着时间的推移,蚂蚁将会以越来越大的概率选择路径 BCD,最终完全选择 BCD。从而找到蚁巢到食物源的最短路径。

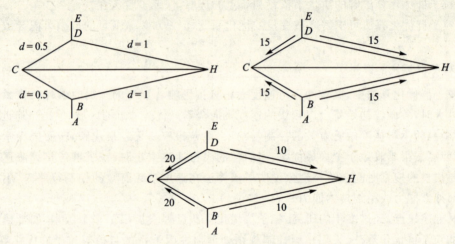

图 6-27 蚁群觅食示意图

这样,就可以理解蚁群算法的基本原理:如果在给定点,一只蚂蚁要在不同的路径中选择,那么,那些被先行蚂蚁大量选择的路径(也就是信息素留存较浓的路径)被选中的概率也更大,较多的信息素意味着较短的路径,也就意味着较好的问题答案。

2. 蚁群算法及其实现步骤

首先给出一些参数的解释:

m ——蚂蚁个数;

η_{ij} ——边弧 (i,j) 的能见度;

τ_{ij} ——边弧 (i,j) 的轨迹强度(残留信息量);

$\Delta\tau_{ij}^k$ ——蚂蚁 k 于边弧 (i,j) 上留下的单位长度轨迹信息素数量;

P_{ij}^k ——蚂蚁 k 的转移概率,与 $(\tau_{ij})^\alpha$,$(\tau_{ij})^\beta$ 成正比,j 是尚未访问的结点;

α ——轨迹的相对重要性,$\alpha \leqslant 0$;

β ——能见度的相对重要性,$\beta \geqslant 0$;

ρ ——轨迹的持久性,$0 \leqslant \rho < 1$,$(1-\rho)$ 理解为轨迹衰减度;

Q ——体现蚂蚁所留轨迹数量的一个常数。

轨迹强度的更新方程为：

$$\tau_{ij}^{new} = \rho \cdot \tau_{ij}^{old} + \sum_{k=1}^{m} \Delta \tau_{ij}^{k} \tag{6-80}$$

为了便于理解，以求解平面上 n 个城市的旅行商问题为例，说明蚁群算法的流程。

第 1 步：$nc = 0$（nc 为迭代步数或搜索次数），$ncmax$ 为预定迭代步数；将 τ_{ij} 和 $\Delta \tau_{ij}$ 初始化，将 m 个蚂蚁置于 n 个顶点上；初始时刻各条路径上的信息量相等，一般设 $\tau_{ij} = C$（C 为常数），$\Delta \tau_{ij} = 0$；

第 2 步：将每个蚂蚁的初始出发点置于当前解集 S 中，对每个蚂蚁 k 按转移概率 P_{ij}^k 移到下一个顶点 j，再将顶点 j 置于当前解集 S 中，一般转移概率定义为

$$p_{ij}^{k} = \begin{cases} (\tau_{ij})^\alpha \cdot (\eta_{ij})^\beta / \sum_{r \in S} (\tau_{ij})^\alpha \cdot (\eta_{ij})^\beta, & \text{若 } j \in (0,1,\cdots,n-1) \\ 0, & \text{否则} \end{cases} \tag{6-81}$$

S，即 $(0,1,\cdots,n-1)$ 为可行顶点集，表示蚂蚁下一步允许选择的城市，与实际蚁群不同的是人工蚁群系统具有记忆功能，当前解集 S 随着走过的城市做动态调整；

第 3 步：各蚂蚁走完所有的城市后，计算各蚂蚁的目标函数值 Z^k，Z^k 为各蚂蚁走过 n 个城市后的路径，记录当前的最好解；

第 4 步：按轨迹强度更新方程修改轨迹强度；

第 5 步：对各边弧（路径），置 $\Delta \tau_{ij} = 0$，$nc = nc + 1$；

第 6 步：若 $nc < ncmax$ 且无退化行为（即找到的都是相同解），则转至第 2 步。

根据具体的算法不同，τ_{ij}，$\Delta \tau_{ij}^k$ 和 P_{ij}^k 的表达形式可以不同，要根据具体需要而定。例如，Dorgo 就根据 $\Delta \tau_{ij}^k$ 给出了三种不同的模型，分别为 ant-cycle 模型、ant-quantity 模型和 ant-density 模型。

在 ant-cycle 模型中

$$\Delta \tau_{ij}^{k} = \begin{cases} Q/L^k, & \text{若第 } k \text{ 只蚂蚁在本次循环中经过路径} (i,j) \\ 0, & \text{否则} \end{cases} \tag{6-82}$$

式中，L^k 表示第 k 只蚂蚁在本次循环中所走的路径长度。

在 ant-qunantity 模型中

$$\Delta \tau_{ij}^{k} = \begin{cases} Q/d_{ij}, & \text{若第 } k \text{ 只蚂蚁在时刻 } t \text{ 和 } t+1 \text{ 之间经过路径} (i,j) \\ 0, & \text{否则} \end{cases} \tag{6-83}$$

式中，d_{ij} 表示路径 (i,j) 长度。

在 ant-densit 模型中

$$\Delta \tau_{ij}^{k} = \begin{cases} Q, & \text{若第 } k \text{ 只蚂蚁在时刻 } t \text{ 和时刻 } t+1 \text{ 之间经过路径} (i,j) \\ 0, & \text{否则} \end{cases} \tag{6-84}$$

它们的区别在于：第一种模型利用的是整体信息，而后两种利用的是局部信息。

参数 α、β、ρ、Q、C 的设定一般要根据具体的实验方法确定其最优组合。

3. 蚁群算法的特点

众多的研究结果表明，蚁群算法具有很强的发现较好解的能力，这是因为该算法不仅利用了正反馈原理，在一定程度上可以加快进化过程而且是一种本质并行的算法，不同个体之间不断进行信息的交流和传递，从而能够相互协作，有利于发现较好解。归纳起来，蚁群算法具有

如下的优点：

① 蚁群算法是一种分布式的本质并行算法。单个蚂蚁的搜索过程是彼此独立的，容易陷入局部最优，但通过个体之间不断的信息交流和传递有利于发现较好解。

② 蚁群算法是一种正反馈算法。路径上的信息素水平较高，将吸引更多的蚂蚁沿这条路径运动，这又使得其信息素水平增加，这样就加快了算法的进程。

③ 蚁群算法具有较强的鲁棒性。只要对其模型稍加修改，便可以应用于其他问题。

④ 易于与其他方法结合。蚁群算法很容易与其他启发式算法相结合，以改善算法的性能。

虽然蚁群算法有如上优点，但它毕竟是一种新兴的算法，还存在以下缺点：

① 该算法一般需要较长的搜索时间。蚁群中各个个体的运动是随机的，虽然通过信息交换能够向着最优解进化，但是当群体规模较大时，很难在较短的时间内从大量杂乱无章的路径中找出一条较好的路径。

② 该算法容易出现停滞现象，即搜索进行到一定程度后，所有个体所发现的解完全一致，不能对解空间进行进一步的搜索，不利于发现更好的解。

4. 蚁群算法的改进

针对蚁群算法的缺点，很多研究工作者从基本蚁群算法的特定参数入手，尝试与其他算法相结合或者扩展蚁群算法的应用领域，提出了一些改进的蚁群算法，其中比较有代表性的包括：一种具有变异特征的蚁群算法、自适应蚁群算法、一种 GAAA(Genetic Algorithm-ant ALgorithm)算法、ASGA(Ant System with Genetic Algorithm)算法、MMAS(Max-min Ant System)算法和一种连续优化问题的蚁群算法。感兴趣的读者可以查阅与各算法相应的文献。

6.4.4 禁忌搜索算法

禁忌搜索(Tabu Search 或 Taboo Search，TS)的思想最早由 Glover 于 1986 年提出，它是对局部领域搜索的一种扩展，是一种全局逐步寻优算法，是对人类智力的一种模拟。禁忌搜索算法通过引入一个灵活的存储结构和相应的禁忌准则来避免迂回搜索，并通过藐视准则来赦免一些被禁忌的优良状态，进而保证多样化的有效搜索，以最终实现全局优化。

1. 禁忌搜索算法的基本思想

禁忌搜索算法的基本思想就是在搜索过程中将近期历史上的搜索过程存放在禁忌表中，阻止算法重复进入，这样就能有效地防止了搜索过程的循环。禁忌表模仿了人类的记忆功能。

禁忌搜索法的具体思路如下：禁忌搜索算法采用了邻域选优的搜索方法，为了能逃离局部最优解，算法必须能够接受劣解，也就是每一次迭代得到的解不必一定优于原来的解。但是，一旦接受了劣解，迭代就可能陷入循环。为了避免循环，算法将最近接受的一些移动放在禁忌表中，在以后的迭代中加以禁止。即只有不在禁忌表中的较好解（可能比当前解差）才被接受作为下一次迭代的初始解。随着迭代的进行，禁忌表不断更新，经过一定的迭代次数后，最早进入禁忌表的移动就从禁忌表中解禁退出。

2. 禁忌搜索算法的构成要素

禁忌搜索算法中很多构成要素对搜索的速度与质量至关重要，主要包括编码方式、适值函数、初始解、移动与邻域、禁忌表、选择策略、渴望水平和停止准则等。

第6章 优化设计方法

(1) 编码方式

与遗传算法一样,使用禁忌搜索算法求解一个问题之前,需要选择一种编码方式。编码就是将实际问题的解用一种便于算法操作的形式来描述,通常采用数学的形式。算法进行过程中或者算法结束之后,还需要通过解码来还原到实际问题的解。根据问题的实际情况,可以灵活地选择编码方式,比如顺序编码或者0-1编码。

(2) 适值函数

类似于遗传算法,适值函数也是用来对搜索状态进行评价。将目标函数直接作为适值函数是最直接也是最容易理解的做法。对目标函数做一些变形也可以作为适值函数,只要这个变形是严格单调的。适值函数的选择主要考虑提高算法的效率、便于搜索的进行等因素。

(3) 初始解

禁忌搜索算法可以随机给出初始解,也可以事先使用其他启发式等算法给出一个较好的初始解。由于禁忌搜索算法主要是基于邻域搜索的,初始解的好坏对搜索性能影响很大。尤其是一些带有很复杂约束的优化问题,如果随机给出初始解很可能是不可行的,甚至通过多步搜索也很难找到一个可行解,这个时候应该针对特定的复杂约束,采用启发式方法或其他方法找出一个可行解作为初始解。

(4) 移动与邻域移动

移动是从当前解产生新解的途径,从当前解可以进行的所有移动构成邻域,也可以理解为从当前解经过"一步"可以到达的区域。适当的移动规则的设计,是取得高效的搜索方法的关键。邻域移动的方法很多,求解不同的问题需要设计不同的移动规则。禁忌搜索算法中的邻域移动规则与遗传算法中的交叉算子和变异算子相似,需要根据特定的问题来设计。

(5) 禁忌表

在禁忌搜索算法中,禁忌表是用来防止搜索过程中出现循环,避免陷入局部最优的。它通常记录最近接受的若干次移动,在一定次数之内禁止再次被访问;过了一定次数之后,这些移动从禁忌表中退出,又可以重新被访问。禁忌表是禁忌搜索算法中的核心,它的功能和人类的短期记忆功能十分相似。

(6) 选择策略

选择策略是从邻域中选择一个比较好的解作为下一次迭代初始解的方法。对于如下优化问题

$$\min c(x) : x \in X \subset R^n \tag{6-85}$$

式中,目标函数 $c(x)$ 可以是线性的或者非线性的,解空间 X 由 n 维实空间上的有限个离散点构成。实际问题中,解空间可能由各种各样特定的约束条件构成。邻域搜索的过程就是从一个解移动到另外一个解,这里的移动用 s 表示,移动后得到的解用 $s(x)$ 表示,从当前解出发的所有移动得到的解的集合用 $S(x)$ 表示,也就是邻域的概念。选择策略用公式可以表示为

$$x' = \operatorname*{opt}_{s(x) \in V} s(x) = \arg[\max/\min_{s(x) \in V} c'(s(x))] \tag{6-86}$$

式中,x ——当前解;

x' ——选出的邻域最好解;

$s(x) \in V$ ——邻域解;

$c'(s(x))$ ——候选解 $s(x)$ 的适值函数。

(7) 渴望水平

在某些特定的条件下,不管某个移动是否在禁忌表中,都接受这个移动,并更新当前解和

历史最优解。这个移动满足的这个特定条件,称为渴望水平,或称为破禁水平、特设准则、蔑视准则等。渴望水平的设定也有多种形式,总结起来主要有基于适配值的准则、基于搜索方向的准则、基于影响力的准则以及一些其他准则。

渴望水平的设计比较灵活,实际应用中可以采用上述准则中一种或几种。而且,渴望水平还要与禁忌长度、候选解集等策略综合考虑。

(8) 停止准则

禁忌搜索算法的停止准则可以是最大迭代次数、最优解所需满足的精度或者达到某对象的最大禁忌频率。

3. 禁忌搜索算法流程

下面给出一个最基本的禁忌搜索算法的步骤:

第1步:初始化。给出初始解,禁忌表设为空。

第2步:判断是否满足停止条件,如果满足,停止迭代,输出结果,否则继续一下步骤。

第3步:对于候选解集中的最好解,判断其是否满足渴望水平。如果满足,更新渴望水平,更新当前解,转至第5步,否则继续下一步骤。

第4步:选择候选解集中不被禁忌的最好解作为当前解。

第5步:更新禁忌表,转至第2步。

相应的流程图如图6-28所示。

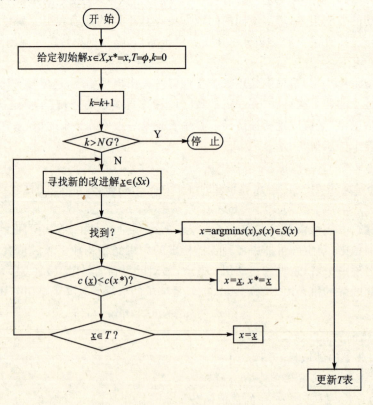

图6-28 禁忌搜索算法流程图

4. 禁忌搜索算法的特点

同传统的优化算法相比,禁忌搜索算法有如下优点:
① 能接受劣解,具有很好的爬山能力。
② 区域集中搜索与全局分散搜索能较好平衡。

但是也有明显的不足:
① 对初始解和邻域结构有较大的依赖性,一个好的初始解可能很快迭代到最优解,一个较差的初始解可能会极大地降低搜索质量。
② 搜索过程是串行的,不像其他智能算法那样具有并行的搜索机制。

5. 禁忌搜索算法的改进

针对禁忌搜索算法的缺点,为了全面提高算法的性能,可以针对其中的关键策略以及参数设置等方面进行改进,也可以与其他优化算法相结合形成混合算法。比较有代表性的禁忌搜索改进算法包括并行禁忌搜索算法、主动禁忌搜索算法以及禁忌搜索算法和其他算法的混合策略等。

习 题

6-1 什么是优化设计三要素?优化设计的分类有哪些?优化设计中有哪些关键技术?

6-2 欲制一批如图 6-29 所示的包装纸箱,其顶和底由四边延伸的折板组成。要求纸箱的容积为 2 m³,问如何确定 a、b 和 c 的尺寸使所用的纸板最省。试写出优化问题的数学模型。

6-3 用满应力法设计图 6-30 中的超静定桁架。长度 $l=100$ cm,外载荷 $P=8$ kN,AB、BC、CD、AD 四杆断面积都为 A_1,斜杆 AC 和 BD 的断面积都为 A_2。许用应力为 $\bar{\sigma}=20$ MPa,$\underline{\sigma}=15$ MPa。用应力法求出各杆的内力为

$$S_{BC}=-\frac{P(A_2+2\sqrt{2}A_1)}{4\sqrt{2}A_1+4A_2},S_{CD}=S_{AD}=S_{BC}$$

$$S_{AB}=S_{BC}+P,S_{BD}=-\sqrt{2}(S_{BC}+P),S_{AC}=-\sqrt{2}S_{BC}$$

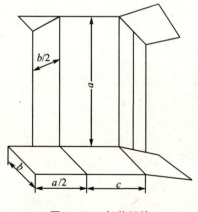

图 6-29 包装纸箱

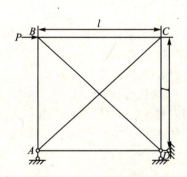

图 6-30 超静定桁架

6-4 用牛顿法求函数

$$f(x_1,x_2)=(x_1-x_2)^4+(x_1-2x_2)^2$$

的极小点(迭代两次)。

6-5 分析比较最速下降法、牛顿法、阻尼牛顿法和共轭方向法的特点。

6-6 用内点法求解下列问题的最优解

$$\min f(x) = x_1^2 + x_2^2 - 2x_1 + 1$$
$$\text{s.t.} \quad g_1(x) = 3 - x_2 \leqslant 0$$

6-7 用混合惩罚法求解下列问题的最优解

$$\min f(x) = x_2 - x_1$$
$$\text{s.t.} \quad g(x) = -\ln x_1 \leqslant 0$$
$$h(x) = x_1 + x_2 - 1 = 0$$

6-8 用单纯形法求解线性规划问题

$$\min f(x) = -1.1x_1 - 2.2x_2 + 3.3x_3 - 4.4x_4$$
$$\text{s.t.} \begin{cases} x_1 + x_2 + x_3 = 4 \\ x_1 + 2x_2 + 2.5x_3 + 3x_4 = 5 \\ x_j \geqslant 0 (j = 1, 2, 3, 4) \end{cases}$$

6-9 简述遗传算法的基本原理并画出其程序流程图。

6-10 试分析粒子群优化算法和蚁群算法的异同。

6-11 禁忌搜索算法与传统优化算法的最主要区别是什么？禁忌搜索算法与其他智能优化算法的最主要区别是什么？

参考文献

[1] 钱令希. 工程结构优化设计[M]. 北京：科学出版社，2011.

[2] 程耿东. 工程结构优化设计基础[M]. 大连：大连理工大学出版社，2012.

[3] 梁醒培，王辉. 基于有限元法的结构优化设计：原理与工程应用[M]. 北京：清华大学出版社，2010.

[4] M. P. BendsØs, O. Sigmund. Topology Optimization：Theory, Methods and Applications[M]. Berlin：Springer，2003.

[5] X. Huang, Y. M. Xie. Evolutionary Topology Optimization of Continuum Structures：Methods and Applications[M]. Milton Keynes：Wiley，2010.

[6] 左孔天. 连续体结构拓扑优化理论与应用研究[D]. 武汉：华中科技大学，2004.

[7] 孙靖民. 机械优化设计[M]. 北京：机械工业出版社，2012.

[8] 陈立周. 机械优化设计方法[M]. 北京：冶金工业出版社，2005.

[9] 余俊. 现代设计方法及应用[M]. 北京：中国标准出版社，2002.

[10] 黄友锐. 智能优化算法及其应用[M]. 北京：国防工业出版社，2008.

[11] J. Holland. Adaptation in Natural and Artificial System[M]. Ann Arbor：The University of Michan Press，1975.

[12] M. Dorigo, V. Maniezzo, A. Colorni. The ant system：optimization by a colony of cooperating agents[J]. IEEE Transactions on Systems, Man and Cybernetics-PartB，1996，26(1)：1-13.

[13] 梁艳春，吴春国，时小虎，等. 群智能优化算法理论与应用[M]. 北京：科学出版社，2009.

第 7 章 机械动态设计

7.1 机械动态设计概述

7.1.1 机械动态设计的意义

随着科学技术的进步,机械产品与设备朝着高效、精密、轻量化和自动化的方向不断发展,产品的结构趋于复杂,因此对机械产品性能的要求也越来越高。为了使这些产品和设备安全可靠地工作,其结构系统必须具有良好的静、动态特性。同时,设备在工作时的振动与噪声,会损害操作者的身心健康,并且污染环境,也是一个需要致力解决的社会问题。为此,必须对机械产品和设备进行动态分析与设计,以满足机械动态特性和低振动、低噪声等要求。

机械动态设计是一项正在发展中的技术,它包含的内容十分丰富,涉及现代动态分析方法、计算机技术、产品结构动力学、设计方法学等众多学科范围,它对结构的动态和静态性能予以全面的分析和设计,具有传统设计方法达不到的优越性。目前国内外在机械动态设计这一领域的研究十分活跃,对于这一仍然处于发展阶段的理论技术领域,美国、欧洲等发达国家十分重视,并将其列为结构设计领域的重点发展方向之一。相比之下,我国在这一领域的研究还比较落后,为了提高我国机械产品的现代化设计水平,增强我国机械产品在国际市场中的竞争能力,就必须对机械动态设计理论与方法进行深入的研究。

7.1.2 机械动态设计的含义

机械动态设计是指根据机械结构工作的动力学环境以及功能、强度等方面的要求,按照结构动力学"逆问题"分析法对结构的振型、频率等动态特性参数进行求解,或按结构动力学"正问题"分析法进行结构修改和修改结构动态特性的重分析,从而得到一个具有良好动静态特性的产品。通过机械动态设计得到的产品不仅具有良好的工作工艺指标,而且能够安全、可靠地工作,并满足相应的寿命要求。

机械设备正在向大型化、自动化、智能化、集成化、数字化方向发展,工作过程中出现的动力学问题越来越多,对动力学特性的要求也越来越高。因此,对机械整体系统及其零部件按照传统的设计理论和方法进行设计是远远不够的,而应该按照现代机械的动态设计理论与方法进行较全面和系统的设计,这是保证机械设备和整个系统可靠和有效运行的重要措施和必要手段。特别是近 10 多年来,现代科学技术,诸如非线性动力学理论与方法、现代设计理论与方法和计算机技术的迅速发展,使得应用最新的科学技术,对机械进行全面和系统的动态设计已成为可能。

7.1.3 机械动态设计的主要内容与关键技术

机械动态设计是一门综合了多种学科、具有很高工程应用价值的现代设计技术。它的一般流程包括:对满足工作性能要求的产品初步设计图样,或需要改进的产品结构实物进行动力学建模,并做动态特性分析。然后,根据工程实际情况,给出其动态特性的要求或预定的动态设计目标,再按结构动力学"逆问题"方法直接求解结构设计参数,或按结构动力学"正问题"分析法,进行结构修改设计与修改结构的动态特性预测,其结构的修改与预测过程往往需要反复多次,直到满足各项设计要求,从而得到一个具有良好动态特性的产品设计方案。因此,结构动态设计的主要内容包括如下两个方面:

① 建立一个切合实际的结构动力学模型。
② 选择有效的结构动态优化设计方法。

机械结构的动力学模型可采用理论建模方法和实验建模方法进行建立。理论建模方法一般都是从结构的原理及结构形状开始,提取出关键性参数从而对结构进行化简,根据力学原理,得到具有能表征结构最重要动态性能的动力学模型。实验建模方法一般是指建立实验模态模型或频响函数模型。对于复杂结构,目前常采用有限元法将连续的结构离散成有限个自由度的动力学系统来建模。随着计算机技术的高速发展,各种硬件性价比的大幅度提高,各种商业化有限元软件的发展使得有限元法建模、分析的效率更高,速度更快,大大促进了结构动态设计的发展。然而,这种理论建模方法也有不足之处,如对于复杂的、要求精度较高的模型,分析的速度慢且得到很多无用的结果。由于整体的结构阻尼及结合部的动力学特性(刚度、阻尼)等参数的不准确,使得分析的结构精确度不是很高。随着实验模态测试技术的发展,实验分辨精度的提高,软硬件技术的不断完善,实验建模方法成为最能反映机械结构动态特性的分析方法,可弥补理论建模的不足。

建立一个真正反映结构系统动态特性的动力学模型,只是进行结构动态设计的先决条件,而非最终目的,动态设计的最终目的是利用系统的动力学模型并选择一种适当的优化算法来对结构进行动态优化设计,以获得一个具有良好动态性能的产品结构设计方案。结构的动态优化方法可归纳为:"逆问题"与"正问题"两大类处理方法。所谓"逆问题"处理方法,就是给定结构某些动态特性要求,通过某种算法直接反求结构的设计变量。所谓"正问题"处理方法,就是根据实际结构可能变更的设计方案,不断修改设计参数,并通过某种算法快速重分析结构的动态特性参数,以达到动态优化的目的。因而,如何以结构的设计变量为优化变量,实现结构动力学逆问题的直接求解以及寻找一种更快速、更准确的结构动态特性模型与方法,便是结构动态设计中的关键技术。

7.2 机械结构振动基础

机械动态设计的最终目的是获得具有良好动态性能的产品结构设计方案,而结构的动力响应在多数情况下表现为振动,因此下面将对机械振动的相关理论知识进行介绍。

7.2.1 机械振动的含义与分类

机械振动是指系统在某一位置(通常是平衡位置)附近所作的往复运动。振动现象在生活中普遍存在,例如,人们能听到周围的声音是由于鼓膜的振动;能看见周围的物体是由于光波的振动;人的血液流动是由于心脏的跳动;人的呼吸与肺的振动紧密相关。

机械振动通常会给人类的生活和生产带来危害。在生活中,崎岖的道路会使汽车产生振动,轮船航行时遇到海浪会引起颠簸,飞机机翼的颤振和发动机的异常振动也曾引发多次飞行事故,这些都会影响到乘客的身心健康甚至是生命安全。在生产活动中,振动会影响精密仪器的准确度;降低机械结构的强度会加剧结构的疲劳和磨损,缩短使用寿命。同时,机械振动会产生噪声,污染环境,影响人们正常的工作和休息。

然而,合理地利用振动机理也会让我们发现机械振动有利的一面。例如,从19世纪瑞士人发明的利用摆振进行计时的钟表,到现在利用晶振进行准确计时的石英钟,又如许多利用机械振动的生产设备:振动筛选机、振动研磨机、振动测量传感器等。它们的出现让人们认识到,随着对振动规律的深入理解,振动的作用会不断被挖掘出来,也必然会更好地造福于人类。

对于一般的振动问题,人们将产生振动的结构称为系统,把作用于系统的所有外激励因素称为输入,系统相应于输入的响应则称为输出,三者之间的联系如图7-1所示。

图 7-1 一般振动问题的组成

根据研究目的的不同,可以把振动问题归纳为以下三类。

1. 已知激励和系统特性,求系统的响应

这类问题称为系统动力响应分析,是振动的正问题。当静力分析不能够满足人们对产品的设计要求时,系统动力响应问题的研究便逐渐得到重视。根据已知条件对振动系统进行简化,得到合理的数学模型后再通过一些特定的数学方法求解出人们所关心的振动结构上的位移、应力等结果,并以此考核振动结构的设计是否合理。如若不满足动态设计要求,则必须进行结构修改。许多工程问题应用这一基本分析过程都能得到满意的结果。

2. 已知激励和系统响应,求系统参数

这是振动问题的反问题,通常称为系统识别。这类问题的出现实际是源自振动的正问题,当振动系统的响应不能够满足设计要求时,需要修改结构。而通常进行结构修改只能是凭借经验,往往具有盲目性,得到的结构常常不能让人满意,效率也非常低。事实上,除少数非线性的问题外,大多数问题的输入、系统和输出具有确定性的关系,因而人们可以在线性、定常、稳定假定等基础上研究得到系统识别的多种方法。

3. 已知系统特性和系统响应,求激励

这是振动问题的第二种反问题,可以称为环境预测。在汽车、飞机的运行,由地震、风浪等引起的建筑物振动等问题中,一般已知振动结构的情况,也能够较容易地测得系统的动力响应,但激励却很难确定。为了能够在进一步的研究中得到在这些特定激励下原有结构及新设计结构的动力响应,需要确定这些激励。

也可以按其他方法进行分类。

按激励的有无可以分为:

(1) 自由振动与受迫振动

系统受到一个初始激励的作用,激励消失后系统所作的振动称为自由振动。在外激励的作用下系统所作的振动则称为受迫振动。

按运动微分方程可以分为:

(2) 线性振动与非线性振动

如果描述运动的方程是线性微分方程,则系统所作的振动称为线性振动,线性振动的一个重要特性是满足线性叠加原理。如果描述运动的方程是非线性微分方程,那么线性叠加原理不再成立,系统所作的振动称为非线性振动。

按激励性质可以分为:

(3) 随机振动与确定性振动

系统在非确定性随机激励下所作的振动称为随机振动。如果作用在振动系统上激励的值或幅值在任何时刻都是确定的,则系统所作的振动称为确定性振动。

7.2.2 振动分析的一般步骤

一般作用于振动系统的外激励和系统的振动响应都是随时间变化的,因此一个振动系统本质上是一个动力系统。通常振动系统所受到的外激励及系统的初始条件可以决定系统的振动响应,然而在工程实际中,大多数的系统本身十分复杂,在进行数学建模时,如若将所有的实际因素都考虑进来,那么求解问题将变得十分困难,因此只需考虑系统中那些最重要的特性,也能够精确预测振动系统在确定输入下的行为。众多工程实践表明,对于一个复杂的振动系统,仍然能够通过忽略模型的一些不重要影响因素而大致了解其动力学行为。通常分析一个振动系统包括以下四个步骤。

1. 建立物理模型

为了进行机械系统振动的研究,首先应当确定的是与所研究问题有关的系统元件和外界因素。例如,汽车在不平的道路上行驶时由于颠簸会在垂直方向产生振动。组成汽车的众多元件都或多或少地影响到它的性能。但是,相比于汽车相对道路的运动,汽车的车身和其他元件的变形要小得多,弹簧和轮胎的柔性比车身的柔性要大得多。因此,为了确定汽车由于颠簸而产生的振动,我们可以建立一个简化的理想物理系统,从工程分析的角度来看,它对外界因素作用的响应将和实际系统相接近。一般而言,对某种分析适用的一个物理模型并不一定适用于其他的分析,需要对特定的问题进行具体的分析后才能够确认物理模型的适用性。如果要提高分析的精度,就很可能需要更为精确的物理模型。图 7-2 和图 7-3 是分析汽车由于颠簸产生振动的两个物理模型。

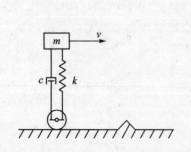

图 7-2 汽车颠簸振动的简化物理模型 1

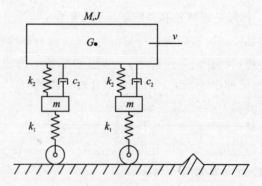

图 7-3 汽车颠簸振动的简化物理模型 2

2. 建立数学模型

建立数学模型是为了揭示系统的重要特性,得到描述系统动力学行为的方程。在得到所研究系统的物理模型后,可以应用物理定律对物理模型进行分析,以导出描述系统特性的方程。一般来说,振动问题的数学模型表现为控制微分方程的形式。

3. 方程的求解

要想了解振动系统响应的特点和规律,就必须对数学模型进行求解,以得到描述系统运动的数学表达式。通常,这种表达式是振动位移、速度和加速度的表达式,表示为时间的函数,其表明了系统运动与系统性质和外界作用的关系。

4. 结果的分析

有了方程的解之后还需要做进一步分析,以便揭示分析结果对设计的某些指导作用。例如,可以根据方程解的特点与规律结合系统的设计要求及结构特点对结构的设计或修改是否合意进行判断,从而获得解决问题的最佳方案。

在上述步骤之中,数学模型的建立和方程的求解是分析振动问题的重点,而如何建立一个合理的物理模型则是分析问题的基础。

7.2.3 单自由度系统的振动

单自由度系统是最简单的振动系统,通过对单自由度系统的分析,可以简单明了地阐明机械振动的一些基本概念、原理和方法,这是研究复杂问题的基础。

1. 无阻尼自由振动

图 7-4 表示单自由度系统的一般模型。机械系统在运动中总是会受到阻力,因而阻尼总是存在的。在一些情况下,阻尼很小,对系统运动的影响甚微,此时可以忽略阻尼的影响,而系统就成为了一个无阻尼单自由度系统。通常这种分析简化也能得到满意的结果。

质量为 m 的质量块和弹簧常数为 k 的弹簧组成了单自由度无阻尼系统自由振动的理论模型,系统只在垂直方向微幅振动。当未加质量块时,弹簧处于自由状态,而当质量块被静态加到弹簧上后,系统处于平衡状态,弹簧变形量为 δ_{st},系统的受力情况如图 7-5 所示。

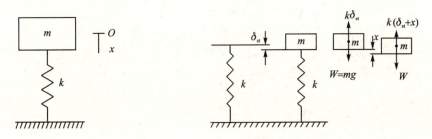

图 7-4 单自由度系统理论模型　　图 7-5 单自由度无阻尼系统自由振动的理论模型

由静力平衡条件可得

$$W = mg = k\delta_{st} \tag{7-1}$$

如果将弹簧向下压缩距离 x,弹簧的恢复力会随之增大 kx,这时受力状态可以表示为

$$W = mg < k(\delta_{st} + x) \tag{7-2}$$

显然系统已不再处于平衡状态，此后系统会以这一恢复力维持自由振动。若以给系统施加扰动的时刻为 t＝0，并将系统静平衡位置作为空间坐标的原点建立坐标系且以质量块由平衡位置向下移动的距离为正。那么在 t 时刻，系统的位移为 x，此时由牛顿定律可以得到

$$W - k(\delta_{st} + x) = m\ddot{x} \qquad (7-3)$$

经化简，得

$$m\ddot{x} + kx = 0 \qquad (7-4)$$

式(7-4)即为单自由度无阻尼系统自由振动的运动方程。

若令 $\omega_n^2 = k/m$ 系统的运动方程可以表示为

$$\ddot{x} + \omega_n^2 x = 0 \qquad (7-5)$$

分析方程(7-5)可知其为二阶常系数齐次线性微分方程，其通解可以表示为

$$x(t) = X_1 \cos\omega_n t + X_2 \sin\omega_n t \qquad (7-6)$$

式中，X_1、X_2——由初始条件确定的常数。若 t=0 时施加于系统的条件为初始位移 $x(0) = x_0$，初始速度 $\dot{x}(0) = v_0$，代入式(7-6)可求得

$$X_1 = x_0,\ X_2 = \frac{v_0}{\omega_n} \qquad (7-7)$$

因此，对于确定的初始条件，系统发生的某种确定运动为

$$x(t) = x_0 \cos\omega_n t + \frac{v_0}{\omega_n} \sin\omega_n t \qquad (7-8)$$

这种运动可以看作由两个同频率的简谐运动所组成，将运动进行合成可得

$$x(t) = A\sin(\omega_n t + \psi) \qquad (7-9)$$

式中，A——振幅；

ψ——初相角。

且有

$$A = \sqrt{x_0^2 + \left(\frac{v_0}{\omega_n}\right)^2},\quad \psi = \arctan\frac{\omega_n x_0}{v_0} \qquad (7-10)$$

从式(7-9)和式(7-10)可以看出：线性系统自由振动振幅仅决定于施加给系统的初始条件和系统自身的固有频率，而与其他因素无关。系统振动的频率 $\omega_n = \sqrt{k/m}$ 只与系统自身的参数有关，与初始条件无关，因而称为无阻尼固有频率。

对于一个如图 7-6 所示的无阻尼系统，由于其自由振动过程既没有能量的损失，也没有能量的输入，被称为保守系统。根据能量守恒定律，保守系统的总能量 E 保持不变。系统的总能量包括两个部分，系统动能和势能，即

$$E = T + U = 常数 \qquad (7-11)$$

式中，T、U——系统动能与势能。

由式(7-11)对时间 t 求导可得

$$\frac{\mathrm{d}}{\mathrm{d}t}(T+U) = 0 \qquad (7-12)$$

若系统在某一时刻 t 的位移和速度分别为 $x(t)$ 和 $\dot{x}(t)$，则系统的动能和势能可以分别表示为

$$T = \frac{1}{2}m\dot{x}^2(t) \qquad (7-13)$$

$$U = \frac{1}{2}kx^2(t) \tag{7-14}$$

将式(7-13)和式(7-14)代入式(7-12),可得

$$\frac{\mathrm{d}}{\mathrm{d}t}\left(\frac{1}{2}m\dot{x}^2 + \frac{1}{2}kx^2\right) = 0 \tag{7-15}$$

化简后,即得到系统的运动微分方程为

$$m\ddot{x} + kx = 0 \tag{7-16}$$

从式(7-16)可以看出由能量方法得到运动方程与式(7-4)一致,除了能确定运动微分方程,能量法还可求解固有频率。

通常系统在振动时,能量会在动能与势能之间进行周期性地相互转移,但总能量保持不变。振动过程中有两种特殊位置:在静平衡位置处,系统的势能为零,动能达到最大值;在最大位移处,动能为零,势能达到最大。由能量守恒可知动能和势能的最大值相等,即

$$T_{\max} = U_{\max} \tag{7-17}$$

对于图7-6所示的系统,其最大动能与最大势能可以表示为

$$\left. \begin{array}{l} T_{\max} = \dfrac{1}{2}m\omega_n^2 A^2, \\ U_{\max} = \dfrac{1}{2}kA^2 \end{array} \right\} \tag{7-18}$$

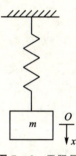

图 7-6 无阻尼弹簧-质量系统

因此,有

$$\frac{1}{2}m\omega_n^2 A^2 = \frac{1}{2}kA^2 \tag{7-19}$$

则

$$\omega_n = \sqrt{\frac{k}{m}}$$

2. 有阻尼自由振动

前面在进行振动分析时都忽略了系统的阻尼,然而在实际系统中,总是存在着能量的耗散,因而系统不会持续地作等幅自由振动,而是随着时间的推移振幅逐渐减小,这样的自由振动叫做有阻尼自由振动。

图7-7所示的单自由度系统的运动方程可以表示为

$$m\ddot{x} + c\dot{x} + kx = 0 \tag{7-20}$$

或

$$\ddot{x} + 2\zeta\omega_n\dot{x} + \omega_n^2 x = 0 \tag{7-21}$$

式中,ω_n——$\omega_n = \sqrt{\dfrac{k}{m}}$ 为固有频率;

$\zeta = \dfrac{c}{2\sqrt{mk}}$ 称做阻尼比,是无量纲的。

设式(7-21)的通解为

$$x(t) = X e^{\lambda t} \tag{7-22}$$

代入式(7-21)可得

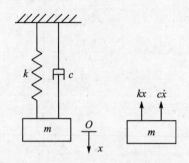

图 7-7 具有粘性阻尼的单自由度系统

$$\lambda^2 + 2\zeta\omega_n\lambda + \omega_n^2 = 0 \tag{7-23}$$

由此可解得式(7-23)的两个特征根为

$$\lambda_{1,2} = (-\zeta \pm \sqrt{\zeta^2 - 1})\omega_n$$

由上式可以看出,特征根与阻尼比和固有频率有关,但其主要取决于阻尼比。

对于欠阻尼系统,即 $\zeta < 1$ 时,特征根为二共轭复根

$$\lambda_{1,2} = (-\zeta \pm j\sqrt{1-\zeta^2})\omega_n \tag{7-24}$$

方程(7-21)的解可以表示为

$$x(t) = X_1 e^{(-\zeta+j\sqrt{1-\zeta^2})\omega_n t} + X_2 e^{(-\zeta-j\sqrt{1-\zeta^2})\omega_n t} \tag{7-25}$$

根据欧拉公式展开并进行整理可得

$$x(t) = A e^{-\zeta\omega_n t} \sin(\omega_d t + \psi) \tag{7-26}$$

式中,ω_d——$\omega_d = \sqrt{1-\zeta^2}\omega_n$ 叫做有阻尼固有频率;

ψ——初相角。

欠阻尼振动系统的位移幅值随着时间按指数衰减,其一般运动形式如图 7-8 所示。

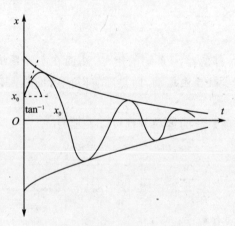

图 7-8 欠阻尼系统一般运动形式

对于临界阻尼系统,即 $\zeta = 1$ 时,系统的运动可以表示为

$$x(t) = (X_1 + X_2 t) e^{-\omega_n t} \tag{7-27}$$

这是一个时间的线性函数与一个按指数衰减的函数之积,其一般运动形式如图 7-9 所示。

对于过阻尼系统,即 $\zeta > 1$ 时,系统的运动可以表示为

$$x(t) = X_1 e^{(-\zeta+\sqrt{\zeta^2-1})\omega_n t} + X_2 e^{(-\zeta-\sqrt{\zeta^2-1})\omega_n t} \tag{7-28}$$

这是两个按指数衰减的运动之和，系统的运动将是非振荡的，其一般形式如图 7-10 所示。

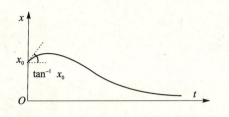

图 7-9 临界阻尼系统的一般运动形式

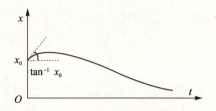

图 7-10 过阻尼系统的一般运动形式

3. 强迫振动

系统受到外界动态作用力的持续作用时，系统会产生等幅的振动，被称为强迫振动。一般作用于系统的激励可以分为谐波激励、非谐波周期性激励和任意激励。由于系统对于谐波激励的响应仍为同频率的谐波且线性系统满足叠加原理，各种复杂的激励都可以分解成一系列的谐波激励，那么系统对外力的响应便可以由叠加各个谐波响应来得到。图 7-11 表示的是单自由度系统在谐波激励下的强迫振动，其运动微分方程为

$$m\ddot{x} + c\dot{x} + kx = F\sin\omega t \tag{7-29}$$

式中，F——谐波激励力幅值；

ω——激励频率。

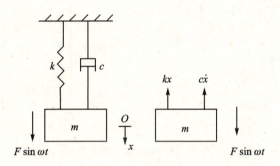

图 7-11 单自由度系统在简谐激励下强迫振动的理论模型

引入固有频率和阻尼比，则式(7-29)又可以表示为

$$\ddot{x} + 2\zeta\omega_n \dot{x} + \omega_n^2 x = \omega_n^2 A \sin\omega t \tag{7-30}$$

式中，$A = F/k$ 为与力幅 F 相等的恒力作用在系统上所引起的静位移。

系统的振动由瞬态振动和稳态振动组成，随着时间的推移，瞬态振动会趋于消失，设系统的稳态响应为

$$x(t) = X\sin(\omega t - \varphi) \tag{7-31}$$

代入微分方程(7-30)并考虑到对任意 t 时刻都应该成立，可得振幅 X 和相位差 φ 分别为

$$X = \frac{A}{\sqrt{[1-(\omega/\omega_n)^2]^2 + (2\zeta\omega/\omega_n)^2}}$$

$$\varphi = \arctan\frac{2\zeta\omega/\omega_n}{1-(\omega/\omega_n)^2}$$

可以看出,稳态响应的振幅取决于静变形 A、阻尼比 ξ 和频率比 ω/ω_n。

若以 $M = \dfrac{X}{A}$ 表示放大因子,那么放大因子的频率特性可以由图 7-12 表示,而相位差 φ 随频率变化的关系则可由图 7-13 表示。

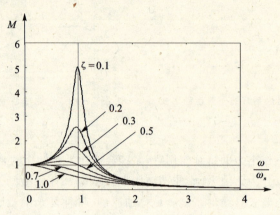

图 7-12　放大因子的频率特性

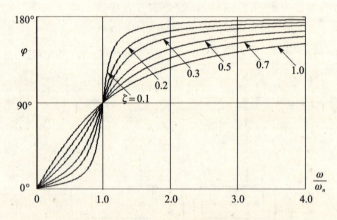

图 7-13　相位差的频率特性

在工程实际中,振动系统的性能参数一般都不随时间而变化,又多属于微幅振动。这样,大多数问题可以近似地简化为线性问题来处理,因而在得到谐波激励下的系统响应后,受其他形式外激励作用的系统响应便可由叠加原理得到。

7.2.4　多自由度系统的振动

很多机械系统根据其工作状况,简化成单自由度系统的模型无法满足其对动态特性进行分析的要求。事实上,所有机械系统都是由具有分布参数的元件所组成,严格地说,都是一个无限多自由度的系统。在很多情况下,质量、弹性和阻尼的分布并不是很均匀,可以根据结构特点和分析要求,把有些元件或其部分简化成质量,而把有些元件或其部分简化成弹簧,用有限个质量、弹簧和阻尼去形成一个离散的、有限多的集中参数系统,这样得到的简化模型是对连续系统在空间上的离散化和逼近。通过对多自由度系统的讨论,将使我们进一步掌握机械结构动力学的一般理论和方法,去解决复杂的实际问题。

1. 无阻尼自由振动方程的建立

对于多自由度系统,建立运动方程的方法包括拉格朗日方程、达朗贝尔原理以及牛顿运动定律等。通常从能量的角度建立系统的运动方程可以用矩阵的形式表达系统的各种能量以及外力的功,使得推演过程非常简洁,而且一些常用的数值方法,如有限元法,也是以能量原理为基础的。设一个具有 n 个自由度的系统的运动状态可以由 n 个广义坐标 $\boldsymbol{x} = (x_1, x_2, \cdots, x_n)$ 唯一确定,那么系统的动能和势能可以分别表示为广义速度和广义位移的二次型,即

$$T = \frac{1}{2}\dot{\boldsymbol{x}}^\mathrm{T} \boldsymbol{M} \dot{\boldsymbol{x}}, \quad V = \frac{1}{2}\boldsymbol{x}^\mathrm{T} \boldsymbol{K} \boldsymbol{x} \qquad (7-32)$$

式中,$\boldsymbol{M}$ 为质量矩阵;

$\boldsymbol{K}$ 为刚度矩阵。

由式(7-32)构造下面的拉格朗日广义函数

$$L = \frac{1}{2}(\dot{\boldsymbol{x}}^\mathrm{T} \boldsymbol{M} \dot{\boldsymbol{x}} - \boldsymbol{x}^\mathrm{T} \boldsymbol{K} \boldsymbol{x}) \qquad (7-33)$$

将式(7-33)代入拉格朗日方程可得

$$\frac{\mathrm{d}}{\mathrm{d}t}\left(\frac{\partial L}{\partial \dot{\boldsymbol{x}}}\right) - \frac{\partial L}{\partial \boldsymbol{x}} = 0 \qquad (7-34)$$

由此可以得到系统自由振动的运动方程为

$$\boldsymbol{M}\ddot{\boldsymbol{x}} + \boldsymbol{K}\boldsymbol{x} = \boldsymbol{0} \qquad (7-35)$$

注意,式(7-35)右端的 $\boldsymbol{0}$ 为零矢量。可以看出对系统进行离散后,可以很方便地由质量矩阵和刚度矩阵建立运动方程。

2. 固有频率、固有振型和主坐标

在某种特定的初始干扰作用下,系统会以同一频率作简谐振动,此时可以设自由振动解的形式为

$$\boldsymbol{x} = \boldsymbol{A}\sin(\omega t + \varphi) \qquad (7-36)$$

式中,ω ——无阻尼固有频率;

$\boldsymbol{A}$ ——振幅矢量;

φ ——相位角。

将式(7-36)代入方程(7-35),可得

$$(\boldsymbol{K} - \omega^2 \boldsymbol{M})\boldsymbol{A} = \boldsymbol{0} \qquad (7-37)$$

式(7-37)中的系数矩阵称为系统的特征矩阵,ω 称为特征值,$\boldsymbol{A}$ 为特征向量。式(7-37)有非零解的条件是系数矩阵的行列式必须为零,即

$$|\boldsymbol{K} - \omega^2 \boldsymbol{M}| = 0 \qquad (7-38)$$

式(7-38)称为多自由度系统的频率方程,求此频率方程可以得到 ω^2 的 n 个根,即可得到系统的 n 个固有频率。对应于任一固有频率 $\omega_i (i = 1, 2, \cdots, n)$,都可得到 $\boldsymbol{A}_i$,其表征了系统作简谐自由振动时系统变形的形状,或振动的振型,因此被称为第 i 阶振型矢量。如果用 $\boldsymbol{A}_i$ 中的最大值除各个元素,得到是无量纲的振型,一般用 $\boldsymbol{\varphi}_i$ 表示。

系统的自由振动完全由初始条件确定。在特定的初始条件下,系统可能以单一的振型振动。比如,当系统全部广义坐标的初速度都等于零,而初位移都正比于给定的第 i 阶振型矢量,则系统就会按第 i 阶振型作自由振动,称为第 i 阶主振动。系统的振动是各个振型进行叠

加的结果,利用式(7-36),可将自由振动的一般解表示为

$$x_j(t) = \sum_{i=1}^{n}\varphi_{ji}A_i\sin(\omega_i t + \varphi_i) \quad (j=1,2,\cdots,n) \qquad (7-39)$$

式中,φ_{ji}——第 i 阶归一化振型矢量的各元素;

A_i——该阶振型中的最大元素。

系统按固有振型作主振动时,对于每一阶主振动都可以只用一个独立变量来进行描述。这样的独立变量称为主坐标,有几个自由度就存在几个主坐标。定义

$$X_i(t) = A_i\sin(\omega_i t + \varphi_i) \quad (i=1,2,\cdots,n) \qquad (7-40)$$

为对应于第 i 阶振型的主坐标或模态坐标,将式(7-40)写成矩阵形式,有

$$\boldsymbol{x} = \boldsymbol{\varphi X} \qquad (7-41)$$

式中,$\boldsymbol{\varphi}$——由各个归一化振型矢量 $\boldsymbol{\varphi}_i$ 组成的矩阵;

$\boldsymbol{X}$——主坐标矢量。

实际上,主坐标是特殊形式的广义坐标,式(7-41)是一种线性变换,$\boldsymbol{x}$ 表示物理坐标,而 $\boldsymbol{X}$ 代表振型坐标。

3. 方程的解耦

由式(7-35)可知,求解系统的振动响应需要进行方程组的解耦,而这一过程十分繁琐。为了能够将耦合的方程组化为相互独立的 n 个单自由度系统,以便简化整个求解工作,将振型向量 $\boldsymbol{\varphi}_i$ 作为变换的基矢量代入式(7-37)进行坐标变换,则对于第 i 阶主振动有

$$(\boldsymbol{K} - \omega_i^2 \boldsymbol{M})\boldsymbol{\varphi}_i = 0 \qquad (7-42)$$

同理,对于第 j 阶主振动有

$$(\boldsymbol{K} - \omega_j^2 \boldsymbol{M})\boldsymbol{\varphi}_j = 0 \qquad (7-43)$$

式(7-42)和式(7-43)的两边分别乘以 $\boldsymbol{\varphi}_j^\mathrm{T}$ 和 $\boldsymbol{\varphi}_i^\mathrm{T}$,得

$$\boldsymbol{\varphi}_j^\mathrm{T}\boldsymbol{K}\boldsymbol{\varphi}_i - \omega_i^2\boldsymbol{\varphi}_j^\mathrm{T}\boldsymbol{M}\boldsymbol{\varphi}_i = 0 \qquad (7-44)$$

$$\boldsymbol{\varphi}_i^\mathrm{T}\boldsymbol{K}\boldsymbol{\varphi}_j - \omega_j^2\boldsymbol{\varphi}_i^\mathrm{T}\boldsymbol{M}\boldsymbol{\varphi}_j = 0 \qquad (7-45)$$

考虑到 $\boldsymbol{K}$ 和 $\boldsymbol{M}$ 均为对称阵,因此式(7-44)可以写成

$$\boldsymbol{\varphi}_i^\mathrm{T}\boldsymbol{K}\boldsymbol{\varphi}_j - \omega_i^2\boldsymbol{\varphi}_i^\mathrm{T}\boldsymbol{M}\boldsymbol{\varphi}_j = 0 \qquad (7-46)$$

将式(7-45)和式(7-46)相减,得

$$(\omega_i^2 - \omega_j^2)\boldsymbol{\varphi}_i^\mathrm{T}\boldsymbol{M}\boldsymbol{\varphi}_j = 0 \qquad (7-47)$$

对于不同的振型有 $\omega_i^2 \neq \omega_j^2$,所以

$$\boldsymbol{\varphi}_i^\mathrm{T}\boldsymbol{M}\boldsymbol{\varphi}_j = 0 \quad (i \neq j) \qquad (7-48)$$

将式(7-48)代入式(7-45),可得

$$\boldsymbol{\varphi}_i^\mathrm{T}\boldsymbol{K}\boldsymbol{\varphi}_j = 0 \quad (i \neq j) \qquad (7-49)$$

对于同一阶振型,$\boldsymbol{\varphi}_i^\mathrm{T}\boldsymbol{M}\boldsymbol{\varphi}_i$ 和 $\boldsymbol{\varphi}_i^\mathrm{T}\boldsymbol{K}\boldsymbol{\varphi}_i$ 都不可能等于零,因而,有

$$\boldsymbol{\varphi}_i^\mathrm{T}\boldsymbol{M}\boldsymbol{\varphi}_i = m_i^*, \quad \boldsymbol{\varphi}_i^\mathrm{T}\boldsymbol{K}\boldsymbol{\varphi}_i = k_i^* \qquad (7-50)$$

又由式(7-46)可得

$$k_i^* - \omega_i^2 m_i^* = 0 \qquad (7-51)$$

m_i^* 和 k_i^* 分别称做模态质量和模态刚度,它们分别只与第 i 阶振型有关。

若将式(7-48)、式(7-49)和式(7-50)写成矩阵形式,可得

$$\boldsymbol{\varphi}^T \boldsymbol{M} \boldsymbol{\varphi} = \mathrm{diag}(m_i^*), \quad \boldsymbol{\varphi}^T \boldsymbol{K} \boldsymbol{\varphi} = \mathrm{diag}(k_i^*) \tag{7-52}$$

式中，$\mathrm{diag}(m_i^*)$ 和 $\mathrm{diag}(k_i^*)$——由模态质量和模态刚度所组成的对角阵。

这样，由式(7-39)和式(7-52)可以得到系统的动能和势能用主坐标表示为

$$T = \frac{1}{2}\dot{\boldsymbol{x}}^T \boldsymbol{M} \dot{\boldsymbol{x}} = \frac{1}{2}\dot{\boldsymbol{x}}^T \boldsymbol{\varphi}^T \boldsymbol{M} \boldsymbol{\varphi} \dot{\boldsymbol{X}} = \frac{1}{2}\sum_{I=1}^{N} m_i^* \dot{X}_i^2 \tag{7-53}$$

$$V = \frac{1}{2}\boldsymbol{x}^T \boldsymbol{K} \boldsymbol{x} = \frac{1}{2}\boldsymbol{X}^T \boldsymbol{\varphi}^T \boldsymbol{K} \boldsymbol{\varphi} \boldsymbol{X} = \frac{1}{2}\sum_{I=1}^{N} k_i^* X_i^2 \tag{7-54}$$

取模态坐标为广义坐标，并应用拉格朗日方程，可得

$$m_i^* \ddot{X}_i + k_i^* X_i = 0 \quad (i = 1, 2, \cdots, n) \tag{7-55}$$

从式(7-55)可以看出，系统的无阻尼振动可以用 n 个独立的单自由度系统来描述。为了求解系统的自由振动响应，只需要先分别求解出方程组(7-55)中的每个模态坐标，再将所有振型进行叠加起来即可，这种方法便是通常所说的模态分析法或振型叠加法。

4. 有阻尼强迫振动的响应计算

多自由度系统强迫振动的运动方程一般可以表示为

$$\boldsymbol{M}\ddot{\boldsymbol{x}} + \boldsymbol{C}\dot{\boldsymbol{x}} + \boldsymbol{K}\boldsymbol{x} = \boldsymbol{F}(t) \tag{7-56}$$

式中，$\boldsymbol{M}$——质量矩阵；

$\boldsymbol{C}$——阻尼矩阵；

$\boldsymbol{K}$——刚度矩阵；

$\boldsymbol{F}(t)$——激励力列阵，即对应于广义位移的广义力矢量。

对于多自由度的有阻尼强迫振动，系统的稳态响应才是人们重点关注的。因此，下面分别就简谐载荷和任意载荷两种情况进行讨论。

(1) 简谐载荷引起的稳态响应

设系统所受到的外激励力 $\boldsymbol{F}(t) = \boldsymbol{F}_0 \sin \omega t$，系统的稳态响应为

$$\boldsymbol{x} = \boldsymbol{X}_P \sin \omega t + \boldsymbol{X}_Q \cos \omega t \tag{7-57}$$

将式(7-57)代入(7-56)，两边比较系数可以得到

$$\begin{bmatrix} (\boldsymbol{K} - \omega^2 \boldsymbol{M}) & -\omega \boldsymbol{C} \\ \omega \boldsymbol{C} & (\boldsymbol{K} - \omega^2 \boldsymbol{M}) \end{bmatrix} \begin{Bmatrix} \boldsymbol{X}_P \\ \boldsymbol{X}_Q \end{Bmatrix} = \begin{Bmatrix} \boldsymbol{F}_0 \\ \boldsymbol{0} \end{Bmatrix} \tag{7-58}$$

求解式(7-58)所表示的 2n 个联立方程，可以得到 $\boldsymbol{X}_P$ 和 $\boldsymbol{X}_Q$，代入式(7-57)即可得到各个自由度的响应为

$$X_i = X_{Pi} \sin \omega t + X_{Qi} \cos \omega t = A_i \sin(\omega t + \varphi_i) \quad (i = 1, 2, \cdots, n) \tag{7-59}$$

式中

$$A_i = \sqrt{X_{Pi}^2 + X_{Qi}^2}, \quad \tan \varphi_i = X_{Qi} / X_{Pi} \tag{7-60}$$

可以看出，对于多自由度系统，各个自由度响应的相位并不相同。

(2) 模态分析法求任意载荷引起的稳态响应

若假设系统的阻尼矩阵是关于振型矢量正交的，引入坐标变换

$$\boldsymbol{x} = \bar{\boldsymbol{\varphi}} \boldsymbol{X} \tag{7-61}$$

式中，$\bar{\boldsymbol{\varphi}}$ 称为正则振型矩阵，其满足以下关系

$$\bar{\boldsymbol{\varphi}}_i = (1/\sqrt{m_i^*}) \boldsymbol{\varphi}_i \tag{7-62}$$

在式(7-56)两边左乘 $\boldsymbol{\varphi}^T$ 并化简得

$$\ddot{X}_i + 2\zeta_i\omega_i\dot{X}_i + \omega_i^2 X_i = f_i(t) \quad (i=1,2,\cdots,n) \tag{7-63}$$

式中

$$f_i(t) = \boldsymbol{\varphi}_i^T \boldsymbol{F}(t)/m_i^* \tag{7-64}$$

为第 i 阶振型坐标 X_i 所对应的广义力。

如果系统各个自由度上受同频率简谐载荷作用,那么由式(7-64)所计算得到的广义力必然也是同一频率的简谐载荷,可以表示为

$$f_i(t) = f_i e^{j\omega t} \tag{7-65}$$

设系统的稳态响应为

$$X_i(t) = X_i e^{j\omega t} \tag{7-66}$$

将式(7-65)和式(7-66)代入方程(7-63),可得

$$X_i = \frac{\boldsymbol{\varphi}_i^T \boldsymbol{F}}{k_i^*(1-r_i^2+j2\zeta_i r_i)} \tag{7-67}$$

式中,$r_i = \omega/\omega_i$ 为第 i 阶的频率比。利用式(7-67)进行模态叠加,可以得到系统的响应为

$$x = \sum_{i=1}^{n} \frac{\boldsymbol{\varphi}_i \boldsymbol{\varphi}_i^T \boldsymbol{F}(t)}{k_i^*(1-r_i^2+j2\zeta_i r_i)} \tag{7-68}$$

7.2.5 非线性系统的振动

1. 非线性问题出现的背景

对于前面所讲述的线性振动系统,无论是单自由度系统还是多自由度系统,振动系统的基本运动方程都是常系数二阶常微分方程或方程组。其常系数的物理意义为:弹性力与位移成正比,阻尼力与速度成正比,惯性力与加速度成正比。这类系统具有的最大特点是可以利用叠加原理对系统的动力响应进行求解。

然而,在工程中并不是所有的结构系统都能够满足线性系统的要求,因此时的弹性力、阻尼及惯性力无法按线性处理,这便是非线性振动系统。非线性振动系统方程一般可以表示为

$$m\ddot{x} + P(x,\dot{x}) = F(t)$$

非线性系统在实际中有许多典型例证。例如,当弹簧的弹性力不与其变形成比例时,就会出现一种重要的非线性。如图7-14所示,对于线性系统,弹簧的弹性力与位移成正比,图中的直线 a 的斜率就是弹簧的刚度系数;图中曲线 b 代表了"硬弹簧",其弹性力的增长速度比位移的增长速度快,而曲线 c 则代表了"软弹簧",其弹性力的增长速度比位移的增长速度慢。又例如,当系统在流体介质中以较大速度运动时,阻尼力与速度的平方成正比等。

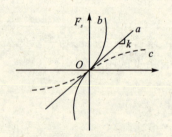

图 7-14 两种不同的弹簧模型

2. 非线性振动系统的特点

非线性振动系统与线性振动系统相比具有许多本质上的不同,这些特点包括:

(1) 固有频率特性

线性系统最重要的概念是固有频率,其"固有"的意义在于它与初始条件无关,也与振幅无

关。对于非线性系统来说,由于系统自由振动的频率明显与振幅相关,固有频率便失去了这一层意义。刚度随变形的增大而增大的硬弹簧,其固有频率随振幅的变大而变大;刚度随变形的增大而减小的软弹簧,其固有频率随振幅的变大而减小。

(2) 自激振动

运动微分方程不显含时间 t 的系统称为自治系统。对应于正阻尼、无阻尼和负阻尼的情形,线性自治系统可分为衰减型、保守型和发散型三种运动形式。线性自治系统在保守情况下的谐和运动是按能量大小形成的一组振幅连续分布的(即非孤立的)周期运动,而非线性自治系统在非保守情况下也可能出现非孤立的周期运动。当阻尼为非线性时,阻尼系数随运动而变化,因而可能在小振幅下,等效阻尼为负;在大振幅下,等效阻尼为正;在某个中间振幅,等效阻尼为零,与此对应,存在一个定常周期运动,称为自激振动。

(3) 跳跃现象

非线性系统的振幅对外扰频率的曲线可以有几个分支,缓慢地变动扰动频率,可在某些频率出现振幅的突变现象。具有非线性恢复力的系统在谐和外扰作用下的定常响应曲线,往往在有些频带上有几个分支;因而对应于同一扰频,可以有几个不同幅值的稳定的定常受迫振动。若扰力的幅值保持不变,而其频率缓慢地改变,则当扰频变到某些值时,可以在两个或几个定态振动之间发生跳跃现象。如果保持扰频不变,而缓慢地改变扰力幅度,也可能出现类似的跳跃现象。跳跃现象又称振动回滞。

(4) 同步现象

当干扰力频率接近自振系统固有频率到一定程度时,所激起的振动中只包含干扰力频率而自振频率被俘获的现象。在自振频率为 ω_0 的电子管振荡器中,在栅极回路中加上频率为 ω 的激励,则当 ω 接近 ω_0 时,按线性理论,输出信号中必然有拍频为 $|\omega-\omega_0|$ 的信号。然而,在实际中当 $|\omega-\omega_0|$ 小于某个阈值时,拍频就突然消失了,只剩下频率为 ω 的输出,即自振和受迫振动发生同步,或者说自振频率被扰频所俘获,因而这一现象也称为频率俘获。

(5) 亚谐共振

干扰力作用于非线性系统所激发的频率比干扰频率低整数倍的大幅度振动。对于线性系统,在频率为 ω 的谐和外扰作用下,只能产生频率为 ω 的定常受迫振动。但具有非线性恢复力且固有频率接近于 ω_n 的系统,在受到频率为 ω 的谐和外扰时,有可能产生频率为 ω/n 的定常受迫振动,称为亚谐共振或分频共振。亚谐共振不仅依赖于系统的参量,而且还依赖于初始条件。自振系统在谐和外扰作用下,也可能会参数亚谐共振。亚谐共振可解释为:由于外扰对自由振动高谐分量所做的功而维持的受迫振动。

(6) 参变镇定

参量周期变化使系统稳定的现象。例如倒立摆支点沿铅垂方向做适当振动时,摆的上铅垂平衡位置有可能变成稳定的。

(7) 参变激发

周期性地改变系统的某个参量从而激起系统的大幅振动。当系统的固有频率等于或接近参量变化频率的一半时,参变激发现象最易产生。

3. 非线性振动问题的求解方法

由于叠加原理不适用于非线性振动系统,因而并没有解决非线性问题的一般解法,通常采用一些特殊方法来探索非线性系统的运动。

非线性振动的分析方法可分为定性和定量两类。定性方法是研究方程解的存在性、唯一性以及解的周期性等。定量方法是研究如何求出方程的精确解或近似解。精确解是指得到一个精确的表达式，或者可以获得任何精度数值解的表达式，通常只有少数特殊类型的二阶非线性常微分方程才有可能得到精确解。非线性问题如果没有精确解，我们至少希望找到近似解。虽然对于非线性问题，解析近似解和数值近似解都是有用的，但解析方法更是人们所希望的，因为一旦获得解析解，就可以取得任何数值结果并且可以找到解的范围。对于大多数非线性振动系统，一般只能求得其近似解。

求解非线性振动系统近似解的方法有以下几种：①等效线性化法；②摄动法；③迭代法；④里兹—迦辽金法；⑤渐进法；⑥谐波平衡法；⑦能量法；⑧平均法；⑨多尺度法。此外，数值计算方法也广泛应用于非线性振动问题的研究，但数值计算不能完全取代非线性振动的解析分析，因为纯粹的数值计算不便对运动做规律性的描述，更无法表达系统各参数对运动规律的影响。因此，对于复杂的动力问题，应该采取解析分析与数值计算相结合的方法。

7.3 机械结构动力分析建模方法

7.3.1 概　述

结构动力分析是研究结构的动态特性及受动载荷作用产生的动态响应的一种分析方法，它是结构动态设计中的一个重要研究内容。目前广泛应用的建立系统数学模型的方法主要有有限元建模法和实验模态分析建模方法。

在对复杂机械结构的动力分析和动态设计中，有限元法是一种应用最广的理论建模方法。在机械结构的动力分析中可以利用有限元方法建立结构的动力学模型，进而可以求解结构的固有频率、振型等模态参数以及动力响应，并可以在此基础上根据不同需要对机械结构进行动态设计。有限元方法具有精度高、适应性强以及计算格式规范统一等优点，因而已广泛应用于机械、宇航航空、汽车、船舶、土木、核工程及海洋工程等许多领域，成为了现代机械产品设计中的一种重要方法。特别是随着计算机技术的发展和软、硬件环境的不断完善，有限元法在机械结构动态设计中的应用前景也越来越广阔。

一般情况下，想要建立一个与实际结构动力特性完全符合的数学模型是很困难的。由于实际工程问题极其复杂，结构系统往往由众多零部件装配而成，存在着各种结合面如螺栓联结和滑动面联结，其边界条件及刚度和阻尼特性在计算时往往难于预先确定，以致建立的模型与实际状态差异甚大。为此，发展了一种用实验的方法建立结构系统动力学模型的实验模态分析建模方法。这一方法是在结构系统上选择有限个实验点，在一点或多点进行激励，在所有点测量系统输出响应，通过对测量数据的分析和处理，建立结构系统离散的数学模型，这种模型能较准确地描述实际系统，分析结果也较可靠，因而在工程中得到广泛的应用。

本节将分别介绍有限元建模方法和实验模态分析建模方法的有关知识，以使读者能更好地理解目前常用的动力分析建模方法。

7.3.2 有限元建模方法

1. 结构的离散化

有限元法的基本思想是首先假想将连续的结构划分成数目有限的小块体,称为单元,单元之间只在有限个指定的结点处相连接,组成单元的集合体近似替代原来的结构,在集合体的结点上引入等效载荷来代替实际作用于单元上的动载荷;其次,对于每个单元,根据分片近似的思想,选择一个简单的函数来近似地表示单元位移分量的分布规律,并按弹性力学中的变分原理,建立单元结点力与结点位移的关系,最后把所有单元的这种关系集合起来,就可以得到以结点位移为基本未知量的动力学方程。

2. 单元动力学方程

建立单元动力学方程的方法主要是基于弹性力学变分原理的各种方法,如虚位移原理,瞬时最小势能原理,哈密尔顿变分原理等。下面我们将介绍用虚位移原理来建立单元动力学方程。

单元上任意点的位移可以用形函数和节点位移组成的插值多项式表示,即 $\boldsymbol{\delta} = \boldsymbol{N}\boldsymbol{\delta}^e$,单元内任意点的应变与节点位移之间的关系可以表示为 $\boldsymbol{\varepsilon} = \boldsymbol{B}\boldsymbol{\delta}^e$,而单元内任意点的速度和加速度则分别表示为 $\dot{\boldsymbol{\delta}} = \boldsymbol{N}\dot{\boldsymbol{\delta}}^e$, $\ddot{\boldsymbol{\delta}} = \boldsymbol{N}\ddot{\boldsymbol{\delta}}^e$。

在动载荷作用下,对于任一瞬时,假定单元的任一点虚位移为 $\boldsymbol{\delta}^*$,且该点产生的与虚位移相协调的虚应变为 $\boldsymbol{\varepsilon}^*$。对于一个已知的瞬态应力分布 $\boldsymbol{\sigma}$,在给定瞬时机械结构单元的全部应力在虚应变上所做的虚功为

$$\iiint_V \boldsymbol{\varepsilon}^{*T}\boldsymbol{\sigma}\mathrm{d}x\mathrm{d}y\mathrm{d}z = \iiint_V \boldsymbol{\varepsilon}^{*T}\boldsymbol{\sigma}\mathrm{d}V \tag{7-69}$$

此时,外力除施加在节点上且与时间有关的激励外载荷外,还包括惯性力和阻尼力。其中惯性力与加速度成正比,方向相反,单位体积的惯性力可以表示为

$$f_\rho = -\rho\ddot{\boldsymbol{\delta}} \tag{7-70}$$

式中,ρ——单元材料的密度。

若假设结构受到线性黏性阻尼力,即阻尼力与速度成正比,方向相反,则单位体积的阻尼力为

$$f_v = -v\dot{\boldsymbol{\delta}} \tag{7-71}$$

式中,v——阻尼系数。

对于一个单元,作用于其节点上的等效惯性力和节点等效阻尼力可以分别表示为

$$\boldsymbol{F}_\rho^e = -\iiint_V \boldsymbol{N}\rho\ddot{\boldsymbol{\delta}}^e \mathrm{d}V \tag{7-72}$$

$$\boldsymbol{F}_v^e = -\iiint_V \boldsymbol{N}v\dot{\boldsymbol{\delta}}^e \mathrm{d}V \tag{7-73}$$

当单元节点上作用 $\boldsymbol{F}^e$ 的激振力时,$\boldsymbol{F}^e$ 所做的虚功为 $\boldsymbol{\delta}^{*T}\boldsymbol{F}^e$,那么该单元的虚功方程可以表示为

$$\boldsymbol{\delta}^{*T}\boldsymbol{F}^e - \iiint_V \boldsymbol{\delta}^{*T}\rho\ddot{\boldsymbol{\delta}}\mathrm{d}V - \iiint_V \boldsymbol{\delta}^{*T}v\dot{\boldsymbol{\delta}}\mathrm{d}V = \iiint_V \boldsymbol{\varepsilon}^{*T}\boldsymbol{\sigma}\mathrm{d}V \tag{7-74}$$

将式(7-74)化简并整理,可得

$$\iiint_V \boldsymbol{B}^T\boldsymbol{DB}\mathrm{d}V \cdot \boldsymbol{\delta}^e + \iiint_V \boldsymbol{N}^T\rho\boldsymbol{N}\mathrm{d}V \cdot \ddot{\boldsymbol{\delta}}^e + \iiint_V \boldsymbol{N}^T\upsilon\boldsymbol{N}\mathrm{d}V \cdot \dot{\boldsymbol{\delta}} = \boldsymbol{F}^e \qquad (7-75)$$

由式（7-75）可以看出，$\iiint_V \boldsymbol{B}^T\boldsymbol{DB}\mathrm{d}V$ 即为单元的刚度矩阵 $\boldsymbol{K}^e$，而 $\iiint_V \boldsymbol{N}^T\rho\boldsymbol{N}\mathrm{d}V$ 和 $\iiint_V \boldsymbol{N}^T\upsilon\boldsymbol{N}$ 两项分别具有质量和阻尼性质，因此可以令

$$\boldsymbol{M}^e = \iiint_V \boldsymbol{N}^T\rho\boldsymbol{N}\mathrm{d}V \qquad (7-76)$$

$$\boldsymbol{C}^e = \iiint_V \boldsymbol{N}^T\upsilon\boldsymbol{N}\mathrm{d}V \qquad (7-77)$$

式中，$\boldsymbol{M}^e$——单元质量矩阵；

$\boldsymbol{C}^e$——单元阻尼矩阵。

因而，最后可以得到单元动力学方程为

$$\boldsymbol{M}^e\ddot{\boldsymbol{\delta}} + \boldsymbol{C}^e\dot{\boldsymbol{\delta}} + \boldsymbol{K}^e\boldsymbol{\delta} = \boldsymbol{F}^e \qquad (7-78)$$

上述单元质量矩阵的构造与单元刚度矩阵的构造采用了同样的形函数矩阵，因而将这样的质量矩阵称为一致质量矩阵。一般来说，采用一致质量矩阵可以得到较精确的振型，而固有频率计算值接近结构真实频率的上界。然而一致质量矩阵是带状矩阵，故需要占用较多的计算机存储空间，同时求解特征值问题的时间和难度也会增加。通常采用集中质量矩阵可以简化计算。所谓集中质量矩阵是按静力学平行力分解原理，将单元的分布质量用集中在单元结点处的集中质量代替所得到的质量矩阵。集中质量矩阵是对角阵并且是正定的。

3. 整体结构的动力学方程

在建立了单元动力学方程之后，接下来就可以建立整个机械结构的动力学方程。但是在此之前，首先应该将单元的质量矩阵、阻尼矩阵、刚度矩阵从局部坐标系下变换到总体坐标系下。根据单元结点位移在总体坐标系和局部坐标系之间的变换关系，采用变换矩阵 $\boldsymbol{T}$，得到在总体坐标系下的质量矩阵可以表示为

$$\overline{\boldsymbol{M}}^e = \boldsymbol{T}^T\boldsymbol{M}^e\boldsymbol{T} = \iiint_V \boldsymbol{T}^T\boldsymbol{N}^T\rho\boldsymbol{N}\boldsymbol{T}\mathrm{d}V \qquad (7-79)$$

相应地，在两种坐标中单元阻尼矩阵和单元刚度矩阵的变换公式可以分别表示为

$$\overline{\boldsymbol{C}}^e = \boldsymbol{T}^T\boldsymbol{C}^e\boldsymbol{T} \qquad (7-80)$$

$$\overline{\boldsymbol{K}}^e = \boldsymbol{T}^T\boldsymbol{K}^e\boldsymbol{T} \qquad (7-81)$$

将变换到总体坐标系下的 $\overline{\boldsymbol{M}}^e$、$\overline{\boldsymbol{C}}^e$、$\overline{\boldsymbol{K}}^e$ 和 $\boldsymbol{F}^e$ 进行组集，可以得到整个结构的总质量矩阵 $\boldsymbol{M}$、总阻尼矩阵 $\boldsymbol{C}$、总刚度矩阵 $\boldsymbol{K}$ 和总外加激振力矩阵 $\boldsymbol{F}$，因此可以得到整个结构的动力学方程为

$$\boldsymbol{M}\ddot{\boldsymbol{\delta}} + \boldsymbol{C}\dot{\boldsymbol{\delta}} + \boldsymbol{K}\boldsymbol{\delta} = \boldsymbol{F} \qquad (7-82)$$

4. 特征值问题的求解

机械结构无阻尼自由振动的固有频率和振型表征了结构的动态特性。在不考虑阻尼的情况下，结构的自由振动方程可表示为

$$\boldsymbol{M}\ddot{\boldsymbol{\delta}}(t) + \boldsymbol{K}\boldsymbol{\delta}(t) = 0 \qquad (7-83)$$

设方程（7-83）的解具有如下形式：

第 7 章　机械动态设计

$$\boldsymbol{\delta} = \boldsymbol{\varphi}\sin\omega(t-t_0) \tag{7-84}$$

式中,ω ——振动圆频率；

$\boldsymbol{\varphi}$ ——n 阶向量；

t_0 ——初始时间。

将式(7-84)代入(7-83)可得广义特征值问题：

$$(\boldsymbol{K}-\omega^2\boldsymbol{M})\boldsymbol{\varphi} = \boldsymbol{0} \tag{7-85}$$

研究特征值问题的核心就是求解满足式(7-85)的全部或部分特征对,以确定结构的频率和振型。为此,有必要简要介绍与特征值问题相关的一些基本概念和性质。

若以特征解 $\omega_1,\omega_2,\cdots,\omega_n$ 表示系统的 n 个固有频率,特征向量 $\boldsymbol{\varphi}_1,\boldsymbol{\varphi}_2,\cdots,\boldsymbol{\varphi}_n$ 表示系统的 n 个固有振型,那么约定归一化振型矢量满足

$$\boldsymbol{\varphi}_i^{\mathrm{T}}\boldsymbol{M}\boldsymbol{\varphi}_i = 1,\quad i = 1,2,\cdots,n \tag{7-86}$$

并称其为正则振型矢量。

固有振型具有正交性质,其正交性可以表示为

$$\left. \begin{array}{l} \boldsymbol{\varphi}_i^{\mathrm{T}}\boldsymbol{M}\boldsymbol{\varphi}_j = \delta_{ij} \\ \boldsymbol{\varphi}_i^{\mathrm{T}}\boldsymbol{K}\boldsymbol{\varphi}_j = \omega_i^2\delta_{ij} \end{array} \right\} \tag{7-87}$$

式中的 δ 函数为

$$\delta_{ij} = \begin{cases} 1 & i = j \\ 0 & i \neq j \end{cases} \tag{7-88}$$

若定义结构的固有振型矩阵为

$$\boldsymbol{\Phi} = [\boldsymbol{\varphi}_1,\boldsymbol{\varphi}_2,\cdots,\boldsymbol{\varphi}_n] \tag{7-89}$$

对应的固有频率为

$$\boldsymbol{\Omega}^2 = \mathrm{diag}(\omega_1^2,\omega_2^2,\cdots,\omega_n^2) \tag{7-90}$$

那么特征解的性质还可以表示成

$$\boldsymbol{\Phi}^{\mathrm{T}}\boldsymbol{M}\boldsymbol{\Phi} = \boldsymbol{I},\boldsymbol{\Phi}^{\mathrm{T}}\boldsymbol{K}\boldsymbol{\Phi} = \boldsymbol{\Omega}^2$$

通过令特征矩阵的行列式等于零来求解结构的固有频率和振型是一种精确方法,但是当结构的自由度数目较大时,求解过程会十分繁琐。目前,已经有多种数值方法可以用于特征值问题的求解,下面将对部分方法进行简要介绍。

(1) 逆迭代法

假设一个初始矢量 $\boldsymbol{X}_k = 0$,计算

$$\boldsymbol{K}\bar{\boldsymbol{X}}_{k+1} = \boldsymbol{M}\boldsymbol{X}_k,\quad k = 1,2,\cdots \tag{7-91}$$

为了解出 $\bar{\boldsymbol{X}}_{k+1}$ 必须求解式(7-91),因此称为逆迭代。

对 $\bar{\boldsymbol{X}}_{k+1}$ 进行规格化处理

$$\boldsymbol{X}_{k+1} = \bar{\boldsymbol{X}}_{k+1}(\bar{\boldsymbol{X}}_{k+1}^{\mathrm{T}}\boldsymbol{M}\bar{\boldsymbol{X}}_{k+1})^{-\frac{1}{2}} \tag{7-92}$$

然后将上一过程进行重复。

采用逆迭代法计算最小特征值及对应的特征矢量是有效的,但要求刚度矩阵 $\boldsymbol{K}$ 必须是正定的。如果 $\boldsymbol{K}$ 为半正定,就需要利用平行移轴定理来处理,然后再使用逆迭代法进行求解。矩阵 $\boldsymbol{M}$ 则既可以是一个对角质量矩阵,也可以是一个带状质量矩阵。

(2) 广义雅可比法

广义雅可比法是利用旋转矩阵 $\boldsymbol{T}$ 逐步将对称矩阵 $\boldsymbol{K}$ 和 $\boldsymbol{M}$ 所处的空间变换到特征向量空

间,每一步都只在某平面内进行旋转。为了消去一对相等的非对角元素 k_{pq} 和 k_{qp},可用一个正交变换矩阵 T,令

$$\bar{K} = T^T K T = \Lambda, \bar{M} = T^T M T = I$$

T 矩阵的作用可以看作是在第 p 个和第 q 个变量的平面内的一个旋转,旋转角度的选取必须使元素 $k_{pq} = k_{qp} = 0$,有

$$\tan 2\theta = \frac{2k_{pq}}{k_{pp} - k_{qq}}$$

通常完成一系列上述变换,每一次都会消去在前一次矩阵中出现的模为最大的非对角元素,但每次变换所消去的元素在下一次也许并不一定保持为零。实际上,如果每次对整个矩阵搜索一遍其最大的非对角元素将很费时间,因此可以预先假定一个门槛值,对大于门槛值的非对角元素进行消元,进行完一遍后,缩小门槛值,重复上述过程直至达到要求为止。

(3) 子空间迭代法

在子空间迭代法中,首先选择一组 m 个线性无关的矢量构成初始振型矩阵 X_1。假设第 $k-1$ 次迭代已经完成,现将第 k 次迭代步骤叙述如下:

① 用上一次子空间迭代得到矢量 X_k 按逆迭代求解

$$K\bar{X}_{k+1} = MX_k \tag{7-93}$$

产生新的迭代矢量组 $\bar{X}_{k+1}$,并用其张成子空间 E_{k+1}^m。

② 计算矩阵 K 和 M 在子空间 E_{k+1}^m 上的投影

$$\begin{cases} \bar{K}_{k+1} = \bar{X}_{k+1}^T K \bar{X}_{k+1} \\ \bar{M}_{k+1} = \bar{X}_{k+1}^T M \bar{X}_{k+1} \end{cases} \tag{7-94}$$

③ 在子空间 E_{k+1}^m 上,求解 m 阶特征值问题

$$\bar{K}_{k+1} \Psi = \bar{M}_{k+1} \Psi \Lambda \tag{7-95}$$

在此,可采用广义雅克比法得到缩减后 m 维振型矩阵 $\bar{\Psi}_{k+1}$ 和谱矩阵 $\bar{\Lambda}_{k+1}$。

④ 用 m 维振型矩阵 $\bar{\Psi}_{k+1}$ 和迭代矢量 $\bar{X}_{k+1}$ 构造第 $k+1$ 次改进的振型矩阵

$$X_{k+1} = \bar{X}_{k+1} \bar{\Psi}_{k+1} \tag{7-96}$$

⑤ 收敛判断。若满足给定精度,则 $\bar{\Lambda}_{k+1}$ 和 X_{k+1} 即为 Λ 和 Ψ 的近似真解,否则令 $k \to k+1$,继续迭代。其中 Ψ 和 Λ 分别为由结构前 m 个振型矢量和固有频率组成的振型矩阵和谱矩阵。如果所要求解的最低几阶特征对数目为 m_0,则参与迭代的振型数 m 应满足 $m = 2m_0$,当 $m_0 > 8$ 时,则取 $m_0 = m_0 + 8$。而初始振型矩阵可按一定规则生成,在此不再赘述。

(4) Rayleigh 商迭代法

迭代过程:选定一个初始迭代矢量 X_1,计算

$$Y_1 = MX_1 \tag{7-97}$$

对于 $k = 1, 2, \cdots$ 作下列计算:

$$(K - \rho \bar{X}_k M) \bar{X}_{k+1} = Y_k, \bar{Y}_{k+1} = M \bar{X}_{k+1} \tag{7-98}$$

$$\rho \bar{X}_{k+1} = \frac{\bar{X}_{k+1}^T Y_k}{\bar{X}_{k+1}^T Y_{k+1}} + \rho \bar{X}_k \tag{7-99}$$

$$Y_{k+1} = \bar{Y}_{k+1} (\bar{X}_{k+1}^T Y_{-k+1})^{-\frac{1}{2}} \tag{7-100}$$

式中，ρ——Rayleigh 商。

Rayleigh 商迭代法是逆迭代法和移轴法的综合运用，它实际上是对逆迭代法的一种改进。采用 Rayleigh 商迭代法可以快速地得到某一特征对，而收敛到哪一个特征对则取决于初始迭代矢量的选取。在工程中，可以根据实际情况判定出某一阶模态的形式并进而假定以该模态为初始迭代矢量，然后用 Rayleigh 商迭代法迅速地得到较为精确的频率值和振型。

5. 结构动态响应的求解方法

(1) 振型叠加法

振型叠加法是用振型矩阵作为变换矩阵，经模态坐标变换将结构在物理空间的耦合动力学方程转化为在模态空间的一组非耦合动力学方程，然后利用单自由度振动方程的动态响应分析方法求解，最后将这些解叠加以得到结构在物理空间的真正响应。

对系统的响应 $\boldsymbol{\delta}(t)$ 进行展开，可得

$$\boldsymbol{\delta}(t) = \boldsymbol{\Phi}\boldsymbol{x}(t) = \sum_{i=1}^{n}\boldsymbol{\Phi}_i x_i \quad (7-101)$$

式中，$\boldsymbol{\Phi}_i$——广义位移基向量；

x_i——广义位移；

$\boldsymbol{x}(t) = [x_1, x_2, \cdots, x_n]^{\mathrm{T}}$

将式 (7-101) 代入运动方程，并在两端分别左乘 $\boldsymbol{\Phi}^{\mathrm{T}}$，得到新的运动方程为

$$\ddot{\boldsymbol{x}}(t) + \boldsymbol{\Phi}^{\mathrm{T}}\boldsymbol{C}\boldsymbol{\Phi}\dot{\boldsymbol{x}}(t) + \boldsymbol{\Omega}^2\boldsymbol{x}(t) = \boldsymbol{\Phi}^{\mathrm{T}}\boldsymbol{Q}(t) = \boldsymbol{R}(t) \quad (7-102)$$

初始条件也相应转换成

$$x_0 = \boldsymbol{\Phi}^{\mathrm{T}}\boldsymbol{M}\boldsymbol{\delta}_0, \dot{x}_0 = \boldsymbol{\Phi}^{\mathrm{T}}\boldsymbol{M}\dot{\boldsymbol{\delta}}_0 \quad (7-103)$$

当阻尼矩阵 $\boldsymbol{C}$ 是振型阻尼时，可以由 $\boldsymbol{\Phi}$ 的正交性将方程 (7-102) 转化为 n 个相互不耦合的二阶常微分方程

$$\ddot{x}_i(t) + 2\omega_i\zeta_i\dot{x}_i(t) + \omega_i^2 x_i(t) = r_i(t), \quad i = 1, 2, \cdots, n \quad (7-104)$$

式 (7-104) 中的每一个方程都相当于一个单自由度系统的振动方程，方程的解可以由杜哈美积分表示

$$x_i(t) = \frac{1}{\omega_i}\int_0^{\mathrm{T}} r_i(\tau)\mathrm{e}^{-\zeta_i\omega_i(t-\tau)}\sin\omega_{di}(t-\tau)\mathrm{d}\tau + \mathrm{e}^{-\zeta_i\omega_i t}(A_i\sin\omega_i t + B_i\cos\omega_i t) \quad (7-105)$$

式中，$\omega_{di} = \omega_i\sqrt{1-\zeta_i^2}$，$A_i$ 和 B_i 分别为由初始条件确定的常数。

在工程实际中，通常采用整体结构的质量矩阵与刚度矩阵的组合来近似构造粘性阻尼矩阵，即

$$\boldsymbol{C} = \alpha\boldsymbol{M} + \beta\boldsymbol{K} \quad (7-106)$$

而比例常数 α 和 β 则可以由下式确定

$$\left.\begin{array}{l}\alpha = \dfrac{2(\zeta_i\omega_j - \zeta_j\omega_i)}{\omega_j^2 - \omega_i^2}\omega_i\omega_j \\ \beta = \dfrac{2(\zeta_j\omega_j - \zeta_i\omega_i)}{\omega_j^2 - \omega_i^2}\end{array}\right\} \quad (7-107)$$

式中，ω_i 和 ω_j 是经实测或者已有阻尼资料得到的任意两阶固有频率，ζ_i 和 ζ_j 为相应的阻尼比。

(2) 逐步积分法

振型叠加法并不总是有效的，对于计算时间短，外载荷变化剧烈的冲击、瞬态问题，亦或求

解非线性或时变系统的动力响应,振型叠加法便不再适用。在这些情况下,应该考虑采用逐步积分法。

逐步积分法是在求解结构动力响应时不进行坐标变换,而直接对动力方程采用数值积分格式的一种数值解法。这类方法首先将时间离散,在一个时间间隔内,对位移、速度和加速度的关系做某种假设,从而将运动微分方程转换为以离散时刻节点位移矢量为基本未知量的代数方程,最后用递推方式求解。逐步积分方法主要有 Newmark 法、Wilson-θ 法和 Houblot 法等,下面介绍广泛使用的 Newmark 法。

Newmark 法采用以下假设:

$$\dot{\boldsymbol{\delta}}_{t+\Delta t} = \dot{\boldsymbol{\delta}}_t + [(1-\alpha)\ddot{\boldsymbol{\delta}}_t + \alpha\ddot{\boldsymbol{\delta}}_{t+\Delta t}]\Delta t$$

$$\boldsymbol{\delta}_{t+\Delta t} = \boldsymbol{\delta}_t + \dot{\boldsymbol{\delta}}_{t+\Delta t} + \left[(\frac{1}{2}-\beta)\ddot{\boldsymbol{\delta}}_t + \beta\ddot{\boldsymbol{\delta}}_{t+\Delta t}\right]\Delta t^2 \quad (7-108)$$

式中,α 和 β 是按积分精度和稳定性要求而确定的参数。当 $\alpha = 1/2$ 和 $\beta = 1/6$ 时,式(7-108)相应于线性加速度法,因为这时它们可以通过下面时间间隔 Δt 内线性假设的加速度表达式的积分得到:

$$\ddot{\boldsymbol{\delta}}_{t+\tau} = \ddot{\boldsymbol{\delta}}_t + (\ddot{\boldsymbol{\delta}}_{t+\Delta t} - \ddot{\boldsymbol{\delta}}_t)\tau/\Delta t \quad (7-109)$$

式中,$0 \leqslant \tau \leqslant \Delta t$。Newmark 法最早是从平均加速度法的无条件稳定积分方案提出的,那时 $\alpha = 1/2$ 和 $\beta = 1/4$。Δt 内的加速度为

$$\ddot{\boldsymbol{\delta}}_{t+\tau} = \frac{1}{2}(\ddot{\boldsymbol{\delta}}_t + \ddot{\boldsymbol{\delta}}_{t+\Delta t}) \quad (7-110)$$

Newmark 法中时间 $t+\Delta t$ 的位移解 $\ddot{\boldsymbol{\delta}}_{t+\Delta t}$ 是通过求解满足时间 $t+\Delta t$ 的运动方程来得到的,即

$$\boldsymbol{M}\ddot{\boldsymbol{\delta}}_{t+\Delta t} + \boldsymbol{C}\dot{\boldsymbol{\delta}}_{t+\Delta t} + \boldsymbol{K}\boldsymbol{\delta}_{t+\Delta t} = \boldsymbol{Q}_{t+\Delta t} \quad (7-111)$$

7.3.3 实验模态分析建模方法

1. 频响函数和模态参数

描述系统的特性有三种方式:物理坐标表示的运动方程、模态坐标表示的模态参数、以及在频域中响应坐标表示的频率响应函数。这三种表示方式互相联系,可以互相转换。频率响应函数与模态参数的关系是实验模态分析的基本理论依据。

设系统在 p 点处受力 $f(t)$ 作用,在 l 点处产生运动位移响应 $x(t)$。$F(\omega)$ 和 $X(\omega)$ 分别为它们相应的傅里叶变换,则定义 $H_{lp}(\omega)$ 为系统对应于 p 点与 l 点之间的频率响应函数

$$H_{lp}(\omega) = \frac{X(\omega)}{F(\omega)} \quad (7-112)$$

它是实变量 ω 的复函数。由于 x 是位移响应,所以 $H_{lp}(\omega)$ 也称为位移导纳。其物理意义为,如果在结构的 p 点处施加频率为 ω 的简谐力 $Fe^{j\omega t}$,则在结构的 l 点处简谐运动位移响应的幅值为 $H_{lp}(\omega)F(\omega)$。频率响应函数不仅是 ω 的函数,而且与 p 点和 l 点位置有关。

根据模态坐标变换理论,在频域中系统响应与模态坐标之间的变换关系为

$$\boldsymbol{X} = \boldsymbol{\Phi}\boldsymbol{Q} = \sum_{i=1}^{n}\boldsymbol{\Psi}_i Q_i \quad (7-113)$$

式中，X——原坐标；

$\boldsymbol{\Phi}$——模态坐标；

$\boldsymbol{Q}$——模态变换矩阵。

(1) 实模态分析

对于实模态系统，即假设系统具有可对角化的黏性阻尼，对解耦后的运动方程

$$m_i \ddot{q}_i + c_i \dot{q}_i + k_i q_i = \boldsymbol{\Psi}_i^{\mathrm{T}} \boldsymbol{F}, \quad i = 1, 2, \cdots, n \tag{7-114}$$

两端取傅里叶变换有

$$-\omega^2 m_i Q_i + j\omega c_i Q_i + k_i Q_i = \boldsymbol{\Psi}_i^{\mathrm{T}} \boldsymbol{F} \tag{7-115}$$

$$Q_i = \frac{\boldsymbol{\Psi}_i^{\mathrm{T}} \boldsymbol{F}}{-\omega^2 m_i + j\omega c_i + k_i} \tag{7-116}$$

将式(7-116)代入(7-113)，可得

$$\boldsymbol{X} = \sum_{i=1}^{n} \frac{\boldsymbol{\Psi}_i \boldsymbol{\Psi}_i^{\mathrm{T}}}{-\omega^2 m_i + j\omega c_i + k_i} \boldsymbol{F} \tag{7-117}$$

由式(7-112)，可求得实模态系统的频率响应函数矩阵为

$$\boldsymbol{H} = \sum_{i=1}^{n} \frac{\boldsymbol{\Psi}_i \boldsymbol{\Psi}_i^{\mathrm{T}}}{-\omega^2 m_i + j\omega c_i + k_i} \tag{7-118}$$

频率响应函数矩阵中的任一元素为

$$H_{lp}(\omega) = \sum_{i=1}^{n} \frac{\psi_{li} \psi_{pi}}{-\omega^2 m_i + j\omega c_i + k_i} \tag{7-119}$$

对于实模态的不同的阻尼假设，c_i 有不同的表达式。

比例阻尼

$$c_i = \alpha m_i + \beta k_i \tag{7-120}$$

比例结构阻尼

$$c_i = \frac{g k_i}{\omega} \tag{7-121}$$

可以对角化的粘性阻尼

$$c_i = 2 m_i \zeta_i \omega_i \tag{7-122}$$

式(7-118)或式(7-119)是联系频率响应函数与模态参数的关系式，是模态分析技术中通过频率响应函数识别模态参数的依据。

(2) 复模态分析

对于复模态系统，阻尼矩阵不能被实模态矩阵对角化，则运动方程不能被解耦。引入状态向量，其定义如下：

$$y = \begin{bmatrix} x \\ \dot{x} \end{bmatrix} \tag{7-123}$$

那么原多自由度系统运动方程可以改写为

$$\begin{bmatrix} \boldsymbol{C} & \boldsymbol{M} \\ \boldsymbol{M} & 0 \end{bmatrix} \begin{bmatrix} \dot{x} \\ \ddot{x} \end{bmatrix} + \begin{bmatrix} \boldsymbol{K} & 0 \\ 0 & -\boldsymbol{M} \end{bmatrix} \begin{bmatrix} x \\ \dot{x} \end{bmatrix} = \begin{bmatrix} f \\ 0 \end{bmatrix} \tag{7-124}$$

简记为

$$\boldsymbol{A} \dot{y} + \boldsymbol{B} y = p \tag{7-125}$$

式中，$\boldsymbol{A}$ 和 $\boldsymbol{B}$ 为 $2n \times 2n$ 阶方阵。设

$$y = Y e^{\lambda t} \tag{7-126}$$

那么系统的特征方程为

$$|\lambda A + B| = 0 \tag{7-127}$$

式(7-127)有 n 对共轭特征值 λ_i 与 $\bar{\lambda}_i$ 及共轭特征向量 ψ'_i 和 ψ'^T_i。设

$$\lambda_i, \bar{\lambda}_i = \sigma_i \pm j\tau_i, \quad i = 1, 2, \cdots, n \tag{7-128}$$

则可按下面两式的定义来计算系统模态固有频率和模态阻尼比：

$$\omega_{0i}^2 = \lambda_i \cdot \bar{\lambda}_i = \sigma_i^2 + \tau_i^2 \tag{7-129}$$

$$\zeta_{0i} = \frac{\sigma_i}{2\sqrt{\sigma_i^2 + \tau_i^2}} \tag{7-130}$$

将复特征值向量按下式排成矩阵式，即

$$\Psi' = [\psi'_1, \psi'_2, \cdots, \psi'_n, \bar{\psi}'_1, \bar{\psi}'_2, \cdots, \bar{\psi}'_n] \tag{7-131}$$

Ψ' 是对应于状态向量 y 的模态矩阵，它对 A 和 B 有正交性，即

$$\Psi'^T A \Psi' = \begin{bmatrix} a_1 & & & & & \\ & \ddots & & & & \\ & & a_n & & & \\ & & & \bar{a}_1 & & \\ & & & & \ddots & \\ & & & & & \bar{a}_n \end{bmatrix} = [\tilde{a}_i] \tag{7-132}$$

$$\Psi'^T B \Psi' = \begin{bmatrix} b_1 & & & & & \\ & \ddots & & & & \\ & & b_n & & & \\ & & & \bar{b}_1 & & \\ & & & & \ddots & \\ & & & & & \bar{b}_n \end{bmatrix} = [\tilde{b}_i] \tag{7-133}$$

以 Ψ' 作为坐标变换矩阵，即设

$$y = \Psi' q \tag{7-134}$$

则方程(7-125)可解耦为

$$[\tilde{a}_i]\dot{q} + [\tilde{b}_i]q = \Psi'^T p \tag{7-135}$$

在复模态分析中，对于解耦后的状态方程

$$a_i \dot{q}_i + b_i q_i = \psi'^T_i p \tag{7-136}$$

两端分别进行傅里叶变换，可得

$$(j\omega a_i + b_i) Q_i = \psi'^T_i p \tag{7-137}$$

从而有

$$Q_i = (j\omega a_i + b_i)^{-1} \psi'^T_i p \tag{7-138}$$

又由式(7-134)，不难写出

$$Y = \Psi' Q$$
$$= \Psi' [(j\omega a_i b_i)^{-1}] \Psi'^T p$$

$$= \sum_{i=1}^{n} \left(\frac{\boldsymbol{\psi}'_i \boldsymbol{\psi}'^{\mathrm{T}}_i}{\mathrm{j}\omega a_i + b_i} + \frac{\bar{\boldsymbol{\psi}}'_i \bar{\boldsymbol{\psi}}'^{\mathrm{T}}_i}{\mathrm{j}\omega \bar{a}_i + \bar{b}_i} \right) \tag{7-139}$$

由式(7-126)和

$$\boldsymbol{\psi}'_i = \begin{bmatrix} \boldsymbol{\varphi}_i \\ \lambda_i \boldsymbol{\varphi}_i \end{bmatrix} \tag{7-140}$$

可以得到物理坐标下由复模态假设下的位移和响应傅里叶变换之间的关系式

$$\boldsymbol{X} = \sum_{i=1}^{n} \left(\frac{\boldsymbol{\psi}'_i \boldsymbol{\psi}'^{\mathrm{T}}_i}{\mathrm{j}\omega a_i + b_i} + \frac{\bar{\boldsymbol{\psi}}'_i \bar{\boldsymbol{\psi}}'^{\mathrm{T}}_i}{\mathrm{j}\omega \bar{a}_i + \bar{b}_i} \right) \boldsymbol{F} \tag{7-141}$$

因此,复模态频率响应函数矩阵为

$$H = \sum_{i=1}^{n} \left(\frac{\boldsymbol{\psi}'_i \boldsymbol{\psi}'^{\mathrm{T}}_i}{\mathrm{j}\omega a_i + b_i} + \frac{\bar{\boldsymbol{\psi}}'_i \bar{\boldsymbol{\psi}}'^{\mathrm{T}}_i}{\mathrm{j}\omega \bar{a}_i + \bar{b}_i} \right) \tag{7-142}$$

又方程(7-135)的特征值为

$$\lambda_i = \frac{b_i}{a_i}, \quad \bar{\lambda}_i = -\frac{\bar{b}_i}{\bar{a}_i} \tag{7-143}$$

可将式(7-142)改写为

$$H = \sum_{i=1}^{n} \left[\frac{\boldsymbol{\psi}'_i \boldsymbol{\psi}'^{\mathrm{T}}_i}{a_i(\mathrm{j}\omega - \lambda_i)} + \frac{\bar{\boldsymbol{\psi}}'_i \bar{\boldsymbol{\psi}}'^{\mathrm{T}}_i}{\bar{a}_i(\mathrm{j}\omega - \bar{\lambda}_i)} \right]$$

$$= \sum_{i=1}^{n} \left(\frac{\boldsymbol{R}_i}{\mathrm{j}\omega - \lambda_i} + \frac{\bar{\boldsymbol{R}}_i}{\mathrm{j}\omega - \bar{\lambda}_i} \right) \tag{7-144}$$

式中,$\bar{\boldsymbol{R}}_i$是$\boldsymbol{R}_i$的共轭矩阵,且有

$$\boldsymbol{R}_i = \frac{\boldsymbol{\psi}'_i \boldsymbol{\psi}'^{\mathrm{T}}_i}{a_i} \tag{7-145}$$

$\boldsymbol{R}_i$称为系统的第i阶留数矩阵,对于H中的任一元素有

$$H_{lp}(\omega) = \sum_{i=1}^{n} \left(\frac{\boldsymbol{R}^i_{lp}}{\mathrm{j}\omega - \lambda_i} + \frac{\bar{\boldsymbol{R}}^i_{lp}}{\mathrm{j}\omega - \bar{\lambda}_i} \right) \tag{7-146}$$

这是联系频率响应函数与复模态参数的计算公式,是识别复模态参数的依据。$\boldsymbol{R}^i_{lp}$与其共轭复数$\bar{\boldsymbol{R}}^i_{lp}$称为对应于$l$点和$p$点的第$i$阶留数。根据复变函数理论可得其计算式

$$R^i_{lp} = H_{lp}(\omega)(\mathrm{j}\omega - \lambda_i)|_{\mathrm{j}\omega = \lambda_i} \tag{7-147}$$

由式(7-145)可知

$$R^i_{lp} = \frac{\psi_{li} \psi_{pi}}{a_i} \tag{7-148}$$

这是留数与复模态向量的关系式。如果能获得$l=1,2,\cdots,L$时L个留数,这些留数组成的列向量与第i阶模态向量$\boldsymbol{\psi}_i$成比例。这就是参数识别求振型向量的方法。

(3) 实模态系统频率响应函数的留数表示

实模态系统的频率响应函数也可以表示成相似的留数形式,即

$$H_{lp}(\omega) = \sum_{i=1}^{n} \frac{\psi_{li} \psi_{pi}}{m_i} \frac{1}{(\mathrm{j}\omega)^2 + \omega_i^2 + 2\mathrm{j}\zeta_i \omega_i \omega}$$

$$= \sum_{i=1}^{n} \left(\frac{\boldsymbol{R}^i_{lp}}{\mathrm{j}\omega - \lambda_i} + \frac{\bar{\boldsymbol{R}}^i_{lp}}{\mathrm{j}\omega - \bar{\lambda}_i} \right) \tag{7-149}$$

式中
$$\lambda_i, \bar{\lambda}_i = -\zeta_i\omega_i \pm j\omega_i\sqrt{1-\zeta_i^2} \tag{7-150}$$

式(7-150)表明实模态系统的留数为纯虚数。

从另外一个角度,复模态频率响应函数式(7-146)也可以表示成类似于实模态的形式。设复留数为
$$R_{lp}^i = -\frac{j\psi_{li}\psi_{pi}}{2m_i\omega_i\sqrt{1-\zeta_i^2}} \tag{7-151}$$

将式(7-151)代入(7-143)并展开,再利用
$$\lambda_i, \bar{\lambda}_i = \sigma_i \pm j\tau_i, \quad i = 1, 2, \cdots, n \tag{7-152}$$

$$\omega_{0i}^2 = \lambda_i \cdot \bar{\lambda}_i = \sigma_i^2 + \tau_i^2 \tag{7-153}$$

$$\zeta_{0i}^2 = \frac{\sigma^i}{2\sqrt{\sigma^{2i} + \tau_i^2}} \tag{7-154}$$

可以求得
$$H_{lp}(\omega) = \sum_{i=1}^n \frac{2(u_i)\zeta_{0i}^2\omega_{0i}^2 - v_i\omega_{0i}^2\sqrt{1-\zeta_{0i}^2} + ju_i\omega}{|a_i|^2(-\omega^2 + 2j\zeta_{0i}^2\omega_{0i}^2\omega + \omega_{0i}^2)} \tag{7-155}$$

它与式(7-119)的区别在于其分子是复数。

对于一般结构阻尼可根据
$$m_i\ddot{q} + d_i q = \psi^T f$$

得到
$$H_{lp}(\omega) = \sum_{i=1}^n \frac{\psi_{li}\psi_{pi}}{-\omega^2 m_i + jg_i + k_i} \tag{7-156}$$

式(7-156)在形式上与式(7-119)相似,区别在于其分子也是复数。因此,将实模态与复模态的频率响应函数公式统一写为
$$H(\omega) = \sum_{i=1}^n \frac{c_i}{-\omega^2 + jD_i + \omega_i^2} \tag{7-157}$$

2. 实验模态分析建模的基本过程

实验模态分析的基本过程主要有以下四个步骤:对结构进行激振、输入输出信号的采集和处理、频率响应函数的计算以及模态参数的识别。

(1) 结构激振

用于结构激振的激振器可分为接触式和非接触式两类。常用接触式的激振器有机械式、电磁式以及电液压式激振器。使用力锤激振时,由于它仅与结构进行瞬间接触,因而把它归为非接触式。

在实验中,根据结构的具体情况及拥有的实验手段来选择激振方法。对于中小型结构一般采用单点激振,大型结构采用多点激振。采用力锤激振时常将测量响应的传感器位置固定不变,逐次改变敲击点的位置,由此获得频率响应函数矩阵中的一行或者多行数据。采用电磁式激振器时,一般固定激振点的位置不变,从而获得频率响应函数矩阵中的一列元素或者多列元素。根据采用不同的激振力函数,可以将激振方式分成正弦扫描激振、随机激振和冲击激振等。

(2) 数字信号采集与处理

不论采用何种测量系统,数据采集和处理时都必须遵循如下几点原则。

第一,采样定理要求采样频率 f_s 必须大于或等于测量信号上限频率 f_c 的 2 倍。由于抗混滤波器不可能是理想低通滤波器,总有一部分高于上限频率 f_c 的频率成分使滤波后的信号受到"污染",所以由 1024 个点的傅里叶变换得到的 512 条谱线的高频部分有一部分是不精确的。因此,相应提高采样频率,就可以排除干扰。

第二,为了防止产生泄漏误差,必须采用加窗技术。通常对于随机激振采用汉宁窗,对于脉冲激振采用指数窗。需要注意的是,对于冲击激振,对响应信号采用了指数窗,使信号的衰减加快,这相当于增加了结构的阻尼,因此必须在参数辨识时将这种附加阻尼除去。

第三,不要过分地提高采样频率,应该在满足分析频率要求前提下,尽量减小采样频率,以获得较高的频率分辨率。而提高分辨率的有效方法是采用 Zoom 技术。

第四,在模态分析实验中,平均技术在估算频率响应函数中有着重要的作用。它不仅可以用于消除测量中的随机噪声的影响以提高信噪比,而且可以消除由于结构的弱非线性对测量数据带来的影响。

3. 频率响应函数估计

如果响应信号完全是由激励信号引起的,则响应信号中不存在任何噪声,那么经过一次测量后,可按定义来计算频率响应函数

$$H(\omega) = \frac{X(\omega)}{F(\omega)} \tag{7-158}$$

然而,实际测量得到的信号中总会有噪声干扰存在。为了排除或者降低噪声的影响,要使用平均技术对频率响应函数进行估计。

4. 模态参数识别

模态参数识别是结构振动系统建模的重要内容之一。若用模态坐标来描述一个机械结构系统的特性,则用于描述系统的参数即为模态参数,这时,系统辨识称为模态参数识别。

振动系统模态参数识别的方法很多,一般可分为频域方法和时域方法两大类。频域法是利用频响函数(或称传递函数)进行参数识别的方法;而时域法是指利用振动响应的时间历程数据,进行振动模态参数识别的方法。

(1) 频域识别法

频域识别法根据所考虑系统的自由度的多少,可以分为单自由度拟合方法和多自由度拟合方法,它们又可称为单模态识别法和多模态识别法。

单模态识别法适用于单自由度系统或者模态密度不大的多自由度系统。当模态频率较分散,其余各阶模态对于所研究的某个模态的贡献较小时,可以分别当作单自由度峰值进行处理。下面根据频响函数表示方法的不同介绍三种单自由度拟合方法:

① 直接读数法:频率响应函数的幅值和相位可以表示为

$$|H(\omega)| = \frac{1}{k} \frac{1}{\sqrt{[1-(\omega/\omega_n)^2]+(2\xi\omega/\omega_n)^2}} \tag{7-159}$$

$$\alpha = \arctan \frac{2\zeta\omega_n\omega}{\omega_n^2 - \omega^2} \tag{7-160}$$

由式(7-159)和式(7-160)可以作出幅频和相频特性曲线,其曲线如图 7-15 所示。

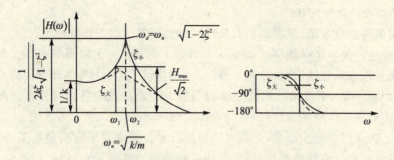

图 7-15 单自由度幅频和相频特性曲线

利用图 7-15 可以得到,振幅最大时固有频率为 ω_n,取最大振幅 H_{max} 的 $1/\sqrt{2}$ 倍做频率坐标轴的平行线,令其与幅频曲线的交点为 ω_1 和 ω_2,则由

$$\zeta = \frac{\omega_2 - \omega_1}{2\omega_n} \quad (7-161)$$

$$|H|_{max} = \frac{1}{2k\zeta} \quad (7-162)$$

求出 ζ 和 k,再由 ω_n 和 k 求出 m。在幅频特性曲线上,共振峰值变化较为平缓,难于精确地测定 ω_n,故求出的模态参数精度较差。

② 最大虚部法:频率响应函数的实部和虚部可以分别表示为

$$\text{Re}[H(\omega)] = \frac{1}{k} \frac{\omega_n^2(\omega_n^2 - \omega^2)}{(\omega_n^2 - \omega^2)^2 + 4\zeta^2\omega_n^2\omega^2} \quad (7-163)$$

$$\text{Im}[H(\omega)] = \frac{1}{k} \frac{-2\zeta\omega_n^3\omega}{(\omega_n^2 - \omega^2)^2 + 4\zeta^2\omega_n^2\omega^2} \quad (7-164)$$

根据式(7-163)和式(7-164)绘制实频和虚频曲线,如图 7-16 所示。

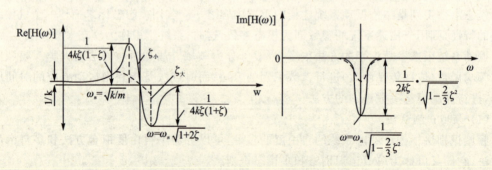

图 7-16 实频和虚频曲线

在图 7-16 的曲线中,虚频曲线的峰值很明显,易于正确地确定固有频率 ω_n,并按虚部峰值的 $1/2$ 定出 ω_1 和 ω_2,由

$$\zeta = \frac{\omega_2 - \omega_1}{2\omega_n} \quad (7-165)$$

和

$$\text{Im}[H(\omega)]_{max} \approx \frac{1}{2k\zeta} \quad (7-166)$$

求出 ζ 和 k,而后求得 m。

③ 导纳圆法：把图 7-15 的幅频和相频曲线，或图 7-16 的实频和虚频曲线合起来，在复平面上得到图 7-17 所示的幅相频曲线，即 Nyquist 导纳圆，对应于一个阻尼比 ζ，就有一条形状近似为圆的曲线，ζ 越小，曲线越接近于圆。

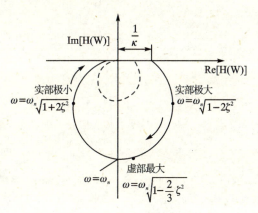

图 7-17　Nyquist 导纳圆

若导纳传递函数为 V/F，即分子为速度，分母为力，那么系统受迫振动方程可以写成

$$m(i\omega)\dot{x} + c\dot{x} + k\frac{\dot{x}}{i\omega} = f$$

$$\left\{c + i\left(m\omega - \frac{k}{\omega}\right)\right\}v = f \tag{7-167}$$

当 $f = Fe^{i\omega t}$ 时，$v = Ve^{i\omega t}$，故

$$\frac{V}{F} = \frac{1}{c + i(m\omega - k/\omega)} \tag{7-168}$$

因此有

$$\operatorname{Re}\left(\frac{V}{F}\right) = \frac{c}{c^2 + (m\omega - k/\omega)^2}$$

$$\operatorname{Im}\left(\frac{V}{F}\right) = \frac{-(m\omega - k/\omega)}{c^2 + (m\omega - k/\omega)^2} \tag{7-169}$$

由式 (7-169) 得

$$\left\{\operatorname{Im}\left(\frac{V}{F}\right)\right\}^2 + \left\{\operatorname{Re}\left(\frac{V}{F}\right) - \frac{1}{2c}\right\}^2 = \left(\frac{1}{2c}\right)^2 \tag{7-170}$$

式 (7-170) 为圆的方程，圆心为 $\left(\frac{1}{2c}, 0\right)$，直径为 $\frac{1}{c}$，如图 7-18 所示。模态参数可以用如下方法求出：

$$\frac{F}{V} = c + i\left(m\omega - \frac{k}{\omega}\right)$$

$$\operatorname{Re}\left(\frac{F}{V}\right) = c \tag{7-171}$$

$$\operatorname{Im}\left(\frac{F}{V}\right) = m\omega - \frac{k}{\omega}$$

此时有方差

$$\sum_{i=1}^{n} E^2 = \sum_{i=1}^{n} \left\{ m\omega - \frac{k}{\omega} - \text{Im}\left(\frac{F}{V}\right)_{测} \right\}^2 \tag{7-172}$$

使

$$\frac{\partial \left(\sum_{i=1}^{n} E^2\right)}{\partial m} = 0, \quad \frac{\partial \left(\sum_{i=1}^{n} E^2\right)}{\partial k} = 0 \tag{7-173}$$

于是

$$\left\{ \begin{matrix} m \\ k \end{matrix} \right\} = \begin{bmatrix} \sum_{i=1}^{n} \omega^2 & -n \\ -n & \sum_{i=1}^{n} \frac{1}{\omega^2} \end{bmatrix} \left\{ \begin{matrix} \sum_{i=1}^{n} \text{Im}\left(\frac{F}{V}\right) \cdot \omega \\ -\sum_{i=1}^{n} \text{Im}\left(\frac{F}{V}\right)/\omega \end{matrix} \right\} \tag{7-174}$$

由式(7-171)求 c，而后由式(7-174)求 m、k，以 Nyquist 导纳圆上等间隔频率弧长变化率最大的频点作为固有频率值。

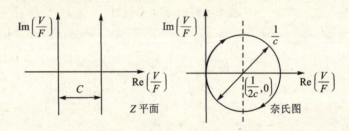

图 7-18 比例粘性阻尼的圆拟合

对于模态密集的机械结构系统，单模态识别法误差较大，效果较差，此时就必须采用多模态识别法。现有的多模态识别法很多，主要有多模态迭代识别法、Levy 法、有理分式正交多项式拟合法等等，每一种方法都有相应计算机软件支持。它们的核心思想都是最小二乘法，在此不作进一步阐述。

(2) 时域识别法

前述频域法识别结构模态参数的方法是通过输入、输出数据得到频响函数(或传递函数)，然后由频响函数识别模态参数或结构参数。这类方法有直观、准确、物理概念清楚等优点，因此常用于结构动态特性分析中，一般在实验室内停机状态下进行。由于必须进行激振，所示实验设备比较复杂，实验周期长，在线检测困难。

时域识别法直接利用响应的时间历程曲线来识别振动参数，它是近年来随着现代控制理论发展和计算机的应用而发展起来的。该方法的优点是，不需复杂的激振设备；结构随机减量技术可以进行在线故障监测和诊断；需要的数据记录样本较短。但时域法的缺点是对噪声较敏感，要求较高的测量精度，要求很低的噪声背景水平；不直观，也不易直接判别结果的正确性，不易剔除由噪声而引入的虚假模态；数据处理工作量较大。时域识别法主要包括 ITD 法、随机减量时域法、复指数法、子空间法、ERA 法和差分方程法等。

ITD 法即 Ibrahim 时域法的理论是以粘性阻尼多自由度系统的自由响应为基础，根据对各测量点测得的自由响应信号进行一定方式的采样，得到自由度响应矩阵，由响应与特征值之间的复指数关系建立特征矩阵的数学模型，再求解特征值问题，求得数据模型的特征值与特征向量,再根据模型特征值与振动系统特征值之间的关系,求出振动系统的固有频率、振型及阻尼。

上面讨论的 ITD 法是基于自由响应数据识别模态参数。有些实际工程结构常常在随机载荷作用下产生振动,例如船舶在海洋中航行时受海浪及风作用而引起的振动,汽车行驶时由于地面不平而激起的振动等等。在随机载荷作用下,结构的响应亦是随机的,可以用随机响应信号来识别结构的模态参数。随机减量法是利用样本平均的方法,去掉响应中的随机成分,而获得一定初始激励下的自由响应,然后利用 ITD 法识别系统的模态参数。

每一种参数辨识方法都是十分复杂的课题,若想要更深入地了解这些方法,读者可以查阅相关专业文献资料。

7.4 机械结构动力修改和动态优化设计

7.4.1 概 述

前面介绍了机械结构动力分析的建模方法,得到了能够反映实际机械结构系统动态特性的数学模型,在此基础上,为了满足系统的动态特性和动态响应的设计要求,需要对结构进行动力学修改或优化设计。

根据结构变化和动态性能变化之间的相互关系,结构动力学修改可以分为正逆两类问题:已知结构变化求动态特性变化称为动力学修改的正问题,简称再分析;已知动态性能变化求结构变化量是动力修改的逆问题,简称再设计。对于复杂的机械结构系统,用数学规划法自动地进行结构动力优化设计是非常困难的。目前常用的方法是用人机交互的方式,采用建模、性能分析,根据设计者的要求进行结构修改,然后再在计算机上进行再分析,多次反复,直到所设计的机械动态性能满足要求,这是一个再设计和再分析的修改过程。这种设计过程,是广义概念上的优化,很大程度上依赖于设计者的经验和专业知识来完成。进一步发展的方向是减少人机交互的程序,采用数学规划法或准则法,由计算机自动完成结构系统分析的优化过程。

在动力优化设计过程中,目前采用的优化方法主要有两种:数学规划法和准则法。数学规划法通常采用搜索方式,按一定的搜索方向寻优,按照目标函数值下降的算法,最终找到最优点。这类方法有严格的数学理论基础,相应的计算方法比较成熟,计算过程比较平稳,但随着设计变量的增加,迭代次数急剧增加,所以适合于较简单的优化问题。这类方法又可分为单纯形法、牛顿法、共轭梯度法、变尺度法等等。准则法按照一定的优化准则寻优,并不直接计算目标函数值,鉴于最优点一般落在约束的边界上,所以着眼于设计变量与约束条件关系的分析,根据一定的优化准则判断求得的点是否为最优点。常用的优化准则是库恩—塔克条件。准则法适用于较复杂的优化问题。

一般来说,重要的问题是先把优化设计的数学模型正确表达出来,然后便可选择相应的优化方法和软件进行优化。对动力优化设计,其常见的数学模型为

求一组设计变量 $\boldsymbol{X} = (x_1, x_2, \cdots, x_n)^\mathrm{T}$,使得广义特征值问题

$$\boldsymbol{K}(\boldsymbol{X})\boldsymbol{\Psi}_i = \lambda_i \boldsymbol{M}(\boldsymbol{X})\boldsymbol{\Psi}_i \tag{7-175}$$

具有 $\lambda_i = \tilde{\lambda}_i$;或 $\lambda_i = \tilde{\lambda}_i$ 和 $\boldsymbol{\Psi}_i = \tilde{\boldsymbol{\Psi}}_i$,

$$s.t. \quad h_j(\boldsymbol{X}) \leqslant 0 \quad j = 1, 2, \cdots, m$$

或
$$s.t. \quad h_j(\boldsymbol{X}) \leqslant 0 \text{ 和 } \tilde{\lambda}_{il} \leqslant \lambda_i \leqslant \tilde{\lambda}_{iu}$$

或
$$s.t. \quad h_j(\boldsymbol{X}) \leqslant 0, \quad \tilde{\lambda}_{il} \leqslant \lambda_i \leqslant \tilde{\lambda}_{iu} \text{ 和 } \boldsymbol{\Psi}_i = \tilde{\boldsymbol{\Psi}}_i$$

式中，$h_j(\boldsymbol{X})$ 表示几何约束或性能约束，上标 ~ 表示给定值。

在确定了动态优化设计的数学模型之后，便可采用合适的方法来实现振动系统动态特性的设计目标，因此，下面将介绍结构动力修改的有关理论和方法。

7.4.2 结构动力修改的准则

通常遇到的许多结构动力修改问题，是要求把结构的振动强度或动柔度限制在一定的范围内。有效的修改过程是先找出结构的薄弱环节，修改薄弱环节的局部结构，使整体的动特性满足要求。目前确定结构薄弱环节并以此为依据进行结构修改的方法有能量平衡法和灵敏度分析法两种，本节主要介绍灵敏度分析法。

1. 灵敏度分析结构修改原理

定义结构模态参数或动柔度 $\boldsymbol{T}$ 对设计变量 $\boldsymbol{b}$ 中第 j 个分量 b_j 的偏导数 $\partial \boldsymbol{T}/\partial b_j$ 为 $\boldsymbol{T}$ 对 b_j 的灵敏度。

(1) 实模态灵敏度分析

① 特征值 λ_i 的灵敏度：令 $\boldsymbol{b}$ 为结构设计参数，即 $\boldsymbol{b} = \{\boldsymbol{MK}\}$，对于无阻尼多自由度结构系统，其特征矩阵为

$$(\boldsymbol{K} - \omega^2 \boldsymbol{M})\boldsymbol{X} = \boldsymbol{0} \tag{7-176}$$

把对应的特征值 $\lambda_i = \omega_i^2$ 及正则化实振型 $\boldsymbol{\varphi}_{Ni}$ 代入式(7.4-2)可得

$$(\boldsymbol{K} - \lambda_i \boldsymbol{M})\boldsymbol{\varphi}_{Ni} = \boldsymbol{0} \tag{7-177}$$

对式(7-177)设计变量求偏导，得

$$\left(\frac{\partial \boldsymbol{K}}{\partial b_j} - \frac{\partial \lambda_i}{\partial b_j}\boldsymbol{M} - \lambda_i \frac{\partial \boldsymbol{M}}{\partial b_j}\right)\boldsymbol{\varphi}_{Ni} + (\boldsymbol{K} - \lambda_i \boldsymbol{M})\frac{\partial \boldsymbol{\varphi}_{Ni}}{\partial b_j} = \boldsymbol{0} \tag{7-178}$$

式(7-178)左乘 $\boldsymbol{\varphi}_{Ni}^{\mathrm{T}}$ 并整理，可得

$$\frac{\partial \lambda_i}{\partial b_j}\boldsymbol{\varphi}_{Ni}^{\mathrm{T}}\boldsymbol{M}\boldsymbol{\varphi}_{Ni} = \boldsymbol{\varphi}_{Ni}^{\mathrm{T}}\frac{\partial \boldsymbol{K}}{\partial b_j}\boldsymbol{\varphi}_{Ni} - \lambda_i \boldsymbol{\varphi}_{Ni}^{\mathrm{T}}\frac{\partial \boldsymbol{M}}{\partial b_j}\boldsymbol{\varphi}_{Ni} + \boldsymbol{\varphi}_{Ni}^{\mathrm{T}}(\boldsymbol{K} - \lambda_i \boldsymbol{M})\frac{\partial \boldsymbol{\varphi}_{Ni}}{\partial b_j} \tag{7-179}$$

把式(7-177)两边转置，考虑到 $\boldsymbol{M}$ 和 $\boldsymbol{K}$ 矩阵的对称性，有

$$\boldsymbol{\varphi}_{Ni}^{\mathrm{T}}(\boldsymbol{K} - \lambda_i \boldsymbol{M}) = \boldsymbol{0} \tag{7-180}$$

因而式(7-179)最后一项为 0，故可得

$$\frac{\partial \lambda_i}{\partial b_j}\boldsymbol{\varphi}_{Ni}^{\mathrm{T}}\boldsymbol{M}\boldsymbol{\varphi}_{Ni} = \boldsymbol{\varphi}_{Ni}^{\mathrm{T}}\frac{\partial \boldsymbol{K}}{\partial b_j}\boldsymbol{\varphi}_{Ni} - \lambda_i \boldsymbol{\varphi}_{Ni}^{\mathrm{T}}\frac{\partial \boldsymbol{M}}{\partial b_j}\boldsymbol{\varphi}_{Ni} \tag{7-181}$$

由于 $\boldsymbol{\varphi}_{Ni}^{\mathrm{T}}\boldsymbol{M}\boldsymbol{\varphi}_{Ni} = 1$，所以可得

$$\frac{\partial \lambda_i}{\partial b_j} = \boldsymbol{\varphi}_{Ni}^{\mathrm{T}}\frac{\partial \boldsymbol{K}}{\partial b_j}\boldsymbol{\varphi}_{Ni} - \lambda_i \boldsymbol{\varphi}_{Ni}^{\mathrm{T}}\frac{\partial \boldsymbol{M}}{\partial b_j}\boldsymbol{\varphi}_{Ni} \tag{7-182}$$

式(7-182)为特征值 λ_i 对设计变量 b_j 的一阶偏导，即特征值的灵敏度。

又由于

$$\frac{\partial \lambda_i}{\partial b_j} = \frac{\partial \omega_i^2}{\partial b_j} = 2\omega_i \frac{\partial \omega_i}{\partial b_j} \tag{7-183}$$

将式(7-183)代入式(7-182)可得到固有频率的灵敏度为

$$\frac{\partial \omega_i}{\partial b_j} = \frac{1}{2\omega_i} \boldsymbol{\varphi}_{Ni}^T \left(\frac{\partial \boldsymbol{K}}{\partial b_j} - \omega_i^2 \frac{\partial \boldsymbol{M}}{\partial b_j} \right) \boldsymbol{\varphi}_{Ni} \tag{7-184}$$

② 特征矢量灵敏度：设特征矢量灵敏度 $\dfrac{\partial \boldsymbol{\varphi}_i}{\partial b_j}$ 是 $\boldsymbol{\varphi}_i(i=1,2,\cdots,n)$ 的线性组合,即

$$\frac{\partial \boldsymbol{\varphi}_i}{\partial b_j} = \boldsymbol{\Phi}\boldsymbol{\alpha} = \sum_{k=1}^n \alpha_{ijk} \boldsymbol{\varphi}_k \tag{7-185}$$

式中,α_{ijk} 为线性组合系数向量,这里不再进行推导,仅列出其表达式为

$$\alpha_{ijk} = \frac{\boldsymbol{\varphi}_k^T \left(\dfrac{\partial \boldsymbol{K}}{\partial b_j} - \omega_i^2 \dfrac{\partial \boldsymbol{M}}{\partial b_j} \right) \boldsymbol{\varphi}_i}{\omega_i^2 - \omega_k^2} \quad (k \ne i)$$

$$\alpha_{ijk} = -\frac{1}{2} \boldsymbol{\varphi}_k^T \frac{\partial \boldsymbol{M}}{\partial b_j} \boldsymbol{\varphi}_i \quad (k = i) \tag{7-186}$$

$$i,j = 1,2,\cdots,n$$

(2) 复模态灵敏度分析

① 复特征值灵敏度分析

对于任意粘滞阻尼系统,系统的特征方程可以表示为

$$s_i \boldsymbol{A} \boldsymbol{\varphi}_i + \boldsymbol{B} \boldsymbol{\varphi}_i = 0 \tag{7-187}$$

式中,$\boldsymbol{A} = \begin{bmatrix} \boldsymbol{C} & \boldsymbol{M} \\ \boldsymbol{M} & \boldsymbol{0} \end{bmatrix}$,$\boldsymbol{B} = \begin{bmatrix} \boldsymbol{K} & \boldsymbol{0} \\ \boldsymbol{0} & -\boldsymbol{M} \end{bmatrix}$,$\boldsymbol{\varphi}_i = \begin{bmatrix} \boldsymbol{\psi}_i \\ s_i \boldsymbol{\psi}_i \end{bmatrix}$

若模态振型已按模态质量归一,有

$$\boldsymbol{\varphi}_i^T \boldsymbol{A} \boldsymbol{\varphi}_i = \boldsymbol{\psi}_i^T (2 s_i \boldsymbol{M} + \boldsymbol{C}) \boldsymbol{\psi}_i = 1 \tag{7-188}$$

将式(7-187)两边对设计变量 b_j 求偏导,并左乘 $\boldsymbol{\varphi}_i^T$,可得

$$\boldsymbol{\varphi}_i^T \left[\left(\frac{\partial s_i}{\partial b_j} \boldsymbol{A} + s_i \frac{\partial \boldsymbol{A}}{\partial b_j} + \frac{\partial \boldsymbol{B}}{\partial b_j} \right) \boldsymbol{\varphi}_i + (s_i \boldsymbol{A} + \boldsymbol{B}) \frac{\partial \boldsymbol{\varphi}_i}{\partial b_j} \right] = 0 \tag{7-189}$$

因为式(7-187)的和为对称矩阵,对式(7-187)两边转置,便有

$$\boldsymbol{\varphi}_i^T (s_i \boldsymbol{A} + \boldsymbol{B}) = 0 \tag{7-190}$$

则式(7-189)变为

$$\boldsymbol{\varphi}_i^T \left(\frac{\partial s_i}{\partial b_j} \boldsymbol{A} + s_i \frac{\partial \boldsymbol{A}}{\partial b_j} + \frac{\partial \boldsymbol{B}}{\partial b_j} \right) \boldsymbol{\varphi}_i = 0 \tag{7-191}$$

$$\boldsymbol{\varphi}_i^T \frac{\partial s_i}{\partial b_j} \boldsymbol{A} \boldsymbol{\varphi}_i + \boldsymbol{\varphi}_i^T s_i \frac{\partial \boldsymbol{A}}{\partial b_j} \boldsymbol{\varphi}_i + \boldsymbol{\varphi}_i^T \frac{\partial \boldsymbol{B}}{\partial b_j} \boldsymbol{\varphi}_i = 0 \tag{7-192}$$

把式(7-188)代入(7-192)得

$$\frac{\partial s_i}{\partial b_j} = -\boldsymbol{\varphi}_i^T \left(s_i \frac{\partial \boldsymbol{A}}{\partial b_j} + \frac{\partial \boldsymbol{B}}{\partial b_j} \right) \boldsymbol{\varphi}_i \tag{7-193}$$

将式(7-193)展开得

$$\frac{\partial s_i}{\partial b_j} = -\boldsymbol{\psi}_i^T \left(s_i^2 \frac{\partial \boldsymbol{M}}{\partial b_j} + s_i \frac{\partial \boldsymbol{C}}{\partial b_j} + \frac{\partial \boldsymbol{K}}{\partial b_j} \right) \boldsymbol{\psi}_i \tag{7-194}$$

式(7-194)即为复频率的灵敏度表达式。当已知系统的 s_i 和 $\boldsymbol{\psi}_i$ 时,即可求得复频率对某个设计参数的灵敏度值。

如果要求复频率对结构上第 l 个点某一方向上集中质量的灵敏度,这时

$$\frac{\partial \boldsymbol{M}}{\partial m_l} = \begin{bmatrix} 0 & \cdots & 0 \\ \vdots & 1 & \vdots \\ 0 & \cdots & 0 \end{bmatrix} l \qquad (7-195)$$

$$\qquad\qquad\qquad l$$

而

$$\frac{\partial \boldsymbol{C}}{\partial m_l} = 0, \frac{\partial \boldsymbol{K}}{\partial m_l} = 0 \qquad (7-196)$$

将式(7-195)和式(7-196)代入式(7-194)得

$$\frac{\partial s_i}{\partial m_l} = -\boldsymbol{\psi}_{li}^2 \cdot s_i^2 \qquad (7-197)$$

对于空间结构,某一点的质量变化在 x、y 和 z 三个坐标方向上都有影响,如果 l 点三个方向的自由度号分别为 l_x、l_y 和 l_z,则

$$\frac{\partial s_i}{\partial m_l} = -(\boldsymbol{\psi}_{lxi}^2 + \boldsymbol{\psi}_{lyi}^2 + \boldsymbol{\psi}_{lzi}^2) \cdot s_i^2 \qquad (7-198)$$

若要求复频率对 l 和 r 两个自由度之间刚度的灵敏度,则有

$$\frac{\partial \boldsymbol{K}}{\partial k_{lr}} = \begin{bmatrix} 0 & \vdots & \vdots & 0 \\ \vdots & 1 & 1 & \vdots \\ \vdots & 1 & 1 & \vdots \\ 0 & \vdots & \vdots & 0 \end{bmatrix} \begin{matrix} l \\ r \end{matrix} \qquad (7-199)$$

$$ l \quad r$$

得

$$\frac{\partial s_i}{\partial k_{lr}} = -(\boldsymbol{\psi}_{li} - \boldsymbol{\psi}_{ri})^2 \qquad (7-200)$$

同理,对 l、r 之间阻尼变化的灵敏度为

$$\frac{\partial s_i}{\partial c_{lr}} = -(\boldsymbol{\psi}_{li} - \boldsymbol{\psi}_{ri})^2 s_i \qquad (7-201)$$

若将具有正虚部的 s_i 写成如下形式

$$s_i = \alpha_i + i\beta_i$$
$$= -\xi_i \omega_i \pm i\omega_i \sqrt{1-\xi_i^2} \qquad (7-202)$$

式(7-202)两边对设计变量 b_j 求导,并比较实部和虚部,可得固有频率 ω_i 和阻尼比 ξ_i 对设计变量 b_j 的灵敏度

$$\frac{\partial \omega_i}{\partial b_j} = \frac{\sqrt{1-\xi_i^2} \cdot \frac{\partial \beta_i}{\partial b_j} - \frac{\partial \alpha_i}{\partial b_j}}{1+\xi_i+\xi_i^2} \qquad (7-203)$$

$$\frac{\partial \xi_i}{\partial b_j} = \frac{\xi_i \sqrt{1-\xi_i^2} \cdot \frac{\partial \beta_i}{\partial b_j} + (1-\xi_i^2)\frac{\partial \alpha_i}{\partial b_j}}{\omega_i(1+\xi_i-\xi_i^2)} \qquad (7-204)$$

2) 复模态振型灵敏度

设复特征矢量灵敏度是复特征矢量的线性组合,即

$$\frac{\partial \boldsymbol{\varphi}_i}{\partial b_j} = \sum_{k=1}^{2n} \alpha_{ijk} \boldsymbol{\varphi}_k \qquad (7-205)$$

为求出系数 α_{ijk},将式(7-205)代入(7-189),并前乘 $\boldsymbol{\varphi}_k^\mathrm{T}$ 得

$$\boldsymbol{\varphi}_k^\mathrm{T}\left(\frac{\partial s_i}{\partial b_j}\boldsymbol{A}+s_i\frac{\partial \boldsymbol{A}}{\partial b_j}+\frac{\partial \boldsymbol{B}}{\partial b_j}\right)\boldsymbol{\varphi}_i+\boldsymbol{\varphi}_k^\mathrm{T}(s_i\boldsymbol{A}+\boldsymbol{B})\sum_{k=1}^{2n}\alpha_{ijk}\boldsymbol{\varphi}_k=0 \tag{7-206}$$

考虑到正交性,由(7-206)解得

$$\alpha_{ijk}=\frac{\boldsymbol{\varphi}_k^\mathrm{T}\left(s_i\dfrac{\partial \boldsymbol{A}}{\partial b_j}+\dfrac{\partial \boldsymbol{B}}{\partial b_j}\right)\boldsymbol{\varphi}_i}{s_k-s_i}=\frac{\boldsymbol{\psi}_k^\mathrm{T}\left(s_i^2\dfrac{\partial \boldsymbol{M}}{\partial b_j}+s_i\dfrac{\partial \boldsymbol{C}}{\partial b_j}+\dfrac{\partial \boldsymbol{K}}{\partial b_j}\right)\boldsymbol{\psi}_i}{s_k-s_i} \quad (k\neq i) \tag{7-207}$$

对式(7-188)两边求导得

$$\boldsymbol{\varphi}_i^\mathrm{T}\frac{\partial \boldsymbol{A}}{\partial b_j}\boldsymbol{\varphi}_i+2\boldsymbol{\varphi}_i^\mathrm{T}\boldsymbol{A}\frac{\partial \boldsymbol{\varphi}_i}{\partial b_j}=0 \tag{7-208}$$

将式(7-205)代入式(7-208),可解出

$$\alpha_{ijk}=-\frac{1}{2}\boldsymbol{\varphi}_i^\mathrm{T}\frac{\partial \boldsymbol{A}}{\partial b_j}=-\frac{1}{2}\boldsymbol{\psi}_i^\mathrm{T}\left(2s_i\frac{\partial \boldsymbol{M}}{\partial b_j}+\frac{\partial \boldsymbol{C}}{\partial b_j}\right)\boldsymbol{\psi}_i \quad (k=i) \tag{7-209}$$

在式(7-205)中,一般只需知道 $\boldsymbol{\psi}_i$ 的前 n 个复振型元素的灵敏度,故可将式(7-205)改写为

$$\frac{\partial \boldsymbol{\psi}_i}{\partial b_j}=\sum_{k=1}^{2n}\alpha_{ijk}\boldsymbol{\psi}_k \tag{7-210}$$

将式(7-207)和式(7-209)求得的系数代入式(7-210)中,即可算出复模态振型对设计参数的灵敏度。

3) 动柔度灵敏度

设系统的动刚度矩阵 $\boldsymbol{D}(s)=s^2\boldsymbol{M}+s\boldsymbol{C}+\boldsymbol{K}$,系统的动柔度矩阵 $\boldsymbol{H}(s)=\boldsymbol{D}(s)^{-1}$,则有

$$\boldsymbol{HD}=\boldsymbol{I} \tag{7-211}$$

式(7-211)两边对结构参数 b_j 求导

$$\frac{\partial \boldsymbol{H}}{\partial b_j}\boldsymbol{D}+\boldsymbol{H}\frac{\partial \boldsymbol{D}}{\partial b_j}=0 \tag{7-212}$$

因而有

$$\frac{\partial \boldsymbol{H}}{\partial b_j}=-\boldsymbol{H}\frac{\partial \boldsymbol{D}}{\partial b_j}\boldsymbol{H}=-\boldsymbol{H}\left(s_i^2\frac{\partial \boldsymbol{M}}{\partial b_j}+s_i\frac{\partial \boldsymbol{C}}{\partial b_j}+\frac{\partial \boldsymbol{K}}{\partial b_j}\right)\boldsymbol{H} \tag{7-213}$$

式(7-213)即为动柔度灵敏度的表达式。

7.4.3 结构动力修改的动特性预测方法

通过结构系统的灵敏度分析,可以确定最有效的结构修改部位和修改内容,如改变质量和刚度,以达到改善机械结构的动态特性。

修改结构参数之后,要计算结构的动特性,看是否满足设计要求。这就是前面所说的再分析或重分析。如果达不到设计要求,再通过灵敏度法进一步确定第二次修改的地方,这样逐步修改和预测,使结构动特性满足设计要求。下面分别介绍结构动力修改预测的矩阵摄动迭代法和双模态空间修改法。

1. 矩阵摄动迭代法

矩阵摄动法只能适合于小修改量情况,对于大修改量,虽可以采用分步摄动方案,但可能

造成较大的累积误差。这里介绍的矩阵摄动迭代法是基于矩阵摄动和模态缩减法的原理,计算精度较好,收敛速度较快。

设结构设计变量 $\boldsymbol{R} = \{R_1, R_2, \cdots R_n\}^T$ 中,第 k 个设计变量有一摄动量 ΔR_k,则结构的 $\Delta\boldsymbol{M}$、$\boldsymbol{K}$ 和 $\boldsymbol{C}$ 将随之产生摄动量 $\Delta\boldsymbol{M}$、$\Delta\boldsymbol{K}$ 和 $\Delta\boldsymbol{C}$,根据灵敏度分析的原理,特征值和特征矢量灵敏度的摄动量可以认为是特征值和特征矢量的一阶摄动。根据前面灵敏度分析的有关表达式

$$\frac{\partial s_i}{\partial b_j} = -\boldsymbol{\varphi}_i^T \left(s_i \frac{\partial \boldsymbol{A}}{\partial b_j} + \frac{\partial \boldsymbol{B}}{\partial b_j} \right) \boldsymbol{\varphi}_i \tag{7-214}$$

$$\frac{\partial \boldsymbol{\varphi}_i}{\partial b_j} = \sum_{k=1}^{2n} \alpha_{ijk} \boldsymbol{\varphi}_k \tag{7-215}$$

式中,以 b_j 代表设计变量 R_j 中质量 m、刚度 k 或阻尼 c。若在上述灵敏度计算式两边同乘 Δb_j,便成为灵敏度计算式的一阶近似表达式:

$$\Delta s_i = -\boldsymbol{\varphi}_i^T (s_i \Delta \boldsymbol{A} + \Delta \boldsymbol{B}) \boldsymbol{\varphi}_i \tag{7-216}$$

$$\Delta \boldsymbol{\varphi}_i = \sum_{k=1}^{2n} g_{ik} \boldsymbol{\varphi}_k \tag{7-217}$$

式中

$$g_{ik} = \frac{\boldsymbol{\varphi}_k^T (s_i \Delta \boldsymbol{A} + \Delta \boldsymbol{B}) \boldsymbol{\varphi}_i}{s_k - s_i} \quad (k \neq i) \tag{7-218}$$

$$g_{ik} = -\frac{1}{2} \boldsymbol{\varphi}_k^T \Delta \boldsymbol{A} \boldsymbol{\varphi}_i \quad (k \neq i) \tag{7-219}$$

以及

$$\Delta \boldsymbol{A} = \begin{bmatrix} \Delta \boldsymbol{C} & \Delta \boldsymbol{M} \\ \Delta \boldsymbol{M} & 0 \end{bmatrix}, \Delta \boldsymbol{B} = \begin{bmatrix} \Delta \boldsymbol{K} & 0 \\ 0 & -\Delta \boldsymbol{M} \end{bmatrix} \tag{7-220}$$

在式(7-216)和式(7-217)中,Δs_i 和 $\Delta \boldsymbol{\varphi}_i$ 与 $\Delta \boldsymbol{A}$ 和 $\Delta \boldsymbol{B}$ 构成线性关系,若 $\boldsymbol{M}$、$\boldsymbol{K}$ 和 $\boldsymbol{C}$ 中各参数同时摄动修改,由线性叠加关系,即可得到新的相应表达式,其形式同式(7-216)和式(7-217)。

令 s_i' 和 $\boldsymbol{\Phi}'$ 为结构参数摄动后一阶近似的复特征值和特征矢量矩阵预测值,则有

$$s_i' = s_i + \Delta s_i = s_i - \boldsymbol{\varphi}_i^T (s_i \Delta \boldsymbol{A} + \Delta \boldsymbol{B}) \boldsymbol{\varphi}_i \tag{7-221}$$

$$\boldsymbol{\Phi}' = \boldsymbol{\Phi} + \Delta \boldsymbol{\Phi} = \boldsymbol{\Phi} + \boldsymbol{\Phi} \boldsymbol{G} = \boldsymbol{\Phi}(\boldsymbol{I} + \boldsymbol{G}) = \boldsymbol{\Phi}\bar{\boldsymbol{G}} \tag{7-222}$$

其中,矩阵 $\bar{\boldsymbol{G}}$ 的元素为

$$\bar{g}_{ik} = \frac{\boldsymbol{\varphi}_k^T (s_i \Delta \boldsymbol{A} + \Delta \boldsymbol{B}) \boldsymbol{\varphi}_i}{s_k - s_i} \quad (k \neq i) \tag{7-223}$$

$$\bar{g}_{ik} = 1 - \frac{1}{2} \boldsymbol{\varphi}_k^T \Delta \boldsymbol{A} \boldsymbol{\varphi}_i \quad (k = i) \tag{7-224}$$

用式(7-221)和式(7-222)就可由原始结构的特征值 s_i 和特征矢量 $\boldsymbol{\varphi}_i$ 求出参数修改后结构的动特性。

当修改量较大时,用上述一阶摄动公式计算会带来较大的误差。这时可在计算中采用反复迭代方法以减少误差。由于一阶摄动公式是收敛的,可以将一次近似解作为初始值,重新投入计算,把计算的结构又作为新的初值,直到前后两次计算结果的相对误差小于设定值。

2. 双模态空间修改法

双模态空间修改法为使结构修改后的特征方程解耦,引入两个模态矩阵,进行两次模态空

间变换。这里介绍一般粘滞阻尼情况（即复模态情况）下的双模态空间修改法。

n 自由度线性定常系统的自由状态运动方程的复模态形式为

$$A\dot{y} = By = 0 \tag{7-225}$$

式(7-225)可以写成

$$(sA + B)Y = 0 \tag{7-226}$$

对方程(7-226)进行坐标变换,有

$$Y = \Phi_1 Z_1 \tag{7-227}$$

转换成模态空间 I 中的形式。Z_1 是模态空间 I 中 $2n$ 维广义模态坐标,Φ_1 是式(7-226)解耦的模态矩阵。在模态空间 I 中可得到如下结果：

$$(sA_1 + B_1)Z_1 = 0 \tag{7-228}$$

式中

$$A_1 = \Phi_1^T A \Phi_1 = \mathrm{diag}(a_1, a_2, \cdots, a_n, a_1^*, a_2^*, \cdots, a_n^*) \tag{7-229}$$

$$B_1 = \Phi_1^T B \Phi_1 = \mathrm{diag}(b_1, b_2, \cdots, b_n, b_1^*, b_2^*, \cdots, b_n^*) \tag{7-230}$$

a_i, b_i 及 a_i^*, b_i^* 分别为第 i 阶复模态质量和复模态刚度,其中 $i = 1, 2, \cdots, n$。

若 Φ_1 中各特征矢量 φ_i、φ_i^* 按各阶复模态质量为 1 进行归一,有

$$A_I = \Phi_1^T A \Phi_1 = I \tag{7-231}$$

$$B_I = \Phi_1^T B \Phi_1 = -\Lambda \tag{7-232}$$

式中,I 和 Λ 分别为单位矩阵和谱矩阵。若对结构修改预测前已得到 $L(L < n)$ 阶模态数据,且设特征矢量 $\varphi_i (i = 1, 2, \cdots, 2L)$ 已经归一,于是有

$$A_I = \Phi_L^T A \Phi_L = I_L \tag{7-233}$$

$$B_I = \Phi_L^T B \Phi_L = -\Lambda_L \tag{7-234}$$

式中,下标 L 表示 Φ_L 中仅有 L 对共轭矢量；而 I_L、Λ_L 则分别为 $2L$ 阶单位矩阵及 $2L$ 阶谱矩阵。

与式(7-227)一样,做坐标变换

$$Y = \Phi_L Z_L \tag{7-235}$$

Z_L 为模态空间 I 中的 $2L$ 维广义模态坐标。在实际结构的动力修改预测时,原始数据往往是不完备的模态信息,即 $L < n$,这种情况称为模态截断。

如果对结构的物理参数进行修改,修改后的质量、刚度和阻尼矩阵分别为

$$M' = M + \Delta M \tag{7-236}$$

$$K' = K + \Delta K \tag{7-237}$$

$$C' = C + \Delta C \tag{7-238}$$

相应地

$$A' = A + \Delta A \tag{7-239}$$

$$B' = B + \Delta B \tag{7-240}$$

修改后的特征方程为

$$(sA' + B')Y = 0 \tag{7-241}$$

通过式(7-235)将式(7-241)转化为模态空间 I 中的形式,得到

$$(sA'_1 + B'_1)Z_L = 0 \tag{7-242}$$

$$A'_1 = I_L + \Phi_L^T \Delta A \Phi_L \tag{7-243}$$

$$B'_1 = -\Lambda_L + \Phi_L^T \Delta B \Phi_L \tag{7-244}$$

这样 $2n$ 阶方阵 A' 和 B' 变换成 $2L$ 阶方阵，且与原始结构的 L 阶模态参数及物理参数修改矩阵有关。利用式(7-242)让其在模态空间 II 中解耦，可令

$$Z_L = \Phi_{II} Z_{II} \tag{7-245}$$

式中，Φ_{II} 和 Z_{II} 分别为模态空间 II 中的特征矢量矩阵和 $2L$ 维广义模态坐标。解耦得到

$$A'_{II} = \Phi_{II}^T A'_1 \Phi_{II} = I_L \tag{7-246}$$

$$B'_{II} = \Phi_{II}^T B'_1 \Phi_{II} = -\Lambda'_L \tag{7-247}$$

式中，I_L 和 Λ'_L 分别为 $2L$ 阶单位矩阵和新的谱矩阵。由式(7-235)和式(7-245)，有

$$Y = \Phi_L \Phi_{II} Z_{II} \tag{7-248}$$

以及新的振型矩阵

$$\Phi'_L = \Phi_L \Phi_{II} \tag{7-249}$$

结构修改后其固有频率改变值即为 Λ'_L 中的各项，对应振型即为 Φ'_L 中各列矢量。若作进一步修改预测，只需要给出新的物理参数修改矩阵，重复上述过程即可。

7.4.4 结构动力修改的工程应用

前面介绍了结构动力学修改的相关基本理论与方法，下面通过实例来说明如何运用这些知识。

【例1】 图 7-19 所示为一台立轴圆台平面磨床模态分析试验的部分测点分布图。采用稳态正弦扫频激振方法，把激振器安装在工作台上，激振点为砂轮切削点 1。经磨削颤振试验表明，机床结构的第 2 阶频率 44 Hz 与颤振频率 46.7 Hz 非常接近，故该阶模态与稳定性关系最为密切。第 4 阶模态频率 171.2 Hz 的振动幅值最大，对磨削工件表面粗糙度产生显著影响。故着重对这两阶模态进行灵敏度分析。

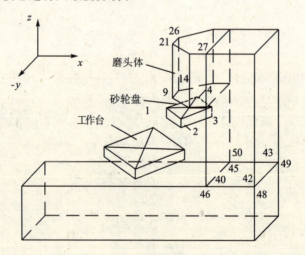

图 7-19 磨床模态试验部分测点分布图

1. 固有频率对质量的灵敏度

计算表明，第 2 阶固有频率对砂轮盘的质量和磨头体外侧的质量分布最为敏感，其灵敏度值如表 7-1 所示。立柱的上部质量变化对该阶固有频率虽也比较敏感，但数值较小，其他部

位测点的灵敏度值大致小一个数量级。因此减小砂轮盘、磨头体和立柱上部的质量以及结构设计时使磨头体的重心往立柱一侧移动可提高这一阶固有频率。

表 7-1 第 2 阶固有频率对有关测点的质量灵敏度　　　10^{-5} m/(N·S)

测点号	1	2	3	4	9	14	21	26
灵敏度值	−2.11	−1.68	−3.46	−1.52	−2.30	−2.10	−3.33	−2.544

第 4 阶固有频率灵敏度数据如表 7-2 所示。由表可知,砂轮盘质量和主轴质量对这阶固有频率影响最大,其他部位的灵敏度值比表中数值小一个数量级。

表 7-2 第 4 阶固有频率对有关测点的质量灵敏度　　　10^{-4} m/(N·S)

测点号	1	2	3	4	5	6	7	8	27	52
灵敏度值	−21.87	−5.02	−24.37	−4.35	−3.60	−3.60	−1.79	−3.60	−1.79	−3.60

2. 固有频率对刚度的灵敏度

计算第 2 阶固有频率对结构上相近两点之间的刚度灵敏度,如表 7-3 所示,由表可知砂轮盘和主轴的联结刚度以及主轴和床身的联结刚度对固有频率最为敏感,其他部位的灵敏度值均小一个数量级。

表 7-3 第 2 阶固有频率对有关相邻点刚度的灵敏度　　　10^{-8} m/(N·S)

机床结构部位	灵敏度值
砂轮盘相对主轴顶端绕 y 轴的转动刚度	9.28
砂轮盘与主轴之间 z 向联结刚度	10.65
40 点和 46 点 z 向(立柱和床身结合面左侧)联结刚度	3.55
42 点和 48 点 z 向(立柱和床身结合面右侧)联结刚度	3.57
43 点和 49 点 z 向(立柱和床身结合面右侧)联结刚度	3.49
50 点和 45 点 z 向(立柱和床身结合面左侧)联结刚度	2.99

第 4 阶固有频率对各个相邻点刚度灵敏度如表 7-4 所示。分析结果表明,主轴上下端间 x 方向的刚度灵敏度最大。原点动柔度对第 2、4 阶模态频率的各点刚度求灵敏度,其分析结果与上大致相同,不再赘述。

表 7-4 第 4 阶固有频率对有关相邻点刚度的灵敏度　　　10^{-8} m/(N·S)

机床结构部位	灵敏度值
砂轮盘相对主轴下端绕 y 轴的转动刚度	112.15
砂轮盘与主轴间 z 向联结刚度	40.04
主轴上下端间 x 向刚度	31.48

在航空航天、汽车制造和船舶工业等领域应用广泛的板壳结构有着良好的传力性能,但其刚度较小,挠度较大,稳定性较差,易产生振动噪声等缺陷,使得在实际应用中需要进行加筋处理,传统的横纵正交加筋方式十分保守,无法使结构在满足性能要求的同时实现轻量化,限制了其更为广泛的应用。在下面的例子中,将利用基于声辐射的薄板加强筋仿叶脉布局优化算

法,对受到简谐激励载荷作用的四边固支方板进行加筋来降低结构的声辐射,并将结果与传统加筋方法进行了对比和分析。

【例2】 中心受集中载荷的四边固支方板如图 7-20 所示,方板边长 $L=0.8$ m,厚度 $t=0.01$ m。简谐激励幅值 $F=1$ N,结构材料均为钢,优化频段范围为 0~1 200 Hz。下面采用基于声辐射的薄板加强筋仿叶脉布局优化算法对方板进行优化。

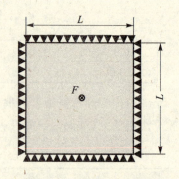

图 7-20 四边固支方板

基于声辐射的薄板加强筋仿叶脉布局优化算法是一种对加强筋在板壳结构的分布进行优化设计的算法。这种算法了利用了不规则加筋板与双子叶植物叶片在筋脉分布上的相似性,在对植物叶脉脉序(包括主脉和次脉)形成机理进行分析的基础上,将植物叶脉脉序规律应用于加强筋在板壳上的生长过程,从而最终得到加强筋的布局结果。

在优化算法中,优化设计的目标函数是优化频段内的平均声辐射功率,并以加强筋节点的有序集合和加强筋的宽度尺寸作为设计变量,将结构响应和重量限制作为约束函数。图 7-21 表示了算法的优化流程,首先建立结构的有限元模型,完成板壳加筋结构的振动分析,同时对算法中基本参数进行优化设置。其次根据相关种子选取的结论,在确定种子位置时,主脉种子位置优先选择在载荷作用点、边界交接点和边界中点,次脉种子位置则选择在主脉上的剪应力极值点。主、次脉的生长严格按照生长准则进行,在继续生长之前需要更新加强筋生长环境,而终止条件则包括:遇到边界、满足收敛精度、达到体积约束量等。最后的脉序化简则是采用最小二乘法拟合加强筋的形线,并结合加强筋分岔点处各条脉络的宽度向量所组成的矢量平衡方程来确定加强筋宽度。对于少数无法直接确定宽度的筋脉还应进行局部的长度、宽度和角度的调整,以达到要求。

下面对优化流程中的几点作着重说明以方便读者理解:

① 在建立结构的有限元模型时,采用板梁离散模型作为加筋板的有限元模型,结构的单元刚度矩阵与单元质量矩阵分别由板单元和考虑偏心的梁单元的刚度与质量矩阵组成。

② 在加强筋主脉的进行生长时,其生长准则为结构的应变能灵敏度。在优化频带内,结构的应变能均值可以表示为:

$$U = \frac{1}{\omega_n - \omega_1} \int_{\omega_1}^{\omega_n} \frac{1}{2} \boldsymbol{\delta}(\omega)^{\mathrm{T}} \boldsymbol{K} \boldsymbol{\delta}(\omega) \mathrm{d}\omega$$

$$\approx \frac{1}{n} \sum_{\omega=\omega_1}^{\omega_n} \frac{1}{2} \boldsymbol{\delta}(\omega)^{\mathrm{T}} \boldsymbol{K} \boldsymbol{\delta}(\omega)$$

因此,在一个板壳元上增加一个新梁元的应变能对体积增量的灵敏度可以表示为:

$$\alpha_i = \frac{\partial U}{\partial V} = \boldsymbol{F}(\omega)^{\mathrm{T}} \boldsymbol{H}_d(\omega)^{\mathrm{T}} \boldsymbol{K} \frac{\partial \boldsymbol{H}_d(\omega)}{\partial V} \boldsymbol{F}(\omega) + \frac{1}{2} \boldsymbol{F}(\omega)^{\mathrm{T}} \boldsymbol{H}_d(\omega)^{\mathrm{T}} \frac{\partial \boldsymbol{K}}{\partial V} \boldsymbol{H}_d(\omega) \boldsymbol{F}(\omega)$$

这样,待生长点的应变能灵敏度所成集合 $\{\alpha_1, \alpha_2, \cdots, \alpha_n\}$ 中的最大值对应的待生长点就是下次主脉的生长点。

③ 在加强筋次脉的进行生长时,其生长准则为剪应力灵敏度,考虑优化频率范围内生长点 i 周围的局部剪应力 τ_i,其表达式为:

$$\tau_i = \frac{1}{m}\sum_{e=1}^{m}\frac{1}{\omega_n-\omega_1}\int_{\omega_1}^{\omega_n}\tau_i^e(\omega)d\omega \approx \frac{1}{mn}\sum_{e=1}^{m}\sum_{\omega=\omega_1}^{\omega_n}\tau_i^e(\omega)$$

其对体积的灵敏度为

$$\beta_i = \frac{\partial \tau_i}{\partial V}$$

在待生长点的剪应力灵敏度组成的集合 $\{\beta_1,\beta_2,\cdots,\beta_n\}$ 中选择最大值点作为次脉的下一个生长点。

④ 采用 Rayleigh 积分在边界上进行离散求解结构的声辐射功率。

图 7-22 表示了经算法优化后的加筋布局及其化简结果,图 7-23 表示的则是采用相同体积约束量的传统加筋布局方板,两种不同加筋方式所得布局结果的声辐射功率对比曲线如图 7-24 所示。

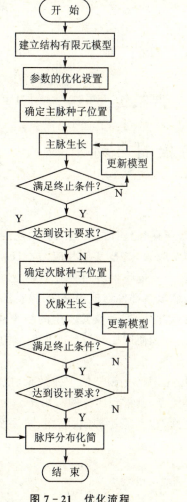

图 7-21 优化流程

图 7-22 加强筋布局结果

从整个优化频带来看,经算法优化后的声辐射功率峰值相对于优化前降低并且向高频方向移动,这是结构刚度得到提高,振动得到抑制,模态频率增加的结果,同时本文方法所得声辐射结果要优于传统加筋方法。算例设计结果表明,加强筋的分布主次分明,与植物叶脉脉序形态保持一致,并且适于加工,整个优化频带内的声辐射功率降低,相对传统加筋方法改善的效果显著。

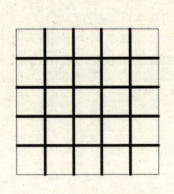

图 7-23　传统加筋布局方板

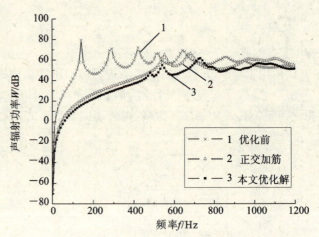

图 7-24　声辐射功率曲线对比

7.5　振动的控制与利用

7.5.1　概　述

在工程技术中,设备或结构的振动是一种普遍存在且日益受到人们关注的现象,在大多数情况下,振动是有害的,它会引起动态变形和动态应力,这些变形和应力不仅幅值可能比静态工作负荷引起的要大许多,而且是一种比静态应力要危险得多的交变应力,它会引起机械或结构疲劳和破坏,或引起连接部件间的微振磨损、缩短零部件的使用寿命;振动还会破坏仪器、仪表的正常工作条件,降低其功能,甚至使其失灵。此外,振动及其产生的噪声还会严重污染工作环境,损害工作人员的健康。因此,在设计、制造和使用机械设备或工程结构时,应考虑如何避免有害的振动。

振动也有其有利的一面,许多机械设备利用振动产生预期的工作效果,或提高工作效率。这类振动机械由于结构简单、效率高、耗能少等优点,已得到广泛的应用。

本节将介绍振动控制的若干方法的基本原理,包括振源抑制、隔振、减振及振动的主动控制等。此外,还将简单介绍利用振动的几种途径和方法。

7.5.2　振源抑制

抑制振源是消除或减小振动最直接有效的方法。为抑制振源,必须了解各种振源的特点,弄清振动的来源。下面介绍一些典型的激振源。

1. 旋转质量的不平衡

当旋转质量中心与其回转轴线不重合时,就会产生惯性离心力,其大小与旋转部件质量、偏心距以及角速度的平方成正比,即

$$f(t) = me\omega^2 \sin\omega t \tag{7-250}$$

显然,要减小激励力的大小,减小偏心距是最有效的方法。根据式(7-250)可以得到一种判断系统是否转子不平衡的方法。即改变系统运转速度,测量系统强迫振动振幅变化。一般而言,在旋转不平衡系统中,振动加速度幅值随转速的增加而急剧增大。转子不平衡是工程机械中最常见的振源。一个转子完全平衡的充分必要条件是转子上各部分质量在旋转时的离心惯性力的合力与合力偶等于零,即满足静平衡和动平衡两个条件,有一项不能满足就会引起振动。因此,为使旋转机器的振动得到抑制,必须对机器转子进行静平衡和动平衡测试试验。

2. 工作载荷的波动

工作载荷的改变会引起各种类型的激振力,如冲床、锻床一类的设备,其工作载荷带有明显的间歇冲击特征,产生冲击激励,每一次冲击都会引起系统的自由振动。这时系统强度不仅取决于冲击频谱的宽度以及系统自身固有频率的分布,也与系统阻尼分布有很大关系。一般而言,增大系统结构阻尼有助于减小系统的振动响应,或者在离冲击力较近的区域进行隔振处理,减少振源对外围系统的影响。

3. 往复质量的不平衡

如柴油机、汽车发动机、活塞式压缩机中做往复运动的部件产生的惯性力叫做激振力。一般而言,这种激振力由基频和倍频两种频率成分构成,同时还含有一定的高次谐波。激振力的大小取决于往复部件的质量及往复部件的对称性。

一般在此类设备中,常采用对称布置的方式,尽量减小系统往复激振力,如发动机和活塞式空气压缩机中气缸的对称布置。

4. 设计安装缺陷或故障引起的振动

制造不良安装或传动机构故障会产生周期性的激振力,如齿轮传动中的断齿、传动皮带的接缝都会引起周期性的冲击。此外,链轮、联轴器、间歇式运动机构等传动装置都有传动不均匀性,从而引起周期性的激振力。液压传动中油泵引起的流体脉动、电动机的转矩脉动也可能产生周期性激励。

上述各种因素都可能形成激振源,但究竟是哪一种因素起主导作用,则与系统本身的性质有关。因此,要抑制振源必须先找到激振源。

判断振动源的基本方法有:实测设备或结构的振动信号,分析其频率、幅值及时域中的特点,然后与估算出的上述各种可能的振源的特点相比较,从而找出起主导作用的振源。由于振源的频率较易估计,而线性系统的响应频率又等于激励的频率,因此按实测的振动频率来判断可能的振源是切实有效的方法。此外,还可以采用分别启、停机器与设备的各个部件或各种运动,并观察其振动的变化,从而找出确切的振源。

7.5.3 隔　振

隔振是通过在振源和振动体之间设置隔振装置来减小振动的传递。一般隔振可以分为两类,一类是隔离机械设备通过支座传递到地基上的振动,称为主动隔振;还有一类是防止地基

的振动通过支座传递到需要保护的精密仪器或设备上,称为被动隔振。

1. 主动隔振

当机器用螺栓与地基刚性连接时,地基除了承受机器重力引起的静载荷外,还受到一个由机器不平衡产生的谐波力,此激励力完全传给地基,并由地基向四周传播。此类问题可以理想化为一个单自由度系统,如图 7-25 所示。机器简化为一个刚体,质量为 m,其通过阻尼器 c 和弹簧 k 的隔振系统与地基相连,假定机器运行时产生了一个按简谐规律变化的力 $F(t)=F_0\cos\omega t$,系统的运动微分方程为

$$m\ddot{x} + c\dot{x} + kx = F_0 \cos \omega t \tag{7-251}$$

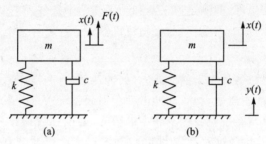

图 7-25 单自由度隔振系统的力学模型

经过一段时间后瞬态响应消失,只有稳态响应会留下来。方程(7-251)的稳态解为

$$x(t) = X \cos(\omega t - \phi) \tag{7-252}$$

其中

$$X = \frac{F_0}{[(k-m\omega^2)^2 + \omega^2 c^2]^{1/2}} \tag{7-253}$$

$$\phi = \arctan \frac{\omega c}{k - m\omega^2} \tag{7-254}$$

经弹簧和阻尼器传递到基础的力 $F_t(t)$ 为

$$F_t(t) = kx(t) + c\dot{x}(t) = kX\cos(\omega t - \phi) - \omega cX \sin(\omega t - \phi) \tag{7-255}$$

这个力的幅值为

$$\begin{aligned}F_T &= [k^2 X^2 + \omega^2 c^2 X^2]^{1/2} \\ &= \frac{F_0(k^2+\omega^2 c^2)^{1/2}}{[(k-m\omega^2)^2+\omega^2 c^2]^{1/2}}\end{aligned} \tag{7-256}$$

隔振系数定义为力的的传递率,即传递的力的幅值与激励力幅值之比,其值为

$$T_r = \frac{F_T}{F_0}\left[\frac{k^2+\omega^2 c^2}{(k-m\omega^2)^2+\omega^2 c^2}\right] = \left[\frac{1+(2\zeta r)^2}{(1-r^2)^2+(2\zeta r)^2}\right]^{1/2} \tag{7-257}$$

其中,$r=\dfrac{\omega}{\omega_n}$ 为频率比。T_r 随频率比 r 的变化如图 7-26 所示。

为了达到隔振的目的,传递到基础的力应该小于激振力。由图 7-26 可以得到主动隔振的如下结论:

① 只有当激励频率大于系统固有频率的 $\sqrt{2}$ 倍时,才能实现振动的隔离。

② 减小阻尼比可以减小传递到基础的力。由于振动隔离要求 $r>\sqrt{2}$,所以设备在启动和停车时都会通过共振区域。因此,为了避免共振时产生的大振幅,一定程度的阻尼是不可缺少的。

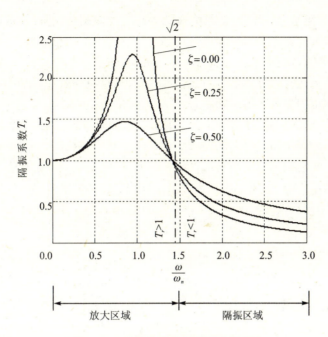

图 7-26 力的传递率随频率比的变化

③ 虽然阻尼可以使任意频率下的振幅减小,但只有当 $r > \sqrt{2}$ 时才能减小传递到基础的力。$r > \sqrt{2}$ 时随着阻尼的增加,传递到基础上的力反而会增大。

④ 传递到基础的力的幅值也可以通过降低系统的固有频率来减小。

⑤ 当设备的运转速度变化时,为了使传递到基础的力最小,应该选择一个合适的阻尼值。此阻尼值既要考虑最大限度地减少共振时的振幅,又要兼顾传递到基础上的力,从而保证正常运行时传递到基础上的力不会增大得太多。

2. 被动隔振

对于一台质量为 m 的精密仪器或者设备,它通过阻尼系数为 c、刚度为 k 的弹性支承与地基相连,以使振源即地基的谐波运动不会完全传递给 m,此时仪器 m 的控制微分方程为

$$m\ddot{z} + c\dot{z} + kz = -m\ddot{y} \tag{7-258}$$

其中,$z = x - y$ 表示该质量相对于地基的位移。此时,质量的运动也是谐波运动,因而位移传递率可以表示为

$$T_d = \frac{X}{Y} = \left[\frac{1 + (2\zeta r)^2}{(1 - r^2)^2 + (2\zeta r)^2} \right] \tag{7-259}$$

式(7-259)等号的右边与式(7-257)等号的右边是相同的。此外,式(7-259)也等于该质量最大稳态加速度与基础最大稳态加速度的比。

7.5.4 减 振

减振是在振动的机械设备或工程结构(主系统)上附加子系统,以转移或者消耗主系统的振动能量,从而抑制其振动。下面将介绍如何应用阻尼、吸振器、冲击块来减少主系统的振动。

1. 阻尼的应用

为了简化分析过程,阻尼常常被忽略不计,特别是在计算固有频率的时候,然而大多数系

统都存在一定程度的阻尼。在强迫振动中,如果系统是无阻尼的,它的响应或者振幅在共振点附近变得很大,而阻尼的存在可以限制振幅的增大。当激励频率已知时,可以通过改变固有频率来避免共振。但是系统或者机械设备可能运行在某一个速度范围内,如变速电机或者内燃机,所以并不是在任何运行条件下都能避免共振。此时,可以通过在系统中引入阻尼来控制它的响应,例如使用内部阻尼较大的结构材料,比如铸铁或者层合材料。

在有些结构中,阻尼是通过连接引入的。比如,螺栓和铆钉连接,由于被连接的物体表面间有相对滑动,从而比焊接消耗更多的能量。因此为了增大结构的阻尼,可以使用螺栓或铆钉连接。但必须注意,螺栓和铆钉连接会降低结构的刚度,而且相对滑动还会导致磨损。尽管如此,为了得到较大的结构阻尼,还是应该考虑采用螺栓或者铆钉连接。

单自由度阻尼系统在谐波激励下的运动微分方程为

$$m\ddot{x} + k(1+i\eta)x = F_0 e^{j\omega t} \tag{7-260}$$

其中,η 是损失因子,它的含义为

$$\eta = \frac{\Delta W/2\pi}{W} = \frac{一次循环中消耗的能量}{循环的最大应变能} \tag{7-261}$$

系统共振($\omega = \omega_n$)时响应的振幅为

$$\frac{F_0}{k\eta} = \frac{F_0}{aE\eta} \tag{7-262}$$

因此,刚度系数和弹性模量是成正比的。

黏弹性材料因其损失因子较大,通常用于增加系统的内部阻尼。使用黏弹性材料进行振动控制时,材料受剪切应变或正应变。最简单的布置方法是将一层黏弹性材料附着在弹性体上。另一种方法则是将黏弹性材料夹在两层弹性材料的中间,这种布置被称为约束层阻尼。由黏性胶覆盖金属薄片构成的阻尼带,已用于结构的振动控制。但是使用黏弹性材料也有缺点,因为它的性质会随温度、频率和应变的变化而变化。式(7-262)说明,$E\eta$ 值越大的材料,其共振幅值越小。由于应变与位移 x 成正比,应力与 E_x 成正比,所以损失因子最大的材料承受的应力最小。下面给出一些材料的损失因子和不同结构或布置的阻尼比,分别如表7-5和表7-6所列。

表7-5 部分材料的损失因子

材　料	苯乙烯	硬橡胶	玻璃钢	软木	铝	铁和钢
损失因子 η	2.0	1.0	0.1	0.13~0.17	1×10^{-4}	$(2\sim6) \times 10^{-4}$

表7-6 不同结构或布置的阻尼比

结构形式或布置	等效黏性阻尼比
焊接结构	1~4
螺栓连接结构	3~10
钢结构	5~6
钢筋混凝土大梁上布置无约束黏弹性阻尼	4~5
钢筋混凝土大梁上布置有约束黏弹性阻尼	5~8

2. 动力减振的原理

考虑图 7-27 所示的系统。假设原来的系统是由质量 m_1 和弹簧 k_1 组成的系统,该系统称为主系统,是一个单自由度系统。在激励力 $F\sin\omega t$ 的作用下,该系统发生了强迫振动。为了减小其振动强度,不能采用改变主系统参数 m_1 和 k_1 的方法,而应设计安装一个由质量 m_2 和弹簧 k_2 组成的辅助系统(吸振器),形成一个新的两自由度系统。

此时,运动方程可以表示为

$$\begin{bmatrix} m_1 & 0 \\ 0 & m_2 \end{bmatrix}\begin{Bmatrix} \ddot{x}_1 \\ \ddot{x}_2 \end{Bmatrix} + \begin{bmatrix} k_1+k_2 & -k_2 \\ -k_2 & k_2 \end{bmatrix}\begin{Bmatrix} x_1 \\ x_2 \end{Bmatrix} = \begin{Bmatrix} F \\ 0 \end{Bmatrix}\sin\omega t \quad (7-263)$$

解方程(7-263),得

$$\left. \begin{array}{l} \bar{X}_1(\omega) \dfrac{(k_2-\omega^2 m_2)F}{(k_1+k_2-\omega^2 m_1)(k_2-\omega^2 m_2)-k_2^2} \\[2mm] \bar{X}_2(\omega) \dfrac{k_2 F}{(k_1+k_2-\omega^2 m_1)(k_2-\omega^2 m_2)-k_2^2} \end{array} \right\} \quad (7-264)$$

令

$$\omega_1 = \sqrt{k_1/m_1},\ \omega_2 = \sqrt{k_2/m_2}$$
$$X_0 = F/k_1,\ \mu = m_2/m_1$$

式中,ω_1——主系统的固有频率;

ω_2——吸振器的固有频率;

X_0——主系统的等效静位移;

μ——吸振器与主系统质量之比。

方程(7-264)可以变换为

$$\left. \begin{array}{l} \bar{X}_1(\omega) = \dfrac{\left[1-\left(\dfrac{\omega}{\omega_2}\right)^2\right]X_0}{\left[1+\mu\left(\dfrac{\omega_2}{\omega_1}\right)^2-\left(\dfrac{\omega}{\omega_1}\right)^2\right]\left[1-\left(\dfrac{\omega}{\omega_2}\right)^2\right]-\mu\left(\dfrac{\omega_2}{\omega_1}\right)^2} \\[4mm] \bar{X}_2(\omega) = \dfrac{X_0}{\left[1+\mu\left(\dfrac{\omega_2}{\omega_1}\right)^2-\left(\dfrac{\omega}{\omega_1}\right)^2\right]\left[1-\left(\dfrac{\omega}{\omega_2}\right)^2\right]-\mu\left(\dfrac{\omega_2}{\omega_1}\right)^2}\ \omega = \omega_2 \end{array} \right\} \quad (7-265)$$

由式(7-265)可知,当 $\omega=\omega_2$ 时,主系统质量 m_1 的振幅 X_1 等于零。这就是说,倘若我们使吸振器的固有频率与主系统的工作频率相等,则主系统的振动将被消除。当 $\omega=\omega_2$ 时,$\bar{X}_2$ 可以表示为

$$\bar{X}_2(\omega) = -\left(\dfrac{\omega_1}{\omega_2}\right)^2 \dfrac{X_0}{\mu} = -\dfrac{F}{k_2} \quad (7-266)$$

这时,吸振器质量的运动为

$$x_2(t) = -\dfrac{F}{k_2}\sin\omega t \quad (7-267)$$

吸振器的运动通过弹簧 k_2 给主系统质量 m_2 施加一作用力

$$k_2 x_2(t) = -F\sin\omega t \quad (7-268)$$

因此,在任何时刻,吸振器施加给主系统的力都能精确地与作用于主系统的激励力 $F\sin\omega t$ 平衡。

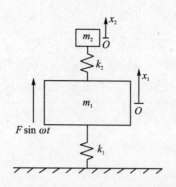

图 7-27 无阻尼吸振器的力学模型

3. 冲击减振

冲击减振是在振动结构的内腔中装置冲击块,利用此冲击块在内腔中的往返冲击来耗散能量,抑制振动。

图 7-28 为冲击减振器的力学模型。质量 m_1 和弹簧 k_1 构成一个单自由度的强迫振动系统,m_1 上受到简谐激励力 $F(t)=F_1\sin\omega t$ 作用。当 $\omega=\sqrt{k_1/m_1}=\omega_n$ 时,系统会产生共振。为了抑制振动,将冲击块 m_2 放置于 m_1 上的壁板间,由于 m_1 的振动,m_2 在 m_1 的壁板间移动,并与壁板产生碰撞,从而耗散 m_1 的能量。

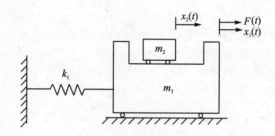

图 7-28 冲击减振器的力学模型

在稳定状态下,冲击块在一个周期内与壁板碰撞两次。对振动与碰撞作进一步的讨论,可计算出每周期内碰撞引起的能量损耗,如可以求出等效黏性阻尼系数 C_{eq} 及阻尼率 ζ_{eq} 为

$$C_{eq} = 2\sqrt{m_2 k_1 \zeta_{eq}} \tag{7-269}$$

$$\zeta_{eq} = \frac{2}{\pi(1+1/\mu)} \cdot \frac{1+R}{1-R} \tag{7-270}$$

式中,μ——$\mu=m_2/m_1$ 为质量比;

R——恢复系数(冲击后的相对速度/冲击前的相对速度)。

由式(7-270)可以看出,增大 μ 和 R 都可以提高 ζ_{eq},从而提高减振效果。冲击减振器常用于涡轮叶片,飞机机翼和车刀的减振。

7.5.5 振动的主动控制

根据振动系统的特点,构造一个控制系统来抑制振动的办法,称为振动的主动控制。

振动主动控制的基本原理有三种:

① 调节谐振点进行避振。在线测试激振力和振动系统的响应,根据响应大小调节系统结

构参数,从而改变系统谐振点,或者改变系统工作状态,避免共振发生。

② 施加反向作用力进行减振和隔振。对被隔振对象施加合理的控制力,从而抵消或减轻激振力,以减小或隔离振动的传递。

③ 调节阻尼大小进行隔振,由控制系统的执行机构产生阻尼力,吸收振动能量,尤其在共振区加大阻尼,能有效地达到减振目的。

下面以单自由度系统为例,分别对主动控制隔振和主动控制减振进行讨论。

1. 主动控制隔振

图 7-29 为由 m,k,c 组成的振动系统。为了减小基础振动 $y(t)$ 对 m 的影响,安装了由拾振器 A、控制器 B 与施力机构 E 组成的主动控制系统。拾振器 A 测得系统响应,经控制器 B 的处理,产生控制信号 $z(t)$ 驱动施力机构 E 产生控制力 $f(t)$,由它来抵消地基传给 m 的作用力,达到抑制振动的目的。

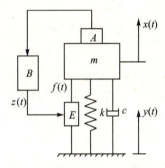

图 7-29 基础运动情况下的主动控制

图 7-29 所示振动系统的运动方程为
$$m\ddot{x}(t) + c\dot{x}(t) + kx(t) = c\dot{y}(t) + ky(t) + f(t) \tag{7-271}$$

对式(7-271)进行拉氏变换,得
$$(ms^2 + cs + k)X(s) = (cs + k)Y(s) + F(s) \tag{7-272}$$

其中,$F(s)$ 为 $f(t)$ 的拉氏变换,可以表示为
$$F(s) = H(s) \cdot X(s) = H_1(s) \cdot H_2(s) \cdot H_3(s) \cdot X(s) \tag{7-273}$$

$H_1(s), H_2(s), H_3(s)$ 分别为拾振器 A、控制器 B 和执行机构 E 的传递函数。当控制系统按负反馈设计时,$H(s)$ 可以设计成带负号的有理分式
$$H(s) = -\frac{KD_1(s)}{D_2(s)} \tag{7-274}$$

$D_1(s)$ 和 $D_2(s)$ 均为正系数的多项式,且 $D_1(0) = D_2(0) = 1$。K 为正实数的放大倍数,则 $y(t)$ 到 $x(t)$ 的传递函数为
$$H_A(s) = \frac{X(s)}{Y(s)} = \frac{(cs+k)D_2(s)}{(ms^2+cs+k)D_2(s) + KD_1(s)} \tag{7-275}$$

若令 $s = j\omega$,则主动隔振系统的隔振传递率为
$$T_A(\omega) = H_A(\omega) \frac{(cj\omega + k)D_2(j\omega)}{(-m\omega^2 + cj\omega + k)D_2(j\omega) + KD_1(j\omega)} \tag{7-276}$$

前面讨论隔振时曾提到,要达到隔振效果,必须使 $\omega/\omega_n > \sqrt{2}$,因此单独的隔振系统很难应用于超低频激励下的隔振,而式(7-276)所示的主动控制系统则可以不受此限制。对于超低频激励,由式(7-276)可知
$$\lim_{\omega \to 0} T_A = \frac{k}{k+K} \tag{7-277}$$

由式(7-277)可见,如果控制系统的放大系数 K 设计得远大于隔振系统支承刚度 k,那么系统在超低频区的隔振传递率可以非常小。

2. 主动控制减振

单自由度系统受强迫激励作用时,减振控制原理如图 7-30 所示。其中 m 为设备质量,k

和 c 分别为其支承刚度和阻尼，$F(t)$ 为强迫激励力。为抑制振动，加装主动控制系统。拾振器 A 测得系统的响应，传递给控制器 B，经变换和放大后驱动执行机构 E，使其产生控制力。如果把控制力 $F(t)$ 的大小设计成下列模型：

$$f(t) = -k'x(t) - c'\dot{x}(t) \quad (7-278)$$

则整个控制系统的运动方程为

$$m\ddot{x}(t) + c\dot{x}(t) + kx(t) = F(t) + f(t) \quad (7-279)$$

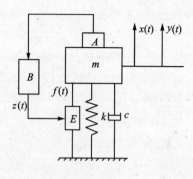

图 7-30 强迫激励下的主动控制

即

$$m\ddot{x}(t) + (c+c')\dot{x}(t) + (k+k')x(t) = F(t) \quad (7-280)$$

由式(7-280)可知，加入主动控制系统后，系统的阻尼系数与刚度系数都增大了。阻尼增加，则其耗散的动能增大，从而抑制振动；而刚度增大，若设计合理，有效避开共振区，也能抑制振动。

如果控制力模型设计成与 $x(t)$ 的积分成正比的形式，如

$$f(t) = -K\int_0^t x(t)\mathrm{d}t \quad (7-281)$$

则系统的控制方程为

$$m\ddot{x}(t) + c\dot{x}(t) + kx(t) = F(t) - K\int_0^t x(t)\mathrm{d}t \quad (7-282)$$

对式(7-282)进行拉氏变换，得

$$H(\omega) = \frac{X(\omega)}{F(\omega)} = \frac{j\omega}{K + j\omega k - \omega^2 c - j\omega^3 m} \quad (7-283)$$

$x(t)$ 的幅频特性为

$$|H(\omega)| = \frac{\omega}{\sqrt{(K-\omega^2 c)^2 + \omega^2(k-\omega^2 m)^2}} \quad (7-284)$$

当 $\omega \to 0$ 时，$|H(\omega)| \to 0$，因此这种主动减振系统具有很强的抑制超低频振动的能力。

7.5.6 振动的利用

振动并非都是有害的，它也能给人类带来好处，创造良好的生活环境和条件。例如，拨动琴弦能发出美妙动人的乐章，使人心旷神怡；在医疗方面，利用超声波能够诊断、治疗疾病；在土建工程中，振动沉桩、振动拔桩以及混凝土灌注时的振动捣固等；在电子和通讯工程方面，录音机、电视机、收音机、程控电话等诸多电子器件以及电子计时装置和通信系统使用的谐振器等都是由于振动才有效地工作的；在工程地质方面，利用超声波进行检测和地质勘探；在机械工程领域，可以利用振动技术和设备完成许多工艺过程，或用来提高某些机器的工作效率。振动的利用正在生产和建设中发挥着愈来愈重要的作用。

本节将从振动能量的利用和振动信息的利用两个方面来对振动的利用进行举例介绍。

1. 振动能量的利用

(1) 振动破碎机的应用

物料的破碎是工矿企业应用较广的一种工艺过程，大部分开采出的矿物原料都需要进行

破碎和磨碎。传统破碎机的破碎方法存在着很大的局限性,例如物料的抗压强度极限到达 2×10^8 Pa 时,破碎过程耗能较高,或难以破碎,或使物料过磨,所用设备也很复杂,而振动破碎工艺的发展则可克服传统工艺的缺陷。惯性振动圆锥破碎机利用偏心块产生的离心力来破碎矿石或其他物料,其破碎比远大于普通圆锥破碎机,而且可在很大范围内调节,在中细碎作业中,它有广泛的发展前途。

(2) 振动摊铺及振动压路

振动摊铺机和振动压路机是筑路作业中的关键设备,是振动在筑路工程中的典型应用实例。振动摊铺机的工作过程是:先将物料撒布在整个宽度上,再利用熨平机构的激振器对被摊铺物料进行压实。振动系统决定了对物料摊铺的工作效率和密实效果,是决定摊铺质量的关键系统之一。振动压路机是依靠正反高速旋转的偏心块产生离心力,使振动碾作受迫振动压实路面的。装在连接板上的振动马达,带动偏心轴正反高速旋转产生离心力使振动碾振动。装在偏心轴上的调幅装置用于改变振动的振幅,振动碾由装在梅花板上的驱动马达来驱动。由于在压路机中引入振动,使路面的密实度由 90% 提高到 95% 以上,进而显著提高其工作质量与使用寿命,这在筑路作业中具有十分重要的意义。

(3) 振动成型与整形工艺

利用振动对金属材料或松散物料进行成型(包括塑性加工)较之静力情况下成型可显著降低能耗、提高成形工件的质量。试验指出,在金属材料塑性加工过程中引入振动,可以降低能耗、提高工效与工件质量,是一个值得研究的方向。振动整形就是通过振动的方式强制性地将料袋形成规整的形状,以利于存放或装运。振动整形机广泛应用于化工、食品等工业部门。其工作原理是:当输送机将料袋送入整形机梯形槽体,整形机槽体在激振器作用下发生振动,槽体上方装有一固定的整形板,料袋随槽体不断振动,冲击整形板,从而达到使料袋平整的目的。

2. 振动信息的利用

(1) 工况监视与故障诊断

各种机器在运行过程中几乎是无可避免地会发生或强或弱、或快或慢的振动,这些振动信号犹如人体的脉搏,其中包含着机器的健康状态及其故障等丰富信息。现代工况监视与故障诊断技术借助于灵敏的传感器在机器的运行过程中获取其某些特定部位上的振动信号,将这些信号输入计算机,进行实时处理,抽取其特征,并利用现代模式识别或专家系统技术,判别机器的工况,及早识别正在孕育发展中的故障,以期排除隐患于早期,而防患于未然。

(2) 无损检测

这里我们以采用振动法检测桩基质量为例进行简要说明。

在海港工程、桥梁及高层建筑等工程中大量使用深桩基础,为确保桩基工程的质量,需要对已经打入土层中的桩身的完整性进行检验,以确保桩基工程的质量。近年来发展起来的桩基振动检测法,通过对桩基进行激振,测量其导纳,利用导纳曲线的信息检查桩身的质量与完整性并估计其承载能力,已经得到广泛应用,并有很广阔的发展前景。对于打入土层中的长桩,可采用稳态激振或瞬态激振试验的方法,在露出地面上的桩顶激振,同时测量激振力和桩顶的运动速度,从而得到桩顶的速度导纳。对于同样的桩与同样的土层,其桩顶导纳曲线应该有一定的"规范";若桩身出现断裂、鼓肚、颈缩等情况,必然引起导纳曲线的变化,也就是说,导纳曲线带有桩身的完好或缺陷信息。因此由测出的导纳曲线就可以判别桩基的各种缺陷。

习 题

7-1 什么是"正问题"和"逆问题"?这两类问题的处理方法是怎么样的?

7-2 试写出分析振动问题的一般步骤。

7-3 简述非线性系统的特点,它与线性系统有何本质区别?

7-4 一个质量为 m 的匀质杆由两根绳子悬挂,如图 7-31 所示,这种系统称为双线摆。不计绳的质量,且绳不可伸长,杆对其中心的转动惯量为 $I_c = \frac{1}{3}ma^2$,试导出双线摆绕其中心铅垂轴摆动 $\theta(t)$ 的运动微分方程和自然频率。

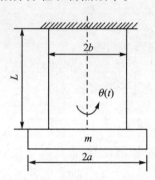

图 7-31

7-5 试确定图 7-32 所示系统的稳态响应。

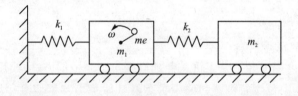

图 7-32

7-6 一根张力为 T 的绳上有四个集中质量 $m_i(i=1,2,3,4)$,如图 7-33 所示,试导出系统做横向微振动的运动方程,并写成矩阵形式。

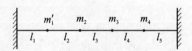

图 7-33

7-7 请写出有限元动力学建模的基本步骤。

7-8 对结构系统进行灵敏度分析的目的是什么?矩阵摄动法有什么作用?

7-9 振动控制的基本方法有哪些?如何对振动进行利用?

参考文献

[1] 姚熊亮.结构动力学[M].哈尔滨:哈尔滨工程大学出版社,2007.
[2] Singiresu S. Rao.机械振动[M].李欣业,张明路,译.北京:清华大学出版社,2009.
[3] 倪振华.振动力学[M].西安:西安交通大学出版社,1988.
[4] 靳晓雄,张立军,江浩.汽车振动分析[M].上海:同济大学出版社,2002.
[5] 王勖成.有限单元法[M].北京:清华大学出版社,2003.
[6] 杨帅.机械产品动态性能建模、分析、优化及工程应用研究[D].天津:天津大学,2009.
[7] 杜留法.机械结构动态设计方法及应用研究[D].西安:西北工业大学,2006.
[8] 严济宽.机械振动隔离技术[M].上海:上海科学技术出版社,1985.
[9] 盛宏玉.结构动力学[M].合肥:合肥工业大学出版社,2007.
[10] 徐燕申.机械动态设计[M].北京:机械工业出版社,1992.
[11] 徐赵东,马乐为.结构动力学[M].北京:科学出版社,2007.
[12] 程耀东,李培玉.机械振动学[M].杭州:浙江大学出版社,2005.
[13] 陈新.机械结构动态设计理论方法及应用[M].北京:机械工业出版社,1997.
[14] 师汉民.机械振动系统—分析·测试·建模·对策[M].武汉:华中科技大学出版社,2004.
[15] 韩凯清,于涛,孙伟.机械振动系统的现代动态设计与分析[M].北京:科学出版社,2010.
[16] 陈塑寰.结构动态设计的矩阵摄动理论[M].北京:科学出版社,1999.
[17] 孙靖民.现代机械设计方法[M].哈尔滨:哈尔滨工业大学出版社,2003.

第8章 绿色设计与评价

刀耕火种,人类社会经历了漫长的石器时代、铜器时代和铁器时代。在18世纪末、19世纪初,科学技术发生了巨大的发展。蒸汽机的出现,吹响了工业革命的号角,铁路、纺织厂、流水线和工业化大批量生产,提高了人类的生活水平和质量,提升了人类认识和改造自然的能力。然而,广岛和长崎上空的蘑菇云使人类深刻地认识到科技的力量。第二次世界大战以后,计算机技术、原子能技术、航天技术、生物工程和基因技术、纳米技术和信息技术,特别是移动互联网以神奇的速度向前发展,极大的改善了人类的生产方式、生活方式。然而,在尽情地享受科学与技术、工业产品、商业给人类带来福音的同时,人类也遭受到前所未有的灾难和困惑,特别是地球生态环境的恶化,对人类社会的生存和发展构成了严重的威胁。人类面临的环境问题主要有:全球变暖、臭氧层耗损、森林生态破坏、荒漠化和沙漠化、固体废弃物增加、资源耗竭、生物多样性减少和环境承载能力下降。

以全球变暖这一热点问题为例。我们知道,大气中的某些气体会把地球向外散发热量的一部分反射回地球,就像温室一样,使之保持合适的温度;否则地球会很冷。然而,由于工业化革命以来造成的长期影响,使大气中这些气体的聚集总量不断增大,反射回地球的热量增多,造成地球温度升高和全球变暖(Global Warming)。我们把这些保持地球温度的气体称为温室气体(Greenhouse Gases)。在过去的100年间,全球气温上升了0.3~0.7℃,全球变暖的影响和危害有海平面上升、气候变化反常和农业生产、生活能耗增加等。温度升高造成北极冰帽和雪山融化,使海平面上升。在过去的100年间海平面上升了0.10~0.15 m,科学家预测,到2100年,世界的海平面将升高0.9 m,至少是0.6 m以上。沿海国家和城市的安全受到威胁,例如我国的某些沿海城市,更为严重的是,有的岛国也可能不复存在了。

温室气体主要有:二氧化碳、甲烷、一氧化二氮和氯氟类化合物(CFCs),它们对全球变暖的贡献率分别是:CO_2 49%,CH_4 18%,CFCs 14%,NO_2 6%,其他气体为13%。CO_2 来源于燃烧的石油、煤炭和木材。CH_4 来自于未经过燃烧的天然气,以及北极冰帽释放的甲烷。CFCs是人工合成的化学品,CFCs是惰性气体,化学性质非常稳定,CFC_{11} 可以保存75年,CFC_{12} 可以保存110年;以前它在很多领域里被广泛地应用,主要是做制冷剂、发泡剂和喷雾罐的推进气体。1996年的蒙特利尔公约已经明令禁止生产和使用CFCs。

能源对全球变暖的贡献率是75%,其中,工业能耗22%,化学工业17%,农业生产14%,林业生产9%,其他13%。根据资料的数据,我们作了一下计算,1940年的能源消耗量比工业革命初期(1890年)高1倍,而从二战以后的1950年开始,能源消耗量每10年增加到2.5倍左右。解决方法的原则是提高能源利用率,采用太阳能、风能和海洋能等清洁能源。

在2014年的APEC会议上,中国承诺到2030年的排放量不再增加、新能源的使用率达到30%。因此节能减排的压力很大。科学发展观、建设美丽中国和生态文明已成为我国的重大发展战略,减少碳足迹、水足迹,碳捕捉与存储技术成为了科技和生活的重要议题。设计作为产品或服务的上游活动,对产品全生命周期(摇篮到坟墓)的环境影响和破坏起决定性的作用,因此,绿色设计与制造已成为一个重要的现代设计方法。

8.1 绿色产品和绿色设计

8.1.1 绿色产品

绿色消费浪潮正在全球兴起,从绿色食品到绿色汽车,从绿色建筑到绿色旅游,可以说,未来的国际市场就是"绿色"市场。美国1999年的新产品中绿色产品占到80%,德国和日本,绿色产品占到60%。联合国统计署1999年的统计数据表明,全球绿色消费规模已达3000亿美元,89%的美国人,84%的荷兰人,90%的德国人,94%的意大利人在购物时会考虑环保标准。这些数据显示绿色产品巨大的市场潜力。我们应该顺应国际绿色环保潮流,开发绿色产品,争取国际市场。

绿色产品(Green Product)也称为环境协调产品(Environmental Conscious Product),环境友好产品(Environmental Friendly Product),生态友好产品(Ecological Friendly Product)。

关于绿色产品的常见描述如下:

"绿色产品是指以环境和环境资源保护为核心概念而设计生产的可以拆卸和分解的产品;其零部件经过翻新处理后,可以重新使用。"

"绿色产品是指将重点放在减少部件,使原材料合理化和使部件可以重新利用的产品。"

"绿色产品是从生产到使用乃至回收的整个过程都符合特定的环境保护要求,对生态环境无害或危害极小,以及利用资源再生或回收循环再利用的产品。"

"绿色产品就是在其生命周期全程中,符合特定的环境保护要求,对生态环境无害或危害极小,资源利用率最高,能源消耗最低的产品。"

可以总结出绿色产品应该包括以下特性:

① 危害方面:对人和生态系统的危害最小化。时间跨度上是产品的全生命周期;其中人包括现代人和后代人,现代人不仅包含产品的消费者和使用者,而且包含产品的制造者和劳动者。

② 资源方面:产品的材料含量最小化,材料含量指构成产品的各种原材料,制造过程中的辅助材料用量,运输和包装材料。还有能量含量最小化,即产品的全生命周期中的能量消耗最少。

③ 回收方面:产品的回收率高,这依赖于回收体系和回收网络的建立和运作,消费者的绿色消费理念和行动。

④ 再利用和处置方面:零部件的再制造利用率高,材料能进行的逐级循环率高。

⑤ 市场方面:用户或消费者能接受的、并能够实现交换的产品。

综合以上的特性,绿色产品可以定义为:在产品全生命周期中,满足绿色特性中的一个特性或几个特性,并满足市场需要的产品。绿色特性包括对人和生态环境危害小、资源和材料利用率高、回收和再利用率高。还要注意的是绿色产品具有相对性。相对性是针对时间和空间而言;在时间上,新产品比旧产品的绿色特性优越,就可以称为绿色产品,10年前的绿色产品,现在可能就不是了,同样,目前的绿色产品在若干时间后可能就不是绿色产品了;在空间上,中国的绿色产品不一定是欧美的绿色产品。那么绿色产品如何确定和认证呢?这就涉及了绿色标志。

8.1.2 绿色基准产品

在分析和评价产品的环境影响时得到的数据常常是绝对的数值,例如,某产品使用中的二氧化碳排量放是 1 t,但我们知道绿色产品具有时空上的相对性,如果没有比较的对象,就不能确定产品的绿色程度,以及其他相关的指标。因此,要设定比较的基准,评价产品绿色度时的对照产品或绿色属性称为基准产品或参照产品,它可以是现有的产品,也可以是绿色产品属性的综合。

1. 实体基准产品

把目前市场上现有的、具有相同功能的产品作为评价和比较的依据,由于同类产品中各个具体产品的环境影响各不相同,因此,常常把市场上同类产品的一个典型产品作为实体基准产品。基准产品的确定主要依赖于市场分析,包括品牌的知名度、美誉度、市场占有率,以及企业的环保形象和实施绿色设计与制造的情况等,这样的比较会更有说服力和可信度。基准产品可以是本公司的产品,也可以是其他公司的产品。

2. 虚拟基准产品

绿色基准产品也可以是一个或多个产品属性的集合体,是一种抽象的、标准的绿色产品,称为虚拟基准产品。虚拟基准产品不仅符合环境标准和各项环境规范,而且满足产品的国际或国家标准、行业标准和技术规范。显然,绿色基准产品要比实体基准产品更能反映产品的绿色度。但是,虚拟的绿色基准产品指标的确定常常离不开对实体基准产品的分析。虚拟基准产品的作用是提供一个评价新产品的能源、资源、环保、健康、经济性,以及产品功能和性能等指标的参照系。

8.1.3 绿色设计技术与市场

对消费者来说,很少有消费者愿意降低自己的生活水平而去考虑生态的可持续发展,也就是说,虽然大部分消费者关心环境和生态,愿意购买绿色产品,但是如果产品的价格升高了,消费者还会购买绿色产品吗?思想是一回事,行动又是一回事。对设计师的挑战是在满足消费者需要或需求的同时尽可能地减少环境影响。

对设计者来说,就是要通过设计把产品全生命周期的环境影响降低到最小。实际上,提出要求容易,但设计者要想达到这个要求和目标是极其困难的,单单是在零件的加工过程中,就有数以千计的工艺、工序,设计者要了解和确定所有的环境影响,并把它们最小化。更何况要涉及多个学科和领域,涉及法律、法规,涉及供应商和销售商,涉及市场和消费者,绿色设计是一个复杂的系统问题。

系统的观点在绿色设计中是非常重要的,例如要减少全生命周期的环境影响,当"绿色"产品在一个过程中或某个生命阶段会产生较大的环境负荷,可以用其他生命阶段的环境负荷的减少来补偿这个较大的环境负荷,也就是说,设计者应该把重点放在整个生命周期上。例如,大众公司的 3L—Lupo 轿车,全部用铝制造,虽然原材料的能量消耗增加了,但是,由于重量轻,比同类型 Golf 的使用能耗减少 50%。因为汽车全生命周期能耗的 80% 在使用阶段。而且,在实际设计过程中,设计人员还要面临环境数据的不确定性或不准确性的问题,因此,我们必须接受这样的事实:没有零环境影响的产品,产品环境影响的最小值无法定义,产品的生态设计质量只有参考点或基准点。

产品的生态质量/绿色度,只有与另一个产品比较才能判断,即绿色是个相对的概念,具有时空性。设计人员只能努力降低产品的环境影响和危害。

绿色产品的市场化常常会遇到矛盾和冲突,特别是为了减少环境负荷而导致生产成本提高时,产品的价格也会升高。最终的结果是,市场的接受程度决定了产品的成功与否。产品的市场性很大程度上取决于消费者的购买决策,而消费者决策是受很多因素影响的。以汽车为例,如果汽车售价提高了,但同时使用中的能耗费用和维护费用降低的幅度可以抵消价格的上升量,消费者会认同吗?我国的燃料和水资源的短缺所造成的后果必然是资源价格的上扬,所以,像汽车、洗衣机、冰箱等产品使用阶段或购买后费用会增加很大。但是,消费者的消费定势和惯性还是更关注产品的出售价格。这需要消费者的理性和成熟,需要绿色消费观念的普及,消费者不是工程师和环境专家,需要环境组织和机构的宣传,企业和零售商的引导和指导。

为什么要讨论价格问题?因为,如果价格问题使绿色产品在市场上没有消费者购买,产品没有销路,减少环境影响、保护环境又从何谈起。而且,不能满足市场和消费者需要的、积压的滞销产品,就变成了资源的浪费,变成了"库存",甚至变成了"废弃物"。设计者可以提供产品的全生命周期的资料和信息,并在市场上介绍给消费者,这可能比环境认证或环境标志更有效。还要注意的是避免产品效能的缺陷,绿色产品要与同类的产品具有相同的效能,例如,洗衣机降低用水量并同时保证衣物的清洁度。

所有的生态设计策略基本上没有考虑市场因素,而只涉及到产品的生态特性。生态设计策略和市场可行性的关系如表8-1所列。

表8-1 生态设计策略和市场可行性

	成本降低	顾客可感知性	使用效率	美学特性
清洁材料	—	—		(—)
清洁生产	—			
绿色包装	(+)	+		
使用效能	(—)		+	
寿命延长	—	(+)	(—)	(—)
再循环性	—	+		

清洁材料:为减少环境影响,常选择环境影响小的材料,而大部产品已经进行了成本优化,所以,材料的改变会增加成本。消费者并不能直接感受到更清洁材料的应用。另外,材料的改变常常影响产品的视觉效果;例如,ABS(丙烯腈-丁二烯-苯乙烯共聚物)可以提供光滑明亮的表面,而PP(聚丙烯)则要暗淡得多。

清洁生产:设计人员选择的材料和几何形态隐含地对应着一定的加工方法,这对制造的影响是非常大的;常常要有新的投资和环保设备,使产品的成本暂时增加,因为目前的成本核算不考虑环境成本。

绿色包装:包装的减量化减少了材料的使用,会降低材料、制造、循环和处置成本;消费者很容易感受到包装的变化。

使用效能:主要是减少使用过程的能耗以及所需要的工作介质(原料和辅助材料),例如,汽车使用中的油耗,洗衣机的用水量和洗衣粉。然而,这些措施常引起成本的增加;由于使用费用的减少,消费者容易感受到,他们可以支付更高的价格来购买该产品。

寿命延长:为了使产品更耐久,会采取改善材料、结构、工艺等措施,这常常会增加成本;如果是主动型的产品,由于技术的落后,能耗和工作介质的费用会升高。消费者也可以感受到产品寿命的提高;但它并不一定能提高美学价值。

再循环性:材料的循环和再利用需要建立回收网络和企业,会增加成本;例如,汽车招回制度,家电回收等。

8.2 绿色设计与制造

8.2.1 绿色设计与传统设计

绿色设计是通过在传统设计基础上继承环境意识和可持续发展思想而形成的绿色设计工具系统实现的。那么它与传统设计有何区别呢?

传统设计体系仅考虑产品的基本属性,以满足产品的功能需求和制造工艺要求为主。在其生产过程中,主要是根据产品性能、质量和成本要求等指标进行设计,设计人员的环境意识很弱,很少考虑产品的回收性、淘汰、废弃产品的处置以及对生态环境的影响,其结果是产品在完成使用寿命后便成为一堆废弃垃圾,大量有毒、有害物质没有进行必要的回收和降解处理,造成生态环境的严重污染,影响人类的生活质量和生态环境,并造成资源、能源的大量浪费。

绿色设计体系源于传统设计,又高于传统设计。它在产品的整个生命周期内,优先考虑产品的环境属性,然后是应有的基本属性。包含从概念设计到生产制造,使用和废弃后的回收、再利用及处理的生命周期全过程。它提倡少用材料,并尽量选用可再生的原材料;降低产品生产过程的能耗,不污染环境;产品易于拆卸,回收,再利用;使用方便,安全,寿命长。它强调在产品开发阶段按照全生命周期的观点进行系统性的分析与评价,消除对环境潜在的负面影响,将"3R"(Reduce,Reuse,Recycling)直接引入产品开发阶段,并提倡无废设计。

绿色设计,是指借助产品生命周期中与产品相关的各类信息(技术信息、环境协调性信息、经济信息),利用并行设计等各种先进的设计理论,使设计出的产品具有先进的技术性、良好的环境协调性以及合理的经济性的一种系统设计方法。与现有设计相比,绿色设计的内涵更加丰富,主要表现在如下两方面:

① 绿色设计与制造将产品的生命周期拓展为从原材料制备到产品报废后的回收处理及再利用。一个产品的生命周期全过程应该包括从地球环境(土地、空气和海洋)中提取材料,加工制造成产品,并配送给消费者使用;产品报废、退役后经拆卸、回收和再循环将资源重新利用的整个过程。在产品整个生命周期过程中,系统不断地从外界吸收能源和资源,排放各种废弃物质。

② 利用系统的观点,将环境、安全性、能源、资源等因素集成到产品的设计活动之中,其目的是获得真正的绿色产品。由于绿色设计与制造将产品生命周期中的各个阶段看成是一个有机的整体,并从产品生命周期整体性出发,在产品概念设计和详细设计的过程中运用并行工程的原理,在保证产品的功能、质量和成本等基本性能的条件下,充分考虑产品生命循环周期各个环节中资源和能源的合理利用、环境保护和劳动保护等问题。因此有助于实现产品生命周期中"预防为主,治理为辅"的绿色设计与制造战略,从根本上达到保护环境、保护劳动者和优

化利用资源与能源的目的。

综上所述,绿色设计的目的就是利用并行设计的思想,综合考虑在产品生命周期中的技术、环境以及经济性等因素的影响,使所设计的产品对社会的贡献最大,对制造商、用户以及环境负面影响最小。尽管考虑环境对设计过程的基本步骤毫无影响,但它确实在多种研发活动中的不同步骤上加入了新元素。环境需求作为用于改进的一个具体项目,应在传统的需求计划中占有一席之地。在决定加入何种环境需求时,设计者将面对两种全新的决策困境:首先是在环境需求与产品其他需求的矛盾中作选择,其次是在几种相抵触的环境需求中进行选择。

8.2.2 绿色设计的定义

1. 绿色设计与制造的定义

绿色设计(Green Design),又称生态设计(Ecological Design,Ecodesign)、面向环境的设计(Design for Environmen,DFE)、产品生命周期设计(Product Life Cycle Design)等,目前关于绿色设计与制造的定义,国内外还没有一个统一的、公认的定义。例如:

绿色设计是这样一种设计,即在产品整个生命周期内,着重考虑产品环境属性(可拆卸性、可回收性、可维护性、可重复利用性等),并将其作为设计目标,在满足环境目标要求的同时,保证产品应有的功能、使用寿命、质量等。

绿色制造是在满足产品功能、质量和成本等要求的前提下,系统地考虑产品开发制造及其活动对环境的影响,使产品在整个生命周期中对环境的负面影响最小,资源利用率最高,这种综合考虑了产品制造特性和环境特性的先进制造模式称为绿色制造。

美国的技术评价部门 OTA 1992 年把绿色设计定义为:绿色设计实现两个目标:防止污染和最佳材料使用。

不同的研究者从自己的研究领域和研究方向来界定绿色设计,这说明绿色设计与制造的属性很多。我们认为应该从一个更广泛、更抽象的层次上来理解和定义绿色设计与制造,我们概括出下面的概念:

绿色设计与制造是一个技术和组织(管理)活动,它通过合理使用所有的资源,以最小的生态危害,使各方尽可能获得最大的利益或价值。

这里涉及到的几个表述的含义是:

① 技术是指设计技术、制造技术、产品的技术原理、再制造技术、信息技术和废物处理技术等。

② 组织包括国家、政府部门和民间团体,以及制定的各种法规,技术管理、质量管理和环境管理体系,各种相关标准和理念。有效的组织是合理利用资源的一个重要方面,它对防止经济增长和资源消耗相分离是非常有意义的。

③ 资源包括能量流、材料流、信息流、人力资源、各种知识、技能以及时间。

④ 生态危害:是指自然环境的破坏,以及当代人、后代人,消费者和劳动者的健康危害和潜在危险。

⑤ 各方是指全球环境、国家、区域环境、企业或公司以及消费者和劳动者。

⑥ 利益或价值指各方的成本效益和社会效益,如公司的形象,特别是保证消费者的满意度,只有当绿色产品和服务在市场上满足消费者的需求时,才能够实现价值交换。另外,消费者需要的产品和服务在本质上是一种解决方案,因此,绿色产品应该是为具体客户定制的;应

开拓新的消费模式,例如,消费者购买产品的使用权,而不是产品的所有权。

2. 绿色设计与制造的特性

绿色设计与制造有四个方面的特性:系统性,动态性,层次性和集成性。

(1) 系统性

绿色设计与制造是一个系统的概念,具有系统的属性,所以应以系统的观点,在时间域和属性域对其进行界定、分析和评价。时间域是产品的全寿命周期,包括材料的提炼,产品制造、营销、使用和维护、回收和再利用、报废处理。绿色设计与制造的属性域是各个组成要素,如绿色材料、清洁生产、绿色包装、绿色市场、再制造、循环和处置等,产品的绿色度不是各个构成要素的简单叠加,而是各要素相互联系、相互作用所构成的具有一定结构特征和一定规律的系统的整体绿色性能,其绿色度的水平不仅决定于其构成要素的状况或水平,更决定于其构成要素之间的有机结合或耦合机制。因此,绿色设计与制造不是追求某一个绿色属性的最优,而是达到整个产品系统绿色度的"满意",会摒弃某些局部的最优方案。

(2) 动态性

绿色设计与制造是动态的,在时空上是动态变化的。随着技术的进步和发展,社会观念的转变,绿色设计理论和技术在变化和进步,产品的绿色评价标准也在变化。发达国家和不发达国家解决发展与环境问题的策略和技术手段是不同的,不同国家的环境标准也不相同。认识到绿色设计与制造动态性很有意义,国家应根据经济、社会、技术发展和资源条件,制定发展战略和技术对策,在加快经济增长的同时,避免或减轻对环境的影响。

(3) 层次性

绿色设计与制造的实施主体有层次性,实施主体表现在国家各级政府、企业和消费者三个层次上。

国家制定发展战略,从国情和实际状况出发,提出协调各方面的发展战略和规划;各级政府部门将制定相应的法律和规范,实施相应的扶持和鼓励政策,以及资金支持示范行业和企业等。

企业根据本身的技术和资金条件,国家的法规和标准,企业的产品线和市场状况等,确定企业的可持续发展计划和优先实施方案。首先,建设企业绿色文化,形成生态与经济一体化经营理念,坚持走循环经济的道路。其次,加强企业绿色设计与制造技术的研究开发,例如,绿色设计技术、清洁生产技术、包装技术、拆卸技术和再制造技术等。最后,企业要建立符合循环经济的绿色企业体制,例如,建立产品全生命周期的绿色物流系统;实行绿色市场营销策略,这样企业可以通过自身的绿色形象在国内和国际市场环境中提高产品的竞争力,同时对公众的绿色消费行为积极引导。

绿色设计与制造技术的结果是绿色产品,而产品的成功不但要设计、制造的好;更离不开市场和消费者,离不开消费者的绿色生活方式。建立可持续发展的绿色文明理念和行为准则,自觉地采取对环境友好和对社会负责的健康生活方式可称为绿色生活方式。首先,是理念和行为准则,承认地球资源的有限性和后代人的消费权益,当代人的生活方式和消费不以破坏后代人的生存条件为前提。自觉关心环境状况,遵守环境保护法律、法规,把个人环保行为视为个人文明修养的组成部分。在行动上,积极主动地采取对环境友好、对社会负责任的生活方式,例如学习、宣传和支持可持续发展。绿色消费是绿色生活的重要组成部分和内容,作为产品或服务的消费终端,在承担绿色生活责任和义务的同时,每个人的手中还握有一种神圣的绿色消费的权利;在日常生活中,购买和使用具有绿色标志的家用电器和绿色食品;提倡节能型建筑,绿色家居;尽量使用公共交通工具、自行车或步行;使用无铅汽油,购买小排气量的轿车;通过自身的绿色生活行动影响和感染周围相关人的生活和消费行为。我们知道一些农药、化肥的使用会使农产品有害残留物超标,危害人身健康。这里,人体的健康不仅是指消费者的健康,而且包括生产者或劳动者的健康,长期使用农药使农民及其家庭的健康受到影响和威胁!还有农药、化肥等造成的地力下降、水源污染等生态破坏,所以选择绿色食品不仅仅是保护自己的健康,也是保护劳动者的健康和生态环境。如果购买绿色产品的人越多,有危害或潜在危险的产品就越没有市场,最终用市场这只看不见的手把所有的产品都变成绿色产品。

(4) 集成性

绿色设计与制造技术的集成性体现在以下方面:

① 目标集成:它是生态环境、资源消耗、健康、成本、时间、顾客满意度等多个目标的综合集成。

② 学科和技术集成:它涉及到多个学科领域,有环境科学、工业生态学、经济学、管理学、化学工程、制造工程、信息科学等;具体的技术有绿色设计技术、三废处理技术、清洁生产技术、包装技术、拆卸技术、再制造技术、资源和能量回收技术、填埋技术以及计算机辅助绿色设计与制造技术等。

③ 信息集成:由前两个集成特点决定了绿色设计与制造的信息集成特性,在绿色设计与制造中需要的数据有:环境影响数据、产品数据、材料数据、工艺数据、回收和处置信息、供应商和回收体系信息等等;这些信息应该分配在公共数据库和专用数据库中,用计算机集成技术进行管理,特别是与移动互联网、物联网技术的集合与应用。

3. 绿色设计其他术语和概念

国内外与绿色设计与制造相关的概念和提法很多,不同的研究方向和学者以各自角度来理解和确定其内涵和外延。

(1) 以某一个与绿色设计与制造相关的属性为目标的概念

① 面向环境的设计 DFE(Design for Environment):是把环境需求集成到传统的设计过程中,这里的设计是指整个产品的实现过程,它一般由产品规划、概念设计、详细设计、工艺规划和制造组成。虽然设计只是产品实现过程的一个阶段,但是常常用"产品设计"这个词来代指整个产品实现过程。DFE 与环境友好设计(Environmental Friendly Design)、环境意识设计(Environmentally Conscious Design)是一个含义。

② 面向拆卸的设计 DFD(Design for Disassembly):为了便于产品或零部件的重复利用,或材料的回收利用,采用模块化设计、减少材料种类、减少拆卸工作量和拆卸时间等的设计方法。

③ 面向循环的设计 DFR(Design for Recycling):在设计时考虑产品的回收性和再利用,材料的回收率和利用价值,以及回收工艺和技术的设计方法。

④ 面向再制造的设计 DFR(Design for Remanufacture):在设计时考虑零部件再制造的可行性,通过结构设计、材料选择、材料编码等设计技术,以及再制造工程技术手段,实现产品或零部件的再制造的设计方法。

⑤ 面向能源节省的设计 DFES(Design for Energy Saving):在设计时以节省能源为目标,减少产品的使用能耗和待机能耗,例如家用电器、计算机和服务器等产品。

(2) 以产品生命周期为界定基础的概念

生命周期是产品从材料提取和加工、制造、使用和最终处置的生命过程,所有的活动对应于生命周期的某个阶段。在生命周期(Life Cycle)的后面常常跟一个名词,来明确研究的重点和主题,以产品生命周期为界定基础的概念有:

① 全生命周期评价 LCA(Life Cycle Assessment):LCA 是对产品全生命周期的各个阶段的环境影响的评价方法。

② 全生命周期清单 LCI(Life Cycle Inventory):清单分析是对产品、工艺及相关活动在全生命周期中的资源和能源消耗、环境排放进行定量分析。清单分析的核心是建立以产品功能单位表示的输入和输出清单。清单分析是生命周期评价 LCA 的基础和主要内容。

③ 全生命周期工程 LCE(Life Cycle Engineering):LCE 要涉及到产品的整个生命周期,从原材料的获取,材料的加工,制造,使用和处置。在某种程度上,LCE 和 DFE 可以是相同的概念,但是,LCE 的目标可以是不同的,例如:低成本,长寿命,资源消耗最小化等等。一旦我们开始考虑产品的全生命周期,环境影响就变得非常重要了,是二者都要解决的问题。

④ 全生命周期设计 LCD(Life Cycle Design):LCD 是一种设计方法学,它要考虑产品的各个生命阶段,分析一系列的环境后果,并从企业的内部和外部收集与产品相关的所有信息。产品的生命周期不仅包括产品实体,而且包括与其相关的所有活动,如制造过程、供应商、配送商。例如,原材料的使用,能量的使用,最终的产品的材料,废物的产生;加工过程、工厂、设备和辅助活动;包装,运输,存储设施。

LCD 的目标可以概括为:减小环境的影响和可持续的解决方案。很多学者认为 LCD 和 DFE 是可以互换的概念。DFE 也可以被看作是 LCD 的诸多目标之一。

生态设计(Ecological Design)术语常常在欧洲使用,它意味着环境友好的设计,并把 DFE 和 LCD(生命周期设计)结合起来。绿色设计主要在美国使用;在我国经常使用的是绿色设计,绿色制造,绿色设计与制造,生态设计。

(3) 其他概念

① 清洁生产 CP(Cleaner Production):清洁生产是指既可满足人们的需要,又可合理地使用自然资源和能源,并保护环境的使用生产方法和措施,其实质是一种物料和能耗最小的人类生产活动的规划和管理,将废物减量化、资源化和无害化,或消灭于生产过程之中。

② 链管理 CM(Chain Management):链管理方法以生产企业为核心,把上游的供应商和下游的企业及用户作为一个链来管理,即通过链中不同企业的制造、装配、分销、零售等过程将原材料转换成产品和商品,到用户的使用,最后再到回收商和再利用企业的转换过程。强调的是跨越产品生命周期的整体管理,并从这一角度来优化。

8.2.3 绿色设计评价指标体系

为了评定产品的绿色程度,应该建立一个完整的绿色度评价指标体系,它与产品的类别和具体的产品独立,具有普遍适用性。绿色评价指标体系对正确评价绿色产品,系统地组织和开展绿色设计与制造工作都具有重要的意义。产品类别的不同,例如,电子产品和机电产品,它们的功能、制造特性、使用的材料等特性各不相同,可以从技术、经济和环境的角度进行绿色评价;对于一个产品,绿色特性可以体现在原材料的减少、能耗的降低、对人的健康无危害等方面。

第8章 绿色设计与评价

任何问题的评价都要遵循一定的原则,例如,系统性和科学性,数据可获得性和可操作性等。在绿色度评价体系和指标的制定时要考虑以下原则:

① 全过程原则:在产品的全生命周期中涉及到的各种影响都要有相应的指标来描述和表达。

② 系统性和科学性原则:指标覆盖的内容包括环境影响、资源消耗、能源消耗、技术、经济和市场。

③ 定量指标和定性指标相结合:应尽量使指标能够量化;对指标不易量化,但又十分重要的项目,亦可采用定性的描述。

④ 可获得性和可操作性:评价指标应该具有明确的含义,数据可以方便地获得;指标之间应相互独立,便于评价的进行。

1. 评价体系和指标

评价体系和指标分为四层:属性层、特性层、项目层和指标层。属性层是把绿色度所涉及的问题或领域进行大的分类,特性层是某一个属性所包含的特性,项目层是每一个特性的评价内容,指标层是评定一个项目时所采用的具体指标。属性层分为六个属性,各个属性层的含义如下。

① 环境属性:对生态、环境的破坏和对人的健康影响。环境属性分为以下的特性:大气污染,水体污染,固体废物和噪声污染。

② 资源属性:消耗资源的种类,利用率等。消耗金属、塑料等材料的种类是可再生资源还是不可再生资源,还有材料利用率、回收率以及木材、水的用量和利用率。

③ 能源属性:能源的种类、消耗、利用率等。能源的种类是化石类能源还是使用清洁能源,如风能、太阳能、潮汐能和水能等。再生能源的使用比例,能源消耗量和利用率等。虽然能源是资源的一种,但实际中常常把它作为一个独立的统计量,因此把它与资源属性分开。

④ 技术属性:与技术相关的所有特性的集合。有功能特性、可制造特性、使用特性、回收和重用特性等。功能特性主要描述产品的主要功能及其相关的性能参数。根据不同的产品的功能和相关的性能参数来选定指标。可制造性描述产品制造阶段的技术特性,如切削性能、热处理性能、成型性能等。使用特性包括可靠性、安全性、维护性等。回收和重用特性包括拆卸性,再制造特性等。

⑤ 经济属性:与成本和费用相关的特性。可以分为企业成本、用户成本和社会成本。企业成本有设计开发成本、材料成本、制造成本、人力成本、管理成本等;用户成本有购置费、使用中的能源和材料费用、维修费、处置费用等;社会成本有生态环境治理费用、为健康所付费用、废弃物处理费用等。

⑥ 市场属性:与市场相关的特性。产品目标市场和细分市场的绿色认知度高低;在价格上,产品的绝对价格和相对价格如何,产品的价格弹性如何;消费者购买该产品的决策要素是什么等。

在上面的评价指标中有很多是用语言表述的,也就是说既有定量指标又有定性的指标,这是一个复杂系统的评价。因此绿色度评价方法应该是一种能将定性分析和定量分析相结合,将人的主观判断用数量形式表达和处理的系统分析方法。绿色度评价方法常常以层次分析法AHP(The Analytic Hierarchy Process)作为基本评价基础,结合采用了专家小组讨论、问卷调查、回归分析、加权平均法、模糊评价等方法。

8.2.4 产品类型和绿色设计决策

对产品进行主观分类,即根据现有的知识和经验把产品分类,为进一步的分析和寻找解决方案提供假设和依据。这种分类方法是根据产品使用中的环境影响大小和运动特性来判断。其分类方法如下:

主动(Active):在使用过程中会产生较大的环境影响,如家庭中的冰箱。
被动(Passive):在使用过程中没有或仅有一点环境影响,如钳子等手动工具。
移动(Movable):在使用过程中产品是运动的,如汽车。
静止(Immobile):在使用过程中产品是静止的,基本上是不运动的,如家具。

例如,对一个卫浴中的冲水座便、水管和挂件进行了生命周期分析,结果如图8-1所示。其中,冲水座便是个主动产品,它在使用中的环境影响是总环境影响的95%;而水管和挂件是被动的产品,在使用时的环境影响很小,它们的环境影响主要在生产阶段。

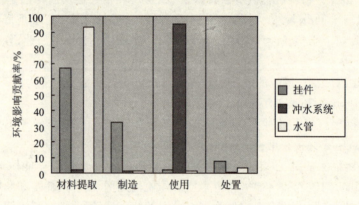

图8-1 卫浴产品的环境影响

再看一下各种电线的能量消耗,能量消耗由欧姆定律确定,它们的环境影响如图8-2所示,固定的信号线是被动产品,其环境影响主要是生产阶段产生的,约占总影响的90%;在使用阶段几乎没有环境破坏。固定的动力线是主动产品,使用中存在较大的能量耗损,其环境影响主要是使用阶段产生的,约占其总影响的90%。移动的电线是指汽车、飞机上的各种电线,它是移动的产品,使用中存在较大的能量耗损,其环境影响主要是使用阶段产生的,约占其总影响的85%,设计要同时考虑电线的电学性能和质量。一个软饮料的包装在飞机上是移动产品,在家庭中是静止产品。

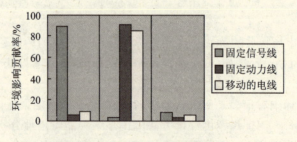

图8-2 电线的环境影响

表8-2是另外几种产品的能量消耗。

第8章 绿色设计与评价

表8-2 产品的生命周期能耗

	材料提取	制 造	使 用	处 置
普通的椅子	3%	91%	2%	4%
普通的自行车	89%	4%	6%	1%
轿车	4%	1%	94%	1%
吸尘器	10%	3%	85%	2%

通过分析,产品设计人员就会把绿色设计的重点放在相应的对环境影响大的方面来,而不需要专业化的环境知识,例如卫浴中冲水座便设计的重点是节约用水,可设计成双水冲水方式或研究新的冲水机制;更重要的是便于向顾客传达和宣传产品的优点和利益。在设计时,我们可以把产品大体上分为四类,如表8-3所示。根据不同的产品类别,我们可以制定不同的绿色设计策略,表8-4列出了四种产品类型的概念设计和方案设计策略。

表8-3 根据生命周期阶段中环境影响大小的产品分类

	移动(Movable)	静止(Immobile)
主动(Active)	AM型产品	AI型产品
被动(Passive)	PM型产品	PI型产品

表8-4 不同产品类别的绿色设计策略

	典型产品	设计策略和原则
AM型产品	汽车、飞机上的冰箱和电视	改善功能/提高效能,消费者主要关心的是功能 质量轻和小型化,便于起降、加速和降低能耗 寿命,长寿命产品或设计是次要的因素,它不利于产品的技术更新和换代以减少质量 循环和再利用要具体分析,对飞机是次要的因素,因为质量轻和小型化是主要原则,对汽车是一个重要因素
AI型产品	家庭中的冰箱、电视等电器	改善功能/提高效能,消费者主要关心的是功能 材料和结构设计要充分考虑,要考虑材料的供应/加工/制造/拆卸和再循环 寿命,如果未来没有重大的技术创新,应设计为长寿命,如果未来很可能有重大的技术创新和新技术,应设计为短寿命
PM型产品	飞机上的家具、食品包装	质量轻和小型化,便于运动时降低能耗 寿命,长寿命产品或设计是次要的因素,它不利于产品的技术更新和换代,以减少质量 循环和再利用,是次要的因素,在达到质量轻和小型化的前提下,适当考虑加工、制造、拆卸和再循环
PI型产品	家庭中的家具、手动工具和电气装置	寿命,由于在使用时基本不产生环境影响,也基本上不移动,要进行长寿命设计,但也要对加工和处置给予一定的考虑 循环和再利用,是次要的因素,但是要考虑加工、制造、拆卸和再循环 基本上不用考虑质量轻和小型化问题

通过分析,我们清楚地认识到,不同类别的产品在同一生命阶段的环境影响也是不同的,一个产品在不同的生命阶段会产生不同的环境影响,即使是一个相同的产品,由于使用环境的不同,其环境影响也是不同的,绿色设计的原则也不相同。

8.3 绿色设计与制造工具

产品的环境影响是材料消耗,在生命周期中向土壤、大气和水体的排放所造成的。产品的设计直接或间接地影响整个产品生命周期,环境的影响也不例外。因此,设计人员对环境友好产品的设计将起到积极的作用,以及认识到他们的设计决策对环境的影响。他们必须更快地、更可靠地比较不同的材料、加工方法和零部件,在满足产品设计的其他要求和设计准则的同时,把环境影响作为一个设计限制因素。

如果产品的环境质量和性能越好,则产品在生命周期内对环境的危害越小。那么如何评价产品的环境影响,特别是以定量的方式来表示环境的影响,对设计人员来说是一个关键的问题,也是一个必不可少的数据。一种方法是直接对产品进行环境影响的评价,另一种是对产品的全寿命周期的环境影响的评价。但是一个现代工业产品几乎不可能在一个企业或生产组织内完成,例如原材料是由供应商提供的,很多零部件是由配套企业提供的。因此,评价全生命周期的环境影响也是一项很复杂、耗费时间的工作。

在绿色设计与制造中,有许多不同的工具来支持设计人员和企业,它们可以分为两类:非软件类工具和软件类工具,如图 8-3 所示。

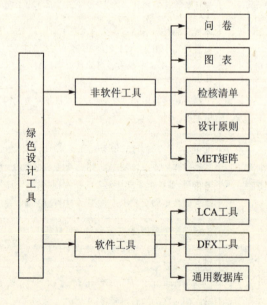

图 8-3 绿色设计工具分类

非软件工具类有问卷、图表、检核清单、设计原则和评价矩阵 MET。

① 问卷:问卷是由一系列问题组成的数据收集的结构化方法。例如,对供应商提供的零部件的各种数据的调查,消费者的调查,产品调研。

② 图表:使用各种图表来表示绿色设计与制造中的各种分析和结果展示。例如,产品概

念设计时的分析和展示。

③ 设计原则:是一系列对设计的指导原则,常常编制成设计手册,用于考虑环境影响或培训。

④ 检核清单:针对具体的设计问题,对预先设定的一系列项目进行逐项检查、核对的方法。

⑤ 评价矩阵 MET:对产品生命周期中的材料、能量和有害排放进行分析的方法。

软件工具类有 LCA 工具、DFX 工具和通用数据库。

① LCA 工具:以生命周期方法为依据,定量分析各种环境影响的软件。

② DFX 工具:以产品为核心的绿色设计工具,可以针对不同的设计重点进行分析,例如,面向循环的设计 DFR,DFD。

③ 通用数据库:设计中某一个领域或专业的基本数据库,例如材料通用数据库。另外通用数据库常常集成到 LCA 工具或 DFX 工具中。

8.3.1 非软件类工具

1. 问 卷

问卷首先是对供应链上的供应商的调查,随着环境管理体系认证的实施,它的应用越来越广泛。要调查供应商所提供产品的环境信息,如材料信息,几何信息和加工信息;供应商的环境管理体系状况,把它们作为供应商选择的一个依据。

问卷还用来调查消费者对绿色产品的认知度和购买意向,为绿色产品的传达和宣传提供依据。在产品概念设计阶段,也可以通过问卷进行产品调研,为产品设计定位提供依据。

瑞典的研究所 IVF 开发了一个问卷系统 EcoPurchaser™。它包含有大量的问卷,问题从企业的环境管理方面到产品的环境数据;它还含有用于分析和评价的表格。当供应商返回问卷后,把数据输入数据表中;按给定的评价方法计算公司的环境管理等级分值和提供的产品分值,提供了不同供应商和其产品之间的环境影响对比,为供应商的选择提供了依据。

英国最大的家具公司 B&Q 从 1991 年开始进行面向环境的家具设计,供应商的自我评价就是由问卷开始,问卷内容分为加工工艺、环境保护和健康保护三部分。

2. 图形和表格

绿色设计的各种数据可以用图形和表格表示,特别是设计和分析结果可以清楚地表示出来,并可以进行计算和比较。表 8-5 表示了一个电子产品的环境质量评价表。

表 8-5 一个电子产品的环境质量评价

环境目标	电子工程师	机械工程师
再循环性	4	1
可维修性	2	3
危险材料	3	3
重 量	2	4
能 耗	3	2

这个表格还可以用图形来表示,例如条形图,柱形图,饼图,雷达图等,图8-4是用雷达图把表的结果出来。

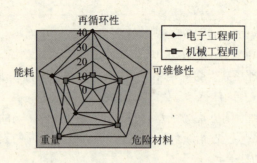

图8-4 一个电子产品的环境质量评价图

从图8-4可见,机械部分的再循环,电子器件的可维修性和重量应改进。

3. 设计原则

由于环境评价中存在的问题,目前设计人员常常依赖于生态设计原则和策略,而不仅仅或单独依赖于环境评价所给出的策略。为了获得良好的产品生态质量,设计人员可以从设计原则中得到他们所能做的具体的引导方向。各种研究机构和公司根据自己的需要指定了各种环境设计的原则和方针,它们一般收集在公司的绿色设计手册或公开的资料中。例如材料选择和制造工艺的设计原则如下:

① 材料选择的原则:选择无害或低害材料;选择不可耗尽的材料;选择原材料开采和生产时消耗能量低的材料;选择可再循环材料,尽可能使用再循环材料;减少材料的使用。

② 减少材料的使用设计准则中减少产品的重量的设计准则:通过巧妙的结构设计而不增大产品的体积;减小运输的体积;使产品小型化以适合储运;还可采用散件运输,把最后的组装留给第三产业或终端用户。

③ 制造工艺设计原则:减少有害的生产工艺,最好选择环保高效的生产技术,他们使用较少的有害辅助材料或添加剂;减少生产工序,将各功能结合起来,以获得最少的生产工序,最好采用不需要附加表面处理的材料;减少浪费和废品,设计废料少的工艺,并促使生产部门与供应商减少废品率和回收残留物。

4. 检核清单

在设计的初始阶段,检核清单是很有用的方法,因为设计尚未完成,更不用说最终的产品了;由于缺少产品的准确信息,即使能够完成一定的计算和分析,也还存在某些问题,例如LCA,不但有其假设和范围,而且其评价结果和解释也具有不确定性。

检核清单方法针对具体的设计问题,对预先设定的一系列项目进行逐项检查、核对。他还可以把总的环境设计目标分解成更小目标和项目,在实际的设计中,设计者可以根据这些细化的目标和项目,把它们转化成实际的设计任务。总的环境设计目标:低能量消耗,危险材料最小化等等。

不同的人员,如机械工程师,电子工程师、工业设计师、管理人员都可以使用和制定检核清单,在他们不是也不可能成为环境方面的专家的情况下,就可以利用检核清单所提供的建议和方法来设计和制造绿色产品。对于一个建立在公司内部,或对某一个特定的、具体的产品时,检核清单是一个非常有效的设计工具。

检核清单中项目应该尽量明确、不模糊；可以更新和修改；简单易行，实际可操作。例如，印刷线路板的一个环境设计目标是危险和稀有材料最小化，检核清单为：不使用镀金的接插件；选择不含有溴化阻燃剂的板材；不使用体积超过 $2\ cm^3$ 电容；不使用含铅的焊料；不使用含铅和水银的元器件。

这些建议是设计者可以采取措施或可以操作的水平。同时，由于设计者是在一个企业或管理组织中工作，其他部门的人员也要考虑如何减少危险和稀有材料的使用，像采购部门。

在澳大利亚，对通过 ISO14000 认证的中小公司和企业的调查表明，他们实际上采用检核清单和简单、初步的环境评价分析，而很少使用软件工具。

一个原因是时间，另一个是分析结果的质量。一方面是很多小公司不能够完成耗时的审计，而且成本较高；另一方面是分析的结果常常不能直接应用到产品研发中去，需要专业的解释。检核清单是一个很容易掌握的方法，而且产品的评价依赖于常规的设计评价；也就是说，这个方法包括了生态设计所涉及的各个方面，并评价他们实施的程度。

产品研发人员可以自己独立的进行环境评价，而不需要环境专家的参与，因为研发人员最了解所设计的产品，可以通过审计来直接改进产品。

澳大利亚的研究人员还开发了一个检核清单法的数据库，称为 PILOT（Product Investigation Leaning and Optimization Tool）；它包含下面六个部分：

① 基本概念：简单介绍检核清单法的产生背景，与绿色设计原则的关系。

② 应用案例：用图片介绍零件或产品设计原则的应用实例，展示方法的实现过程。通过每一个人熟悉的包装，这样一个简单产品的例子，来逐步地、由浅入深地引入、介绍生态设计；产品的实例要涉及到环境影响的各个方面，来帮助或加强对生态设计广泛性的理解。读者还可以直接链接信息源来寻找更多的内容，或学习他们的相互联系。

③ 互相影响：介绍设计原则之间的互相作用和影响。

④ 一般的问题：根据给出的设计原则来提出问题，包括实施绿色设计、进行生态设计评价时涉及到的各个方面内容。在进行详细的产品评价前，确认产品产生的环境问题。

⑤ 评价问题：用一个句子来进行设计的评价。通过检查需求的满足来评价产品的设计，评价过程由选择生态设计原则和检查构成；例如通过产品设计策略的检核，确定产品改进的切入点。

⑥ 辅助信息：给出设计和评价决策时有帮助的信息源和资料源以及网址。

该数据库适合研发人员、工程师、设计师、咨询人员，可以进行绿色设计的学习、评价产品设计等等；特别是以下四个方面：产品生命周期（product life cycle, PLC）的设计原则，按选材、制造、运输、使用和处置五个方面提问。产品研发过程（product development process, PDP）的设计原则，这是工程师和设计师最关注的问题，数据库按着产品的研发过程列出了所有的绿色设计准则。例如，在概念设计阶段，设计人员要明确所有的生态设计要求，才不会忽略或遗漏环境要求的任何方面的内容。随着产品研发的进行，这些设计原则会更加清晰和具体化。产品设计策略（product design strategies, PDS）的原则，对要改进的产品，用策略选择矩阵来帮助确定设计策略。例如，根据产品的类型来选择待改进的策略。索引，建立了对某一问题、主题生态设计指导原则的查询，可以方便的进行绿色设计的学习以及生态设计问题的快速查询。

5. 价矩阵 MET

评价矩阵 MET 就是对产品生命周期中的材料输入(Material cycle), 能量使用(Energy use)以及有毒物质排放(Toxic emissions)进行分析和评价, 并把分析用一个矩阵来表示, 如表 8-6 所列。

表 8-6 MET 矩阵基本格式

生命周期阶段	材料 M	能量 E	有毒物质排放 T
原材料和产品制造			
运 输			
使 用			
退役处理			

它不像标准的 LCA 分析那样需要大量的数据, 耗费大量的时间, MET 矩阵是产品研发中的一个有力工具, 在欧洲得到了广泛的应用。表 8-7 是一个评价矩阵 MET。

表 8-7 某电水壶的 MET 矩阵

	材料 M	能量 E	有毒物质排放 T
原材料 产品制造	包装盒: 瓦楞纸(18g), 塑料包装袋(PS), 说明书; 壶 盖: 上下壶盖(PP,17g), 壶盖开关(PS,2g), 连接杆(PP,2g)弹簧(2g), 螺钉(铝合金,3g); 手 柄: 上下手柄(PP,34g), 指示灯(2g), 螺钉(铝合金,3g); 壶 身: 盛水部分(不锈钢,), 外罩(PS,70g), 螺钉(铝合金,4.5g); 底 盘: 底盘体(PP,72g), 螺钉(铝合金,4.5g), 水垢过滤器(PP,5g), 开关(PS,2g), 电线保持架(ABS,12g) 辅助材料 金属废弃物, 塑料废弃物 大气和水体排放	材料提炼能耗 零部件制造能耗	塑料添加剂 重金属
运输和销售	宣传单, 招贴	运输能耗 纸张制造能耗 油墨制造能耗 印刷能耗	溶剂 重金属
使用和维护	水 4 kg(每天 1~2 次, 使用期限 8 年) 维护配件	0.2 kW·h (2kw×2×3/60=0.2)	
再循环 焚烧及 填埋处理	纸张(包装盒, 说明书) 塑料(PP, PS) 金属(铝合金螺钉, 电线)	再循环能耗 焚烧能耗	重金属

8.3.2 软件类工具

1. LCA 软件

LCA 软件是按生命周期分析的要求进行的,即按照 ISO 14000 环境标准系列中的相关标准进行。简单地说,LCA 经历了目标和范围的确定、清单分析和归一化,最后得到生态评价指数。下面介绍三种 LCA 软件。

(1) Boustead Model

Boustead Model 软件是英国 BCL(Boustead Consulting Limited)开发的生命周期分析软件,该公司从 1972 年开始研究 LCA,已经有 40 年的历史。

在 Boustead Model 软件中,使用单元操作(unit operation)的概念,单元操作定义为产生一个产品的过程。一个产品由若干个单元组成,上游单元的输出是下游单元的输入。软件共有 1.3 万个单元操作。只要按给定的表格正确填写单元名称、操作码、国家或地区、单位等输入数据,软件就会给出 LCA 结果。

该软件所包含的数据比较完整,覆盖了所有经济合作与发展组织 OECD(Organization for Economic Co-operation and Development)国家(地区)和部分非 OECD 国家(地区)。包含的原材料、材料运输方式等共有几千种,主要的有:

金属:钢、铁、铝及合金、铜、铬、金、银、锡、锌;

塑料:聚乙烯、聚苯乙烯、聚氯乙烯、聚丙烯、聚氨酯等;

纸制品:纸板、纸袋、纸杯、纸盒、纸垫、牛皮纸、新闻纸等;

无机物:氧化铝、硫酸铝、钙化物、氨、氯、氧化钴、二氧化碳、氢、石灰、镁及化合物、氧化镍、二氧化钛以及各种酸、碱;

有机物:乙炔、丁烯、甲醇、乙醇、甲苯、丙烯、苯乙烯等;

矿石:铁矿石、镍矿石、铬矿石、锌矿石、石灰石、重晶石、矾土、粘土、长石、氟石、云母、金红石、沙子等;

粘接剂和涂料:粘接剂、染料、涂料、密封剂和清漆等;

容器:玻璃瓶/罐、塑料瓶/罐、纸盒/罐、金属罐(饮料罐、食品罐、气雾剂罐)、垃圾桶和垃圾箱等;

卫生清洁剂:空气清新剂、除味剂、抛光剂;

运输方式:11 种空运方式、15 种以上的公路运输、铁路运输和航运。

(2) EIO-LCA 软件

卡内基梅隆大学的研究人员针对 LCA 边界条件的限制,例如上游的供应商无法考虑周全,制造过程的数据不完善等缺点。从经济学的角度,考虑投入和产出,研究了美国商业部公布的 500 多个工业领域的输入和输出表。他们根据工业活动和排放的数据,开发了软件工具 EIO-LCA(Economic Input-Output LCA),这是一种总体的考虑方法。EIO-LCA 环境数据库包括:污染物、能耗、矿石、化肥、全球变暖、臭氧层耗损的潜在影响等,EIO-LCA 的方法已经应用在汽车、建筑材料和其他工业领域。

与 SETAC 方法相比,EIO-LCA 方法具有以下特点:可以直接或间接地考虑由于生产变化所产生的排放和能耗;模型以美国的经济作为边界条件;该方法强调了减少环境影响的优先领域;简化的 EIO-LCA 实施投入少,成本低;分析时间短;可与 SETAC 方法并行使用,后者用于详细分析具体产品和过程；可以作为绿色设计的快速工具；可以进行敏感性分析和方案规划。EIO-LCA方法的限制：仅涉及到500个行业领域，分析的深度不够，细化不足，例如一种塑料和另外一种塑料的比较；它不是针对特定的处理过程，详细的环境影响分析需要SETAC-LCA分析。使用EIO-LCA，对某些产品的使用和处置分析会很困难。

例如，水泥和沥青路面的环境影响分析，水泥路面和沥青路面的能量消耗分析结果如表8-8所示；从能量消耗上，二者基本没有明显差别。它们的环境影响见表8-9，在环境影响上，沥青路面要优于水泥路面，但是，水泥路面比沥青路面更耐久，还要进一步的研究和比较。

表8-8　1公里水泥和沥青路面的能耗

能量	沥青路面	水泥路面
电能/kW·h	100 000	100 000
煤/t	30	100
其他燃料/t	100	40

表8-9　1公里水泥和沥青路面的环境影响(部分)

环境影响	沥青路面	水泥路面
总的废物量/kg	90	280
臭氧层破坏当量/kg	0.05	0.06
SO_2/kg	1 000	4 000
NO_X/kg	600	1 000

(3) MLCA软件

MLCA(Multi-Life Cycle Analysis)软件把传统的LCA扩展到多生命周期分析。传统的LCA虽然考虑到了循环问题，但是没有深入地分析和细化。一个原因是，在LCA分析应用的早期，再循环材料应用还不十分普及，再制造技术刚刚兴起。随着各个国家关于回收和再循环法律和法规的日益严格，以及再制造技术的发展和成熟，回收网络和系统的建立，使得一个产品中往往包含有再制造零部件或再循环材料。现有的LCA分析方法基本没有考虑多生命周期，无法考虑多级循环，因此，其应用就受到一定的限制。MLCA就是针对上述不足，重点考虑产品的多个生命周期环境影响的方法。MLCA的基本框架如图8-5所示。

传统的LCA包括材料制造，产品制造，使用和再循环。与传统的LCA相比，它增加了以下阶段并细化了内容，材料的生产分成两个独立的阶段，即材料提取和材料合成，包含了材料的再循环。考虑了包装和配送方式(运输方式和距离等)，以及与此相关的有害排放。增加了拆解阶段，其目的是把零部件的重用和材料的再循环考虑进来。对再制造给予直接和明确的考虑，增加了再制造阶段；再制造的零部件可以直接给用户做维护和配件，或用于制造新品。再制造的零部件经过使用和拆解后，可以再次进入再制造阶段，零部件回收和再利用或再制造的次数，可达3次。再循环阶段作为封闭环，向制造阶段直接提供重用的材料，或向材料合成阶段提供可循环使用的原材料。新泽西技术学院的M.C. Zhou和R. J. Caudill等人开发了消费类电子产品的多生命周期评价工具MLCA Tool，并通过四种电话机对该方法进行了验证。

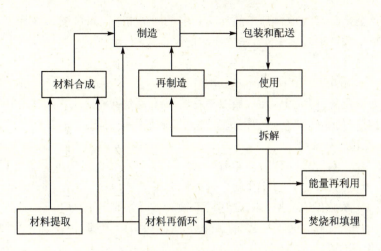

图 8－5 多生命周期分析 MLCA 的框架

2. DFX 软件

绿色设计软件工具可以用来评价和比较电子产品、机械产品或设计方案的环境影响。软件一般包含了材料、零件加工和制造过程以及运输方式，退役产品的处置和它们的环境影响，使用者可以建立可靠的环境影响模型来评价产品全生命周期的环境影响。

绿色设计软件工具与 LCA 工具的区别是，绿色设计软件工具一般不需要收集清单数据。模型的输入数据，可以在公司现有的数据库中获取，或通过测量一些简单的属性来实现。这样可以避免耗时、费力的 LCA 清单分析。使用者可以是环境专家或设计者或工程师，目前的绿色设计工具在一定的程度上能够满足他们的需要，但是这些软件是不兼容的。

下面首先分析两个软件工具，EcoScan2.0 和 EIME^{TM}。这两个软件常常出现在绿色设计文献中，并且在欧洲和美国有很多用户。虽然二者有很多共同点，但在价格、环境影响计算方法、数据库易理解性和结果的表示上有一定的差别。二者的共同点是都可以进行产品全生命周期的环境影响建立模型，分析和评价产品全生命周期中各个阶段的环境影响，找到减少环境影响的切入点和突破口。

（1）EcoScan2.0 软件

EcoScan2.0 软件在微机上运行，对产品的环境影响用一个单一的数值表示，可以指明哪个零件或加工过程对环境的危害最大。软件具有以下特点：

① 全生命周期的分析：软件包含有材料，加工和制造方法，使用，运输方式，退役产品的处置项目。

② 结果可比性好：软件用两种方法计算环境影响，即 ES97 或 IDEMAT 的计算方法，它们的分析结果都是用一个单一的数值来描述产品环境影响的大小和强度，这样就可以得到每一个零件在各个生命周期阶段的环境指数，结果可以通过饼图和条形图表示。

③ 数据库的广泛性和适用性：为了扩大材料、加工方法和运输方式的范围，EcoScan2.0 软件还集成了两个软件，ES97 和 IDEMAT；前者由 Philips 公司开发，后者由荷兰 Delft 技术大学研制。

④ 人机界面好：用户基本界面和视窗界面一样；产品用树结构表示在窗口的左边，由零件和加工组成。生命周期选项卡有生产、使用、退役产品的处置，还可以同时打开另外两个软件

工具。图形化的结果很直观地得到产品环境影响的分布情况,如饼图。设计人员很容易比较不同的材料和加工方法的环境影响,完成产品的绿色设计。

(2) EIME™软件

EIME(Environmental Information and Management Explore)是 Ecobilan 集团专门为电子类产品开发的商用软件,它由元件、加工和材料三个模块组成。使用该软件时,要利用产品树,但是评价时对环境影响没有归一化,而是用 11 个不同的影响指针来表示。

① 用户界面和产品模型

该软件有"专家"和"设计师"两个界面。"专家"界面一般由环境专家使用,完成软件界面结构设计,进行项目的评价,为设计师制定检核清单或设计原则。"设计师"界面由设计人员使用,用于建立模型、添加各种数据,计算制造、运输和使用等阶段的环境影响。它有三个模式:设计模式,模型的建立;产品数据模式,输入能量消耗和运输数据;评价和比较模式,对产品环境影响的计算并比较结果。

② 软件的实用性

它是目前为数不多的面向电子工业的环境影响评价软件工具之一。但是它对有些元器件只能细化到一定的程度,例如它仅有硅集成电路和镓砷集成电路两种集成电路类型。

③ 环境影响计算方法

专家用户可以浏览和修改每一个模型的清单数据,数据可以来自公司内部、文献或公共数据库。该软件把环境影响分成 11 个类别,分别是:原材料耗损,能量消耗,水耗损,全球变暖,臭氧层耗损,大气毒物,光化学臭氧物质的产生,水体酸化,水体毒物,水体富营养化和有毒废物的产生。每一类别有自己的计算方法,计算结果并不归一化。

④ 结果和应用

所有零件的环境影响,用表格显示评价数值结果,用条形图等图形进行对比。由于计算结果并不归一化,避免了归一化方法不同产生的差别,另外设计人员也可以自己确定归一化方法。

软件的一个独特的特点是能给出警示和建议。例如,当选择的塑料含有 ABS 和 PC 时,系统会提示,复合的聚合物很难再循环;对某一个零件的材料,系统会给出优先选项,或连接到该零件设计的检核清单。这给设计人员提供了很大的便利,同时设计人可以请求环境专家的帮助,把环境影响全面地考虑到产品概念设计中去。

综合以上的分析可以得到该软件的优缺点如下:

优点:软件包括电子原器件的电子产品设计和制造的环境评价;环境专家可及时修改并结合公司的具体情况,设立自己的检核清单,避免清单数据的收集,更适合本公司的设计人员使用,增加了系统的可用性和柔性。

缺点:配置要求高,要有环境专家维护;没有退役处置 EOL(End of Life)选项,不能完成、比较退役产品的重用、再循环和填埋;它仅包含 11 个环境影响指标。EIME™适合大的公司和组织使用,EcoScan2.0 更适合于小公司的设计人员。

3. IDEMAT 数据库

IDEMAT 数据库是由荷兰德尔夫特大学(Deft University of Technology)开发的绿色设计与制造软件工具。它包含了大量的金属、塑料以及绝大部分加工方法和工业产品,它还可以进行机械零件和加工方法的分析,但是不能进行电子器件和电路板的环境影响分析。下面简单介绍一下 IDEMAT 数据库。它有三方面内容：材料、加工、零件选项。

① 材料选项（Material）：包括了常用的金属、工程塑料、玻璃、木材、橡胶、陶瓷等，环境参数是由图表来表示的环境影响数值；并给出了材料的环境指数，使设计者迅速地获得材料的环境影响定量数值。

② 加工选项（Process）：可获得某一产品工艺的环境影响信息，例如，运输、加工、涂装、切削、能耗、废物处置等。

③ 零件选项（Component）：提供了常用件、标准件的环境数据，便于设计者对产品整体做出环境评价。

4. Eco-Compass 软件

Eco-Compass 软件主要用于评价现有产品与另一个正在开发的产品的环境影响比较，它有六个评价目标，这些目标和内容如下：

① 质量强度：反映了材料消耗的变化和与产品生命周期相关的材料质量的影响；
② 能量强度：反映了能量消耗的变化和与产品生命周期相关的能量的影响；
③ 健康和环境的潜在危险：各种环境影响变化时对健康和环境的潜在危险；
④ 再循环和利用：评定再制造、重用和再循环的难易程度；
⑤ 资源保护：主要是能源和材料的保护；
⑥ 服务线：评定提供的服务。

对六个评价目标进行打分，分值为 0~5，基准产品或标准分值为 2。根据分值做出生态指针雷达图，就可以比较两个产品的环境影响。

5. IPPD 软件

德国 Darmstadt 技术大学，根据德国标准 VDI2221（产品设计方法学），把产品的生命周期集成到设计中，并开发了软件工具——IPPD（Integrated Product and Process Design）。产品和过程设计集成软件 IPPD 中的过程包括产品生命周期的各个过程，即制造、使用、回收。软件工具有以下部分组成：CAD 系统，进行产品建模；生命周期分析模块，支持生命周期的定义和分析；评价模块，产品的评价和生命周期的评价，对产品的环境影响给出总评分，并指出改进的方向；信息模块，提供绿色产品设计的知识、设计原则和设计方法。

该软件的不足是，由于在产品研发阶段，产品的生命周期过程的数据不完整，导致研发早期无法确定环境影响，因此设计者的绿色设计经验和经历是非常重要的。

6. AGP 软件

AGP（Assessment for Green Product）是中国科学院环境研究所开发的绿色产品评价软件。按系统要求输入产品的数据后，系统会自动给出产品的总环境影响负荷 EIL（Environmental Impact Load）和资源耗竭指数 RDI（Resource Depletion Index），并用图表的形式表达。AGP 软件系统缺省设计了四种产品的比较，可以完成产品环境影响和资源消耗的对比分析。

8.3.3 绿色设计与制造系统集成

1. 软件标准

目前的软件是基于 LCA 的方法学，尽管已经有了相对先进的方法和标准，但存在一些问题；例如，数据量大，分析时间长，必须有一定的说明和解释，这对 LCA 有很大的影响。研究表明目前实施的 LCA 在本质上是追溯法,即分析现有产品的环境缺点,或与竞争产品的比较,而对研发产品的研究较少。LCA 的限制在前面作了详细的分析。

LCA 软件之间的数据交换是通过 SPINE 和 SPOLD 数据格式实现的。SPINE 是瑞典的产品和材料系统的环境评价中心提出的。SPOLD 是 LCA 促进协会(Society of the Promotion of Life Cycle Assessment Development)提出的,它规定了 LCA 软件的数据传输格式,使 LCA 的数据保持一致。

目前的 LCA 软件在不断增加图形化的界面,并部分的提供了评价模型;但是,从设计的角度,还有两个潜在的不足,一个是不便于对研发产品进行评价,大部分软件没有 CAD 接口,所以,设计阶段的设计更改或方案改变时,几何信息和物理特性不能从产品模型上直接获得。由于大量的信息需要手工输入,增加了评价需要的时间;而且研发阶段的信息是不完整的,因为设计还没有完全确定;从 ERP 或 EMS 直接获得信息资源很不方便。

利用产品数据管理(Product Data Management,PDM)技术可以把 LCA 软件集成到设计环境中。一个 PDM 系统,就像 CAD 和 CAX 一样,提供了产品数据结构、配置和工作协同,LCA 的数据也应该在 PDM 中管理,并且可以链接到某些 LCA 软件。问题是这样的解决方案并没有实现与其他 CAX 系统的数据交换和共享。

产品数据交换标准是 STEP(ISO10303 系列),对不同的领域有相应的应用协议规定数据规范和格式,然而,这些数据规范并未包含生态数据,因为 CAX 系统应用本身并不需要这些数据。关于 LCA 数据文件的规范,国际标准化组织正在考虑基于 STEP 的标准。

2. 系统集成

为了开发包括生态产品评价和优化的集成产品环境,必须把产品生命周期的各阶段数据集成到产品数据模型中,最终的信息模型应独立于具体的、特定的产品,因为目前的软件大部分针对某一类特定的产品,它还应该包括生命周期清单分析数据,以减少进行 LCA 分析的工作量。

(1) 系统逻辑结构

系统逻辑结构分为三层:

① 核心层:产品研发的数据,包括产品结构、几何信息以及与生命周期独立的其他信息;

② 过程层:表示某一生命周期阶段的处理信息,包括制造、使用、循环和处置;

③ 清单层:环境影响数据和信息,这些数据可以从前两个层的产品数据和过程数据中导出。生命周期数据库自动进行环境影响评价,评价结果用树形结构显示,便于追溯、跟踪最危险的影响来源。找到改进方向后,设计人员就要不断完善材料、产品结构和工艺;通过反复的评价和修改,就能得到最佳的绿色设计方案。

(2) 建模语言

把生命周期的环境影响数据用 IDEF0 建模语言建立活动模型,这个模型是与产品无关的,它不含有任何的值。为了把活动模型的数据与产品数据模型集成,使用面向对象的建模语言 UML,把面向过程的图转换成面向数据的图。在设计时,还可以使用快速原型技术来节省资源和时间。

由于绿色设计时,产品模型和生命周期模型之间要反复交互信息,并行的产品研发和处理过程要求使用逻辑数据库,该数据库不仅保证多用户操作时数据的一致性,而且允许数据的并行获取。这个信息模型可以通过面向对象的数据库方法来实现。

3. 协同设计

未来理想的设计方法应该是分布式和协同化的,即设计者、工艺员、工程师、供应商、制造商、客户和其他相关人员使用网络进行交流和合作。根据不同的学科领域中知识表达形式和内容的不同,它们可以使用异构的系统、数据结构和信息模型,通过标准的信息交换机制,以及工作流管理系统的协调,来实现信息模型的数据共享。在宽带网络上,相关人员进行交流和合作。要解决不同系统间的兼容性问题和一致性问题,例如多种语言查询,每一个互相独立的异构数据库都可以有以自己的数据模型表达的模式,需要自己的查询语言,就能进入系统。知识库和各种数据库之间的数据交换发生在以下的各个层次上。

① 物理层:实际的传输介质,如网络、光纤。
② 实体对象层:工程实体用实体模型来表达,如 CORBA、EJB 或 COM 来实现。
③ 内容层:处理实体的特征、约束、几何、材料和工艺信息等,使用的建模语言是 EXPRESS、KIF 或 XML。
④ 知识原理层:提供设计的基本原理和与内容层相关的辅助信息,如网址、目标和评价。
⑤ 交流层:提供设计原理层的辅助信息,如发送者、接受者等,由 KQML 标准定义。
⑥ 协商层:多代理活动涉及到协商,协商的应用协议在该层定义。
⑦ 环境数据库接口:用信息集成技术把这些概念集成到软件中,就可以实时地自动进入异构系统和数据库,并把结果集成为统一的数据模式,或以其他要求的应用格式输出。

习　题

8-1　简述绿色产品的特性和属性。
8-2　简述绿色设计与传统设计的区别和联系。
8-3　如何理解绿色虚拟基准产品的概念。
8-4　如何理解绿色设计与制造的内涵。
8-5　以图形(如框图)来解释产品全生命周期的概念。
8-6　以某产品为例(如轿车),分析其全生命周期环境破坏和影响,分析"绿色设计与制造"能够提供哪些解决方案或设计策略。

参考文献

[1] 中国机械工程学会. 中国机械工程技术路线图[M]. 北京:中国科学技术出版社,2012.
[2] 于随然,陶璟. 产品全生命周期评价[M]. 北京:科学出版社,2012.
[3] 张华,汪志刚. 绿色制造系统工程理论与实践[M]. 北京:科学出版社,2013.
[4] 刘志峰,刘光复. 绿色设计[M]. 北京:机械工业出版社,1999.
[5] 杨建新,徐成,王如松. 产品生命周期评价方法及应用[M]. 北京:气象出版社,2002.
[6] J. Niemann, S. Tichkiewitch and E. Westkamper Eds. Design of Sustainable Product Life Cycle[M]. Berlin:Heideberg,Springer,2009.
[7] U. S. Congress, Office of Technology Assessment. Green Product by Design[M]. Washington,DC:U. S. Government Printing Office, OTA-E-541.1992.

[8] World Commission on Environment and Development. Our Common Future[M]. London: Oxford University Press, 1987.

[9] M. S. Hundal, etc. Mechanical Life Cycle Handbook——Good Environmental Design and Manufacturing. V. Danil. R, Product Design and Product Recovery Logistics[M]. New York: Marcel Dekker, 2002. pp313-338.

[10] M. C. Zho and R. J. Caudill. Multi-lifecycle Product Recovery for Electronic Product [J]. Electron Manufacture. 1999(9):1-15.